Die Kunst ganzheitlichen Führens

Ein Praxishandbuch
für den Leader-Alltag

Andreas F. Philipp

Herausgeber und Bestelladresse:
Literatur-VSM e.U.
PF 008P, 1050 Wien, Österreich
E-Mail: office@literatur-vsm.at, Homepage: www.literatur-vsm.at

1. Auflage 2010
ISBN 978-3-902155-12-2
Umschlaggestaltung: MarS
Gestaltung des Innenteils: MarS
Lektorat: Karina Bräutigam und Kathrin Karner-Strobach

Die Veröffentlichung dieses Werkes erfolgt auf Vermittlung von BookaBook, der Literarischen Agentur Elmar Klupsch, Stuttgart

Inhaltsverzeichnis

Ein paar persönliche Bemerkungen vorab

„Nicht schon wieder ein Buch über Führung!" werden Sie vielleicht sagen, wenn Sie diesen Band zur Hand nehmen. Ihr Einwand ist auf den ersten Blick berechtigt. Kaum ein Tag vergeht, an dem nicht ein neuer Titel zu diesem Thema auf den Markt kommt; unzählige Artikel werden Jahr für Jahr dazu publiziert. Führung scheint ein die Menschen bewegendes Thema zu sein.
Dies verwundert nicht, denn sie hat vor allem mit Menschen zu tun. Ob im privaten, öffentlichen oder unternehmerischen Bereich – immer geht es darum, mithilfe von Führung Lösungen für anstehende Probleme zu finden. Deshalb teile ich in diesem Punkt, wahrlich nicht in allen, die Auffassung des ehemaligen Präsidenten der Weltbank, Robert S. McNamara, der sagte, dass „Führung die kreativste aller Künste ist – es ist die Kunst, Talente richtig einzusetzen". Es ist die nicht-rationale Ebene, die den Organisator, Manager, Verwalter vom echten Leader unterscheidet. Wer Menschen nachhaltig zu Großem führen will, der muss sie wirklich lieben.

Doch zurück zu Ihren Bedenken. Was können Sie von „Die Kunst ganzheitlichen Führens" erwarten,

welchen Nutzen liefert Ihnen das vorliegende Buch,

den andere, vergleichbare Veröffentlichungen nicht haben?

Mein Buch ist Ihr Begleiter auf Ihrem Führungsweg und gibt einen wissenschaftlich fundierten, aber bewusst für den Praktiker geschriebenen Überblick darüber, was moderne Leader heutzutage über Führung wissen müssen.

Die Methoden und praktischen Anwendungsvorschläge beginnen bei Ihnen und haben die Verbindung von persönlicher Entwicklung und erfolgreichem Meistern Ihres Führungsalltags zum Ziel. Dabei gehe ich von einer ganzheitlichen Sichtweise von Führung aus, die Körper, Geist und Seele als Einheit sieht.

Die Inhalte beschränken sich nicht auf einen Ansatz oder eine Denkschule. Vielmehr vereint „Die Kunst ganzheitlichen Führens" verschiedene interdisziplinäre Erkenntnisse, die in eine alltagstaugliche Sprache und Methodik für Führungskräfte übersetzt werden – und akzeptiert die Paradoxien, die heutzutage zu meistern sind.
Auf dieser Basis werden Sie vorrangig an der eigenen Person arbeiten und gleichzeitig die Rahmenbedingungen mitgestalten, in denen Sie sich bewegen. Dieses Buch ist weder ein Lebensratgeber im engeren noch ein Führungsbuch im klassischen Sinn. Es ist auch keine Mischung aus beidem, sondern etwas Neues. Ich bezeichne es als das „Dritte", das jenseits von „Entweder-oder" liegt.
Deshalb würde ich mich freuen, wenn Ihnen dieses Buch auch hilft, immer souveräner mit Systemrealitäten umzugehen. Je besser Sie erkennen, nach welchen Regeln ein System (Einzelperson, Gruppe, Organisation) funktioniert, umso größer wird Ihr Freiheitsgrad, dieses für sich zu nutzen oder sich innerhalb des Systems zu bewegen.

„Die Kunst ganzheitlichen Führens" richtet den Fokus auf Sie als Mensch und Führungskraft; es befasst sich mit den Möglichkeiten, wie Sie sowohl auf Ihr Umfeld positiv einwirken und so zu einer wertschöpfenden Gestaltung Ihres Teams als auch zur positiven Prägung der Unternehmenskultur beitragen können. Außerdem werden Wege aufgezeigt, wie Sie nachhaltig erfolgreich sein können – im Sinne ewig geltender Gesetze des Lebens, im Sinne einer ganzheitlichen Definition von Erfolg.

Die skizzierten Ziele sollen in fünf Kapiteln umgesetzt werden:
Im **ersten** Kapitel werde ich in konzentrierter Form die Grundlagen zum Thema Führung und Leadership darlegen, bevor ich im **zweiten** Kapitel auf die aktuellen Herausforderungen und meinen Lösungsansatz für erfolgreiche Führung eingehe. Das **dritte** Kapitel beinhaltet das zentrale Element meines Ansatzes, die Führung der eigenen Person und befasst sich mit den ersten fünf Stationen des 9-fachen Pfads ganzheitlicher Führung.
Im **vierten** Kapitel schlägt das Buch dann die Brücke zum anderen. Die Stationen sechs bis acht skizzieren wichtige Leadership-Eigenschaften, um in

Gesprächen, Teams und großen Gruppen Führung wertschöpfend einzusetzen. Erfolgreiche Kommunikation und Synergien durch Gewinn-Gewinn-Denken stehen im Mittelpunkt. Im **fünften** und letzten Kapitel schließlich, der Station neun, vollziehe ich den Ringschluss zur Anfangsposition: Hier werden Ideen vorgestellt, um sich stetig selbst erneuern zu können und somit Führung ganzheitlich zu leben.

Wenn Sie nur eine Stunde Zeit haben, empfehle ich Ihnen, die Kapitel-Zusammenfassungen auf den Seiten 56, 71, 80, 96, 129, 144, 173, 202 zu lesen. Auf den Seiten 220–232 habe ich dann nochmals die Essenz des Buches zusammengefasst.

Den zentralen Bezugsrahmen dieses Buches bildet der 9-fache Pfad ganzheitlicher Führung.

Abb.1: Der 9-fache Pfad ganzheitlicher Führung

Der 9-fache Pfad ganzheitlicher Führung

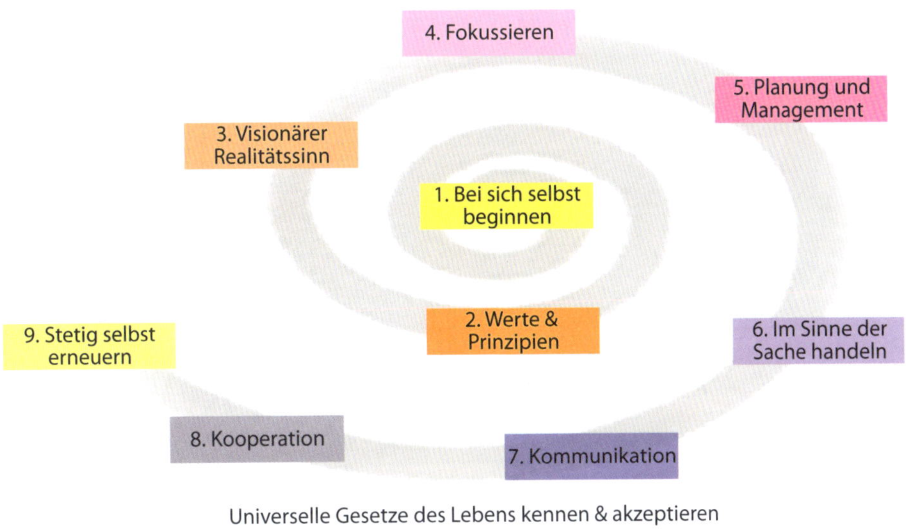

Dieses Buch wendet sich an alle, die bereit sind, Verantwortung für sich und ihr Handeln zu übernehmen und denen es zu Beginn des 21. Jahrhunderts gelingen muss, gemeinsam mit anderen Spitzenleistungen zu erbringen. Je nach persönlichem Hintergrund und Vor-Erfahrung werden Sie Ihren Gewinn aus „Die Kunst ganzheitlichen Führens" ziehen. Den größten Nutzen dürften all

jene haben, die schon Führungserfahrung sammeln konnten und immer noch davon begeistert sind, sich und ihr Umfeld weiterzuentwickeln.
Die Märkte der Gegenwart verlangen nach Veränderung, Innovation und Neugestaltung. In dieser Situation Führung zu übernehmen ist eine hoch komplexe und verantwortungsvolle Aufgabe. Bei jeder Entscheidung sind die Konsequenzen möglichst breit und nachhaltig abzuwägen – und das unter erhöhtem Zeit-, Kosten- und Sozialdruck. Die Realität ist jedoch, dass auf der einen Seite nie alle Informationen vorliegen und auf der anderen Seite der Ruf nach Klarheit stetig größer wird.

Mit anderen Worten: Leadership 2.0 bedeutet, den Mut zu haben, in ein unbekanntes Land aufzubrechen und dafür andere Menschen zu gewinnen. Es gibt kein Navigationssystem, das uns den besten aller möglichen Wege vorgibt und uns das Festlegen von Zielen, das Zuteilen von Mitteln und das Treffen von Entscheidungen abnimmt. Ob aus einer Vision Realität wird, macht den Unterschied zwischen erfolgreicher und nicht erfolgreicher Führung aus.
Mit dieser Zielsetzung im Kopf habe ich mich an die Niederschrift meiner Ideen gemacht. An manchen Tagen saß ich vor dem Monitor und hatte vor meinem linken Auge all die Theorien, die ich zu dieser Thematik gelesen hatte. Vor meinem rechten Auge spielten sich permanent Szenen ab, die ich mit Hunderten von Führungskräften selbst erleben durfte.
Von besonderem Wert für die Entstehung dieses Buches waren meine geschätzten Kunden und die vielen Führungskräfte, die ich kennenlernen und ein Stück ihres Weges begleiten durfte. So gut wie alle von ihnen erlebte ich als verantwortungsbewusste, engagierte und verlässliche Persönlichkeiten. Im Gegensatz zu den Schlagzeilen in den Medien bemühen sie sich trotz des massiven Drucks, der täglich auf ihnen lastet, ihr Bestes zu geben.
Die unterschiedlichen Charaktere lehrten mich, ein Gespür dafür zu entwickeln, was Führungskräften helfen, worin ein Beitrag zur Meisterung des Führungsalltags liegen könnte.

Wie kann erfolgreiche Führung in der komplexen Realität unseres Jahrhunderts ganzheitlich gelebt werden? Worauf kommt es an?

„Die Kunst ganzheitlichen Führens" ist meine Antwort auf diese Fragen und mein Angebot an Sie, Führung – im weiteren Sinne betrachtet – als Weg zu sehen, der Ihr Leben erfolgreicher macht.

Die Anstrengungen, ein Buch wie das vorliegende zu vollenden, sind ohne Ausdauer und Unterstützung durch gute Freunde und die Familie nicht zu bewältigen.

Das „verflixte siebte Buch", das ich als Autor, Mitautor oder Herausgeber verantworte, stellte mich in seiner fast dreijährigen Erstellungszeit vor besondere Herausforderungen. In meinem Kopf war die Idee zu den Inhalten dieses Buches sehr schnell vorhanden. Auch hatte ich zügig eine Gliederung inklusive Stoffsammlung und Argumentationslinie. In ein paar Tagen war eine große Excel-Tabelle entstanden, die alles enthielt, worauf es aus meiner Sicht für eine erfolgreich-ganzheitliche Führung im 21. Jahrhundert ankommt. Über 15 Jahre Erfahrung aus Theorie und Praxis sammelten sich in diesem Excel-Sheet – ich musste also nur noch beginnen, das Wissen zu Papier zu bringen. Genau darin lag die Herausforderung.

Im Gegensatz zu allen vorherigen Büchern war ich mittlerweile voll drin in den „Wirren des Alltags". Ich hatte Familie, versuchte als selbstständiger Managementberater diese weitgehend zu ernähren und stand in der Verantwortung gegenüber meiner pflegebedürftigen, geliebten Mutter sowie einiger weiterer sozialer Verpflichtungen, derer ich mich in den letzten Jahren angenommen habe. Just in der Entstehungszeit dieses Buches kam es zu größeren Umbrüchen meiner Firma, der Philos® Managementberatung, was mit großen emotionalen aber auch finanziellen Anstrengungen verbunden war. Zeitweise belasteten mich echte Existenzsorgen.

Im Juni 2007 durften meine Frau und ich schließlich unser zweites Kind glücklich in den Armen halten. Die kleine Anna forderte schnell unsere gesamte Aufmerksamkeit. Noch im Krankenhaus bekam sie eine Virusinfektion, musste mit Infusionen behandelt werden. Die Nadeln in ihrem Köpfchen ließen sie wie eine kleine Außerirdische aussehen. Unsere ältere Tochter, Sophie, gab ihr zärtlich den Namen „Spacie". Am Tag, an dem Anna mit ihrer Mama gesund nach Hause kam, verstarb überraschend meine geliebte Mutter – genau 10 Jahre nach meinem Vater; beide wurden 76 Jahre alt.

Für Monate konnte ich keine einzige weitere Zeile an diesem Buch schreiben. Einigermaßen den Alltag zu bewältigen, war Aufgabe genug. Ich lernte (erneut): ***Jede Zeit hat ihre Prioritäten – alles auf einmal ist gegen die Natur des Lebens und funktioniert nicht.***

Als Familie waren wir gefordert, gemeinsam zu wachsen. Die universellen Gesetze des Lebens wurden uns eindrücklich gezeigt. Sie stellten uns auf die Probe. Leben und Tod bilden ein untrennbares Band. Alles hat seine Endlichkeit und vielleicht entsteht es in neuer Form wieder. „Und solange Du das nicht hast, dieses Stirb und Werde, bist Du nur ein trüber Gast auf der dunklen Erde", wie es bei Goethe heißt.
Vor diesem Hintergrund war ich noch mehr bemüht, persönlich zumindest annähernd das zu leben, was ich in diesem Buch beschreibe – ein ganzheitlich-balanciertes Leben zu führen und gleichsam beruflich erfolgreich zu sein. Irgendwie scheint dies gelungen zu sein. Nach gut einem Jahr schöpferischer Pause konnte ich Ende 2008/Anfang 2009 das Manuskript dieses Buches zu 95% fertig schreiben. Dann wollte es das Schicksal, dass wir uns im „Krisenjahr" 2009 sehr guter beruflicher Auslastung erfreuten und ich in spannenden Mandaten den Praxistest zu den Inhalten dieses Buches machen durfte. Zum Jahreswechsel 2009/2010 gelang mir dann endlich die Finalisierung des Manuskripts.
Auf diesem geschilderten Weg der Buchentstehung stützten mich Menschen aus meinem beruflichen und privaten Umfeld, die an mich glaubten, die mir zuhörten und mich mit Rat und Tat aktiv begleiteten. Ihnen allen sei an dieser Stelle von ganzem Herzen gedankt.

Gewidmet ist dieses Buch allen Menschen mit (formaler oder lateraler) Führungsverantwortung, die täglich ihr Bestes geben, um eine der anspruchsvollsten und zugleich faszinierendsten Aufgaben der modernen Gesellschaft zu meistern – komplexe Systeme zu einem zielorientierten Ergebnis zu führen. Vor Ihnen, den Leadern des 21. Jahrhunderts, verneige ich mich.

Riederau am Ammersee bei München, im Frühjahr 2010

I. Führung und Leadership

Grundlagen

Wenn Sie bei Google – Seiten auf Deutsch – das Stichwort „Führung" eingeben, erhalten Sie 3.890.000 Treffer. Versuchen Sie es international mit dem Begriff „Leadership" sind es sogar ca. 173.000.000. In Kombination – also Führung & Leadership" – reduziert sich das Ganze auf nur noch 627.000 Treffer. Dies ist immer noch eine Größenordnung, die ein einheitliches Verständnis, von was wir eigentlich sprechen, unmöglich macht.

Beginnen wir also mit einem Definitionsversuch: ***Der Begriff Führung wird in verschiedenen Kontexten verwendet. Ganz allgemein bedeutet er „etwas leiten", „auf etwas steuernd einwirken", „jemanden begleiten, den eigenen Weg zu finden" und/oder „eine dominante Position innehaben".*** Führung ist demnach der Versuch, steuernd und richtungweisend auf das Handeln von sich selbst und von anderen einzuwirken, um eine Zielvorstellung zu verwirklichen. Im wirtschaftlichen Kontext können wir die Ebenen Individualführung, Gruppenführung (z.B. eines Teams) und Unternehmensführung unterscheiden.
Führung vollzieht sich dabei meist in einer Interaktionsbeziehung zwischen Führer und Geführtem; eingebettet in einen sozialen Kontext. Führung findet also generell nicht im luftleeren Raum statt, sondern immer vor dem Hintergrund der gegebenen Bedingungen des Umfeldes. Unternehmensführung wird gern als beabsichtigte und zielorientierte Beeinflussung des Verhaltens von Mitarbeitern zur Erreichung der Ziele eines Unternehmens definiert. Dabei wird Führung oft mit Management gleichgesetzt, obwohl Management mit der Erledigung von Aufgaben befasst ist, die auch ohne Führung erfolgen kann.
Noch ein Punkt ist von zentraler Bedeutung, wenn man sich auf die Suche nach einem klareren Verständnis des Begriffs „Führung" macht: ***Führung ist nicht zu verwechseln mit einer Leitungsfunktion.*** Zu unterscheiden ist zwischen einem Vorgesetzten (oder auch Leiter), dessen Rechte und Pflichten allein durch seine Position festgesetzt werden, und einer Führungsperson. Letztere bedarf der Anerkennung durch die Geführ-

ten. Das Kriterium der Anerkennung bzw. Akzeptanz ermöglicht erst die Unterscheidung zwischen einem Vorgesetzten (engl. headship) und einem Führer (engl. leadership).

Leadership braucht immer auch Followership. So kann eine beliebige Person zwar formal Vorgesetzter einer anderen Person sein, muss von letzterer aber nicht zwangsläufig als Leader akzeptiert werden.

Lassen Sie mich also an dieser Stelle meine zentralen Definitionen zum vorliegenden Themenkomplex festhalten:
Ich verstehe unter **Führung** die generelle Fähigkeit, Menschen in die Lage zu versetzen, eine Leistung zu erbringen und auf Veränderungen angemessen zu reagieren, um Ziele zu erreichen. Dies schließt ausdrücklich die eigene Person mit ein. Die hohe Schule der Führung zeichnet sich dadurch aus, dass die Mehrzahl der an der Zielerreichung Beteiligten diese Ziele als wert- und sinnvoll empfindet und sie zu ihren Zielen macht.
Leadership ist für mich demnach die englische Übersetzung von Führung und fokussiert etwas spezieller die Follower. Leader haben immer Follower – egal wie ihr formaler Status ist.
Vorgesetzter, Leiter oder andere formell ernannte „Führer" haben für mich erst einmal wenig mit Führung zu tun. Mit der Ausnahme, dass sie qua Funktion eine zentrale Rolle im System einnehmen und dementsprechend berücksichtigt werden müssen.
Management definiere ich als den Versuch, ein komplexes System erfolgreich unter Kontrolle zu halten. Es umfasst Analysen, Zielformulierungen, Entscheidungen, Maßnahmenfestlegungen und deren Umsetzung sowie Aufgabendelegation und Ergebniskontrollen. Führung kann dabei sehr hilfreich sein.
Unternehmensführung schließlich ist für mich eine je Organisation individuell angepasste Vorgehensweise, um die Ziele dieser Organisation möglichst effizient zu erreichen. Sie basiert auf universellen Prinzipien des Erfolgs und steht im Einklang mit den Werten und Vorstellungen der mit der Organisation verbundenen Menschen. Effektive Unternehmensführung bedient sich der aktuellen Erkenntnisse und Methoden der strategischen Managementlehre.

Jenseits dieser persönlichen Definitionen gibt es natürlich Dutzende alternative Beschreibungsversuche dieses komplexen Geschehens. Hunderte von Büchern und Tausende von Artikeln werden jährlich zu diesem Thema geschrieben. Vor allem die Praxis ruft nach Rezepten und schnell wirksamen Lösungen. Ich werde Ihnen in den Kapiteln 2 bis 5 meine Antworten dazu geben. An dieser Stelle möchte ich es – trotz aller Schwierigkeit – nicht versäumen, zumindest die **wichtigsten theoretischen Grundlagen** zu erwähnen.

Seit Jahrzehnten bemüht sich die Wissenschaft um eine Beschreibung des Führungsphänomens. Verschiedene Faktoren (Führer, Geführte, Aufgaben, Organisation, Umwelt, etc.) sind dabei zu berücksichtigen. Um diese komplexen Zusammenhänge angemessen verarbeiten zu können, wurden in der Führungsforschung Vereinfachungen angewendet.

Der klassische Eigenschaftsansatz, der Führung vor allem von den Eigenschaften der Führungskraft abhängig macht, wird als zu vereinfachend angesehen und gilt als überholt. Ebenfalls als überholt gelten die meist psychologischen Ansätze der reinen **Verhaltenstheorien**, die ausschließlich das Verhalten der Führungskraft in bestimmten Situationen zur Grundlage ihrer Forschung machen. Dieser reduktionistische Ansatz wird den meisten realen Führungssituationen nicht mehr gerecht.

Um der Kritik an oben angeführten Führungstheorien zu begegnen, berücksichtigen die **Kontingenztheorien** zusätzlich die Situation und gehen davon aus, dass die Effektivität eines Führungsstils vom Vorhandensein bestimmter Situationsmerkmale abhängt. Hier wird vor allem die Interaktion zwischen Führenden und Geführten betrachtet. „Führen!“ ist nur dann angezeigt, wenn es sinnvoll ist, ansonsten ist „(das Führen) Lassen!“ die bessere Alternative. Diese Verbindung von „Führen und Führen lassen“ kennzeichnet in der Praxis die spannungsgeladene Widersprüchlichkeit für die Führungskraft, die situationsabhängig beides können soll und zwar nicht im Sinne von „entweder oder“, sondern im Sinne von „sowohl als auch“.

Beste Beispiele für eine derartige Führungsvirtuosität sind Leader wie Mahatma Gandhi, Martin Luther King, Mutter Teresa oder Nelson Mandela.

Ihnen gelang es einerseits in entscheidenden Momenten ohne wenn und aber Führung zu zeigen. Zu erinnern sei an die Hungerstreiks, die Gandhi immer dann als Führungsinstrument gegen die britische Kolonialmacht einsetzte, wenn er unmissverständlich klar machen wollte, dass er zu keinerlei Kompromissen mehr bereit sei. Andererseits ließen Gandhi, Martin Luther King,

Mutter Teresa und Mandela oft das Führen sein und taten einfach das, was gerade anstand. Mutter Teresa lebte für ihr Werk direkt mit den Ärmsten der Armen in Kalkutta zusammen. Mandela verbrachte für sein Lebensziel, die Gleichberechtigung der Schwarzen in Südafrika zu erwirken, über 30 Jahre seines Lebens in Haft. Berühmt sind auch die langen (Protest-)Märsche Gandhis und Kings, die sie ohne große Vorbereitung begannen und denen sich dann viele tausend Menschen freiwillig anschlossen. So marschierten Gandhi und seine ca. 2.500 Anhänger im Jahre 1930 über 200 Meilen von Ashram Ahmedabad zum entfernten Arabischen Meer, um dort einige Salzkörner aus dem Ozean aufzulesen und symbolisch das Salzmonopol der britischen Kolonialherren zu brechen. Diese Aktion war der Beginn einer Kampagne gewaltlosen Ungehorsams und hatte letztendlich die Befreiung Indiens von der britischen Kolonialherrschaft zur Folge. Auch Martin Luther Kings legendärster 350 km Marsch aus dem Jahre 1966 von Memphis, Tennessee nach Jackson, der Hauptstadt von Mississippi, entwickelte sich zu einer Bürgerbewegung größter Wirksamkeit.

„Gezielt führen“ und „bewusst lassen“ bilden die beiden Pole, zwischen denen sich eine Dynamik der Veränderung entwickeln kann.

Die „radikalste“ Führungstheorie ist die der systemischen Führung. Die ganzheitliche Sicht des systemtheoretischen Ansatzes hilft dabei, nicht nur die Interaktionen zwischen Führungskraft und Mitarbeiter, sondern auch die Interaktionen zwischen Mitarbeiter, Kollegen und Kunden oder auch Lieferanten zu berücksichtigen, um ein besseres Verständnis der vielen Dimensionen von Führung zu ermöglichen. Die Führungskraft ist nur eine der vielen Kontextfaktoren, die auf die Geführten wirken. Die Komplexität der heutigen Zeit lässt den systemischen Führungsansatz zunehmend einflussreicher werden. Jährlich kommen neue Methoden und Tools auf den Markt, die sich die systemische Denkweise zu eigen machen. Nicht alles ist hierbei wirklich neu und nutzenstiftend. Wie bei jeder „Breitenentwicklung“ gilt es, die Spreu vom Weizen zu trennen. Als generellen Tipp für die Beraterauswahl darf man sagen: Es sollte eine solide theoretische Basis, gepaart mit breiter und nicht dogmatischer Praxiserfahrung vorhanden sein.
Die Methodik der Team-/Organisationsaufstellung symbolisiert am bildlichsten die Grundidee dieses Ansatzes. Mit Hilfe von frei im Raum positi-

onierten Stellvertretern wird das Beziehungsgeflecht in einer Organisation rekonstruiert. Dadurch kann in relativ hoher Geschwindigkeit ein ziemlich klares Bild von der aktuellen Ist-Situation (Machtkonstellation, Beziehungsgeflecht) erstellt werden.

Einer der renommiertesten Anwender von Aufstellungen Matthias Varga von Kibéd, der gemeinsam mit seiner Frau Insa Sparrer auf über 8.000 durchgeführte Aufstellungen zurückblicken kann, berichtet, dass Stellvertreter in der Aufstellung teilweise körperliche Symptome wie Atemnot oder gar Herzrasen bekamen, ohne etwas von der Überlastung der Person zu wissen, die sie darstellten. Die Ursachen für solche Phänomene sind noch nicht bekannt und werden gerade erst erforscht. (von Kibéd, 2003: S. 63)

Nehmen wir den Fall, dass es einem Abteilungsleiter trotz echten Bemühens nicht gelingt, mit seinen fünf Direktunterstellten ein wirkliches Team zusammenzubekommen. Mit dreien seiner Teamleiter hat er ein richtig gutes Verhältnis, zu einem Kollegen ist die Beziehung sachlich-neutral, währenddessen Kollege M. permanent Einzelgänge macht. Die Teamleiter haben untereinander ein höfliches, aber nicht gerade freundschaftliches Verhältnis. Die Resultate der Abteilung sind zufrieden stellend, könnten aber noch deutlich besser sein, wenn es gelänge, die Führungsmannschaft zu einem echten Team zusammenzuschweißen.

Der Vorgesetzte des Abteilungsleiters hat darauf im letzten Zielvereinbarungsgespräch hingewiesen. Wörtlich sagte er: „Ich bin mit Ihren Leistungen grundsätzlich zufrieden, weiß aber auch, dass die Abteilung noch mehr leisten kann. Dies möchte ich im kommenden Jahr von Ihnen sehen. Vor allem die Alleingänge von Kollege M. gefallen mir nicht. Hier müssen Sie mehr Führung zeigen."

In einer Aufstellung würde nun ein neutraler Berater den Abteilungsleiter bitten, mit Hilfe von Repräsentanten (im Idealfall Personen; im „Notfall" auch Figuren oder Geldstücke) seine Führungskonstellation so zu stellen, wie es seiner subjektiven Sichtweise entspricht. Die beteiligten Repräsentanten werden hierzu buchstäblich zueinander in Beziehung gesetzt: „Wie nahe stehen Sie zu den Herren A, B, C?" und „wie distanziert zu Herrn M.?" „Wie steht Herr M. zu den Kollegen B und D?" „Wo befindet sich Ihr Vorgesetzter in dieser Konstellation?", so die Fragen des neutralen Beraters. Es entsteht ein Bild, das dem erfahrenen Aufsteller ziemlich viele Informationen zur Gesamtkonstellation gibt.

Nach dieser Anfangsaufstellung kann sich unser Abteilungsleiter in eine Beobachterrolle zurückziehen, und der Berater führt den weiteren Prozess der Aufstellung durch. Sind Menschen als Repräsentanten eingesetzt, befragt er diese im Raum Verteilten nach ihrem Befinden in der momentanen Raumkonstellation.

Daraufhin stellt der Berater die repräsentativen Personen so lange um, bis diese eindeutig zu erkennen geben, dass sie sich in dieser neuen Konstellation besser fühlen.

Unser Abteilungsleiter beobachtet in aller Ruhe das Procedere und lässt es auf sich wirken. Er reflektiert quasi passiv über sein inneres Abbild der Anfangsaufstellung und vergleicht das Anfangs- mit dem Endbild.

Mit Hilfe der geäußerten Befindlichkeiten der „aufgestellten" Personen sowie gezielter Fragen des neutralen Beraters werden dem Abteilungsleiter bisher unbewusste Team-Zusammenhänge deutlich. Für ihn kann sich die Situation in einem neuen Licht darstellen; Lösungsmöglichkeiten werden erkennbar.

Zurück zu den theoretischen Grundlagen: Der systemtheoretische Ansatz befreit den Führenden vom Stereotyp des alleinverantwortlichen Lenkers. Stattdessen bilden sich in Organisationen (Macht-/System-)Konstellationen heraus, die den Rahmen dafür setzen, was in dieser Organisation zurzeit gerade möglich ist. Erfolgreiche Führung ist sich dieser Realität bewusst.

Des Weiteren gilt es, kurz die in der Literatur gängig erwähnten Führungsstile zu beschreiben. Grob lässt sich dabei zwischen Aufgaben- oder Mitarbeiterorientierung unterscheiden. Zu den typischen **Führungsstilen** gehören:

Aufgabenorientiert:

- autokratisch (ohne Mitberücksichtigung der Untergebenen),
- autoritär (Gehorsamsverhältnis),
- bürokratisch (Basis: Versachlichung, Regelungen, Kompetenzen),

Mitarbeiterorientiert:

- charismatisch (Führen nach Gehorsam; allerdings eher wie ein väterlicher Befehl),
- demokratisch (starke Beteiligung der Mitarbeiter),
- kooperativ (absolut gleichberechtigte Behandlung der Mitarbeiter),
- laissez-faire (starke Verhaltensfreiheiten für die Mitarbeiter) sowie die

Misch- und neuere Formen:

- situative/persönlichkeitsorientierte Führung (Anpassung des Führungshandelns an die Aufgabenschwierigkeit, den Reifegrad und die Persönlichkeit des einzelnen Mitarbeiters).
- Auf das recht neue Prinzip der holistisch-visionären Führung werden wir etwas später näher eingehen.

Welchen Führungsstil beobachten Sie bei sich selbst am ehesten? Welchen Stil erleben Sie in Ihrem Umfeld?

Eine andere, nicht so bekannte, aber aus meiner Sicht äußerst interessante Klassifizierung von Führungsstilen finden wir bei Robert B. Dilts (Dilts, 2004: S. 6ff, in Zusammenhang mit S. 35ff). Dilts legt seiner Einteilung die Frage zu Grunde, welche Einflussnahme in welcher Situation am besten geeignet ist, um als Führungskraft Menschen zu entwickeln. Er spricht von sechs unterschiedlichen Stilen:

Tabelle: Die sechs Führungsstile nach Robert B. Dilts

Stil	Kurzbeschreibung	Spezielle Leistung des Führungsstils
Guide & Caretaker	Guiding ist ein Prozess, bei dem eine Person vom momentanen zum gewünschten Zustand geführt wird. Es setzt voraus, dass der Guide bereits selbst diesen Weg (zumindest so ähnlich) gegangen ist und die Haupthindernisse kennt. Caretaker zu sein beinhaltet die Bereitstellung einer sicheren und fördernden Umgebung, in der der Mitarbeiter lernen und sich entwickeln kann.	**Management by Exception / Ausnahme-Management:** Führungskraft (FK) greift nur ein, wenn Probleme entstehen oder Mitarbeiter von den Erwartungen der FK abweichen. FK räumt dem Individuum viel Freiraum ein. Der Guide & Caretaker steht bei Problemen jedoch immer zur Verfügung. Es ist das Bild „liberaler" Eltern, die immer nur dann eingreifen, wenn sie den Eindruck haben, dass die Kinder mit der Situation überfordert sind.

Coach	Coaching ist der Prozess, bei dem einer anderen Person dabei geholfen wird, auf der Spitze der eigenen Leistungsfähigkeit zu agieren. Es basiert auf den Stärken der jeweiligen Person und unterstützt diese, eigene kontraproduktive Verhaltensweisen zu erkennen und zu verändern. Die Führungskraft als Coach beobachtet das Verhalten seiner Mitarbeiter und gibt diesen Hinweise, wie eine Verbesserung der Leistung erreicht werden kann.	**Management bei Objectives / Führung mit Zielen:** Der Antrieb bei diesem Führungsstil ist das Erreichen von Zielen und damit verbundene, erfolgsabhängige Belohnungen. Es ist das Bild des Trainers, der die Ziele vorgibt und mit Belohnung führt. Leistung und Anstrengung verdienen Lob und Anerkennung. Im Gegensatz zu Guides stimulieren Coaches ihre Mitarbeiter, aus eigener Initiative heraus zu handeln und helfen ihnen, ihre eigenen Ressourcen zu erkennen.
Teacher	Teaching bezieht sich auf die Hilfe bei der Entwicklung grundlegender Problemlösungsfähigkeiten. Es geht also um den Erwerb allgemeiner Fertigkeiten mit dem Ziel, Neues entstehen zu lassen. Eine Führungskraft als Teacher lehrt seinen Mitarbeiter nicht, wie er sich in einer bestimmten Situation zu verhalten hat, sondern inspiriert diese, grundlegende Muster zu finden, mit denen sich Probleme erfolgreich lösen lassen.	**Führen durch intellektuelle Stimulation:** Teacher konzentrieren sich darauf, Klarheit, Auffassungsgabe und eine Erweiterung des Weltbildes zu fördern. Selbstverständlich achten gute Teacher auch darauf, lerntypentsprechende „Sprachen“ mit ihren einzelnen Mitarbeitern zu sprechen und auf deren individuellen Lernhintergrund einzugehen (Leser, Schreiber, Zuhörer, ...). Es ist das Bild des richtig guten Lehrers, dessen Ziel es ist, dass seine Schüler ihn einmal an Wissen, Fähigkeit und Reife überbieten.
Mentor	Mentoring heißt, jemanden durch den Glauben an dessen Person und die positive Bestätigung seines Verhaltens dahin zu führen, dass diese Person ihre eigenen Kompetenzen entdeckt. Führungskräfte als Mentoren helfen ihren Mitarbeitern, deren Werte und Überzeugungen auf eine positive Art zu formen, indem sie sich auf diese Person ganz einstellen und somit deren (inneres) Potential freilegen.	**Führen durch Inspiration:** Dabei betont Mentoring sehr stark die Entwicklung des Wertesystems und den bestärkenden Glauben an zukünftige Möglichkeiten. Das Bild des Mentors ist am ehesten mit einem besonders guten „Vater-Sohn-Verhältnis“ zu vergleichen.
Sponsor	Sponsoring bedeutet, einen anderen oder eine Gruppe zu unterstützen, um dessen / deren bereits angelegte aber noch nicht voll entfaltete Fähigkeiten zur Entfaltung zu bringen. Die Führungskraft als Sponsor erzeugt ein Umfeld, in dem andere handeln, wachsen und Herausragendes leisten können.	**Führen durch individuelles Fördern:** Beim Sponsorship geht es um das Wecken und Weiterentwickeln bereits vorhandenen Potentials einer anderen Person oder Gruppe. Dabei stellen Sponsors jene Bedingungen, Kontakte und Ressourcen zur Verfügung, die es anderen erlauben, sich voll auf die Entwicklung ihrer Fähigkeiten zu konzentrieren.
Awakener	Awakening geht über Coaching, Teaching und Sponsoring hinaus. Ein Awakener unterstützt eine Person, indem er ein Umfeld zur Verfügung stellt, das der Person hilft, die eigene Aufgabe im Rahmen eines größeren Ganzen erfüllen zu können. Ein Awakener „weckt“ andere durch sein Vorbild und seine eigene Integrität. Er muss sich nicht aktiv um Follower bemühen – er hat sie; die Menschen folgen ihm freiwillig.	**Awakening ist das Führen durch authentisches Vorbild** und am besten mit den Denk- und Handlungsweisen von Level-5 Leadern zu vergleichen (vgl. Station 6, S. 139). Awakener sind Führungspersönlichkeiten, denen andere gerne folgen, weil sie diese einerseits bedingungslos in ihrer Einzigartigkeit akzeptieren und gleichsam Optionen zum Wachsen und Entwickeln bieten. Awakener wie z.B. Jesus, Nelson Mandela und der Dalai Lama brauch(t)en keine formelle Macht. Sie führ(t)en durch Vorleben.

Die Einteilung der Führungsstile nach Robert B. Dilt ist sicherlich etwas gewöhnungsbedürftig. Auch empfinde ich einige Unterscheidungen als nicht besonders scharf (zumindest ungewohnt). So haben Coaching, Teaching, Mentoring punktuell auch Sponsoring sicherlich Überschneidungen, die uns in der Praxis nicht zwingend weiterhelfen. Als Anhalt dient die Einteilung jedoch auf alle Fälle. Erstens hilft sie der Führungskraft zu reflektieren, welcher Führungsstil bei jedem ihrer zu Führenden wohl am wirkungsvollsten ist. Zweitens stellen die Dilts-Stile ein geeignetes Zielraster für den Leader dar, wie er selbst am liebsten von seinen Followern gesehen werden möchte, respektive welches Führungsumfeld er schaffen möchte.

In welchem Führungs-Stil erkennen Sie sich selbst am ehesten wieder? Wo empfinden Sie sich authentisch? In welche Richtung(en) möchten Sie sich weiterentwickeln?

Auch können die Dilts-Stile eine Strukturhilfe sein, in welcher Situation welcher Führungsstil wohl am ehesten Erfolg verspricht. Wenn Sie zum Beispiel noch sehr junge Mitarbeiter führen, machen sicherlich Caretaking, ggf. auch Teaching Sinn. In der nächsten Entwicklungsphase bieten sich Coaching und Mentoring an. Sponsoring wiederum sollte ganz bewusst und überlegt denen angeboten werden, die man für sehr förderungswürdig hält. Währenddessen die Fähigkeit, für andere Awakener zu sein, sicherlich nur wenigen vorbehalten bleibt, die dem hohen Anspruch dieses Stils selbst gerecht werden können.

Im Zusammenhang mit dem Thema Führungsstil möchte ich Ihnen noch die Ergebnisse einer Langzeitstudie der Harvard University zum Thema „Prägung durch Vorbild“ vorstellen (Haberleitner, 2007: S. 259f):

1. Die erste Arbeitsstelle, die ein Mitarbeiter hat, prägt ihn maßgeblich in seiner beruflichen Karriere: Hatte der Mitarbeiter eine Führungskraft, die ihn forderte und förderte, so entwickelte er sich gut, wurde später erfolgreich und war seinen Mitarbeitern spät er ein ähnlicher Vorgesetzter. Der umgekehrte Fall trifft ebenso zu.
2. Jede Führungskraft tendiert dazu, denjenigen Führungsstil anzuwenden, unter dem sie die ersten Jahre ihres Berufslebens gelebt, ggf. sogar gelitten hat. Mitunter fällt dies der Führungskraft gar nicht auf oder sie bestreitet es.
3. Je weniger Vertrauen eine Führungskraft in sich selbst hat, desto weniger Vertrauen in andere kann sie entwickeln. Die Studie beweist, dass die erfolgreichsten Vorgesetzten Menschen mit großem Selbstvertrauen und Selbstwertgefühl sind.

4. Vorgesetzte, die die Einstellung besitzen: „Wenn ich es nicht selber mache, passiert nichts!“, müssen tatsächlich mehr Arbeiten selber machen.

Beobachten Sie doch einmal Ihr Umfeld und sich selbst, inwieweit die Harvard Studie zutrifft.

Diese eher grundlegende und allgemeine Einführung in das Thema Führungsstile habe ich aus drei Gründen in das Buch genommen:

1. Werden Sie sich klar, welcher Führungstyp Sie sind.
2. Entscheiden Sie sich bewusst und stehen Sie dazu.
3. Arbeiten Sie kontinuierlich an sich und holen Sie sich Feedback ein, um sich stetig weiter zu entfalten.

Damit soll es genug der Grundlagen sein. Selbstverständlich gäbe es noch ausreichend weitere Themen – werden doch jedes Jahr mehrere hundert Bücher zum Thema Führung geschrieben. Zwei davon darf ich Ihnen zur Vertiefung mit bestem Gewissen empfehlen:

Einen umfassenden Überblick mit breiter und fundierter Sichtweise gibt *Daniel F. Pinnow, Führen – worauf es wirklich ankommt.* Als leichtes Nachschlagewerk mit hoher praktischer Anwendbarkeit bietet sich *Hartmut Laufer, 99 Tipps für den erfolgreichen Führungsalltag,* an.

Mein Fokus schwenkt nun – in Ihr reales Leben. In den folgenden Abschnitten möchte ich mich mit Ihnen, Ihren täglichen Herausforderungen und möglichen Hilfestellungen zu deren Meisterung auseinandersetzen. Meinen Ausführungen liegt die bereits oben skizzierte und hier nochmals erwähnte Definition von Führung und Leadership zu Grunde:

Ich verstehe unter **Führung** die generelle Fähigkeit, Menschen in die Lage zu versetzen, eine Leistung zu erbringen und auf Veränderungen angemessen zu reagieren, um Ziele zu erreichen. Dies schließt ausdrücklich die eigene Person mit ein. Die hohe Schule der Führung zeichnet sich dadurch aus, dass die Mehrzahl der an der Zielerreichung Beteiligten diese Ziele als wert- und sinnvoll empfindet und sie zu ihren Zielen macht.

Leadership ist für mich demnach die englische Übersetzung von Führung und fokussiert etwas spezieller die Follower. Leader haben immer Follower – egal wie ihr formaler Status ist.

Ich lade Sie nun ein, auf Ihre Führungsreise zu gehen – mit einem weit gefassten und nicht allein auf Ihre beruflichen Aufgaben reduzierten Führungsbegriff im Gepäck. Starten wir in Kapitel 2 mit der Frage, welche Herausforderungen es zu meistern gilt, um als Führungskraft nachhaltig erfolgreich zu sein.

II.
Erfolgreich sein

Vor welchen
Herausforderungen
wir heutezutage stehen

Die Zeiten sind vorbei,

- in denen ER auf die Jagd und SIE zum Beeren sammeln gegangen ist,
- in denen ER den Acker gepflügt und SIE die Ernte eingebracht hat,
- in denen ER in die Fabrik ging und SIE Haus und Kinder hütete,
- in denen ER und SIE einen gut bezahlten und sicheren Job hatten,
- in denen WIR in Länder- oder Nationalstaatsgrenzen denken durften, wenn wir herausbekommen wollten, wo und wie wir erfolgreich sein können.

Diese Aufzählung ließe sich weiter führen. Hat sich doch in den letzten 20 Jahren so gut wie alles verändert, was uns lange – besonders in Deutschland – lieb und teuer war. Seien es die notwendigen Qualifikationen des Einzelnen, um im Beruf erfolgreich zu sein. Oder die Anforderungen an (gewollt oder ungewollt) global agierende Unternehmen. Nicht zuletzt die strukturellen Veränderungen unseres Sozial-, Arbeitsmarkt- und Wirtschaftssystems. Wem das nicht genügt, dem mögen die Stichworte Globalisierung, Individualisierung, Multi-Options-Gesellschaft, Arbeitsnomaden, Ich-AG, Markenpiraterie, Margenverfall, kürzere Lieferzeiten, erhöhte Qualitätserwartung usw. ein wenig beim Nachdenken helfen. Nachstehende Abbildung zeigt die aktuelle Herausforderung skizzenhaft auf.

Abb.2: Führung muss die Lücke schließen

Führung muss die Lücke schließen

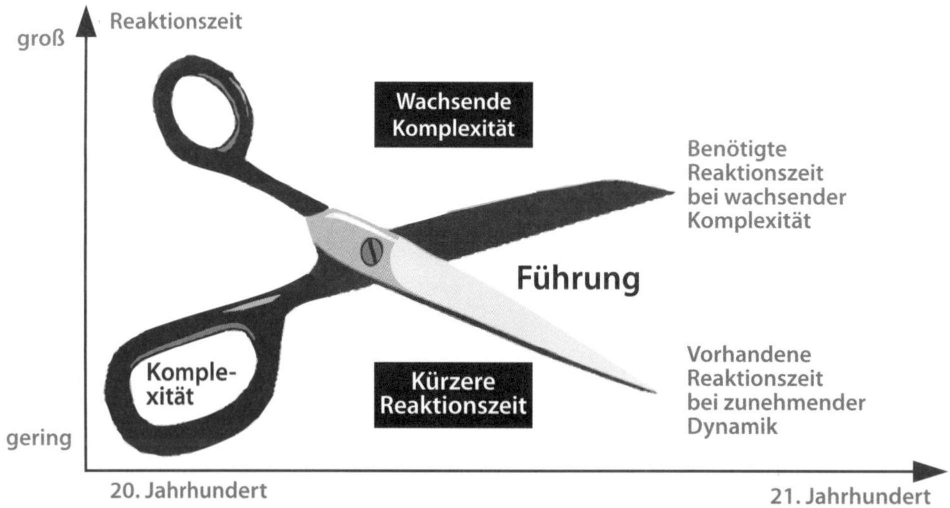

Führung muss die täglich größer werdende Lücke zwischen wachsender Komplexität und einer immer kürzer zur Verfügung stehenden Reaktionszeit auf Veränderungen schließen.
Wenn wir diese Prinzipskizze mit Fakten untermauern, zeigt sich folgende Entwicklung; exemplarisch an einigen Branchen dargestellt:

- Stromindustrie: Margenverfall um 50% in den Jahren 1999 bis 2002; Zur Zeit Unbundling, mit der Folge, dass völlig neue Geschäftsprozesse entstehen werden
- Musik / Unterhaltungselektronik: mp3, DVD, iPod
- Pharma: Internetapotheken verändern das Geschäft: Doc Morris, Zur Rose
- Bildung: Online-Learning, PISA-Studie
- Telekommunikation: 50% Preisreduktion in den letzten drei Jahren
- Einzelhandel: 400 Markenartikel um 4% billiger
- Banken: 25 Millionen Onlinekonten, Fusionen
- Reisen: 50% Internetgeschäft; vor zehn Jahren waren es noch 5%
- Automobilindustrie: Auflösung der Markenbindung; Umweltdiskussion, CO_2-Richtwerte
- Globale Verantwortung: Fast fünf Milliarden Menschen (ca. 75% der Menschheit) leben von weniger als zwei Dollar pro Tag. Wie gelingt es, mit diesen Menschen einen wertschöpfenden Wirtschaftsprozess zu etablieren?

Dies alles wirkt massiv auf Führung und erodiert bisher allgemein gültige Grundsätze, was erfolgreiche Führung auszeichnet. Ohne zu sehr in die Details gehen zu wollen, möchte ich Ihnen skizzenhaft die sieben zentralen Paradigmen der Unternehmensführung (damit meine ich fest verankerte Glaubenssätze, die uns bewusst oder unbewusst in unseren Handlungen steuern) aufzeigen. Diese Paradigmen sind noch in vielen Köpfen, passen aber nicht mehr auf die heutige Realität. Sie haben ihre Gültigkeit verloren, sind jedoch noch nicht durch neue, allgemein akzeptierte und unser Handeln steuernde Paradigmen ersetzt.

In Sachen Führung befinden wir uns quasi in einer Art Phasenübergang, in der die „alte Physik" nicht mehr greift, die „neuen Gesetze" aber noch nicht flächendeckend akzeptiert sind.

Tabelle: Die sieben zentralen Paradigmen der Unternehmensführung und deren Erosion

Paradigma	Neue Realität	Konsequenz
Unternehmen lassen sich wie Maschinen steuern	Wir erkennen, dass Unternehmen wie Organismen operieren und eher als selbstorganisierende, lebende Systeme „geführt" werden müssen	Fehlverhalten, Orientierungslosigkeit, Überreaktionen, nicht angemessenes Vorgehen von Vorgesetzten und Mitarbeitern, hohe Unsicherheit
Planung, Steuerung und Kontrolle reichen aus, um Unternehmen erfolgreich zu führen	Es gibt keine Planungssicherheit mehr. Offenheit und der souveräne Umgang mit Unsicherheit, Komplexität und Dynamik werden erfolgsentscheidend	Gut gemeinte Planungs- und Controllingsysteme laufen ins Leere, sind größtenteils sogar kontraproduktiv
Führen heißt effizientes Managen – korrektes Verwalten	Führen heißt kreatives Ermöglichen von Höchstleistungen – innovatives Gestalten	Spannungen innerhalb von Führungsteams, Unfähigkeit, neue Muster zu entwickeln
Hierarchie und zentralistische Steuerung sind die Erfolgsgaranten effektiver Unternehmensführung	Dezentrale und miteinander vernetzt in Beziehung stehende Systeme lassen neue Erfolgsmuster entstehen (z.B. Web 2.0, XING)	Bestehende Strukturen und reale Abläufe passen nicht mehr zueinander, auf die Menschen wirkt dies plan- und ziellos, Vertrauen in etablierte Strukturen geht verloren
Zuständigkeiten und Verantwortungsbereiche, gepaart mit Fach- und Sachkompetenz, reichen für gute Ergebnisse aus	Führung wird zum ganzheitlichen, organisationsübergreifenden Engagement. Jeder Stakeholder einer Organisation wird zum Mitgestalter dieser und braucht die Fähigkeit, Zusammenhänge zu verstehen	Konfrontation zwischen Bewahrern (die aus Regeln, Gesetzen, Verordnungen ihre Legitimation ableiten) und Neugestaltern (die völlig andere Modelle der Zusammenarbeit anstreben). Dies führt zu großen Reibungsverlusten und erneuter Orientierungslosigkeit bei den Betroffenen aber nicht Involvierten derartiger Prozesse
Mittels standardisierter Verfahren mit dem Ziel der Risikominimierung werden Lösungen auf dem „kleinsten gemeinsamen Nenner" angestrebt	Jeder Fall muss als Einzelfall betrachtet werden. Standardisierung dient nur als stabile Basis, um immer wieder neu um beste Lösungen ringen zu können	Permanenter Wandel, nichts ist mehr so wie gestern, Kunden lassen sich nicht mehr im klassischen Sinne binden, Mitarbeiter schwanken zwischen Überforderung und starkem Autonomiebestreben
Karrieren sind planbar, gehen in eine Richtung (nach oben) und sind der Ausdruck eines erfolgreichen Lebens. Karrierechancen dienen als Hebel zur extrinsischen Motivation	Erfolg wird individuell definiert. Die berufliche Karriere ist dabei nur noch ein Faktor. Karrieren verlaufen nicht-linear. Mitarbeiter möchten zum Gestalter ihres eigenen Lebens werden	Erwartungen von Mitarbeitern und Leistungen, die Unternehmen bieten können, passen häufig nicht mehr zusammen. Frustration, Ärger, Enttäuschung und letztendlich Ineffizienz sind die Folgen

[?] Wie weit können Sie mit meiner obig skizzierten Kurzanalyse mitgehen?

- Wie erleben Sie die Realität?
- Greifen in Ihrem (Unternehmens-)Umfeld die alten Paradigmen noch?
- Wie erfolgreich sind Sie damit?

Mein geschätzter Kollege und Freund, Martin Lerchner, hat ein Modell entwickelt, das diesem Paradigmenwechsel visionär und gleichsam praxisnah Rechnung trägt (zur thematischen Vertiefung empfehle ich die Masterarbeit „Holistic Leadership and Transformation"; Lerchner, M.; Wels 2009).

Abb.3: Die 7 Entwicklungsstufen ganzheitlicher Unternehmensführung

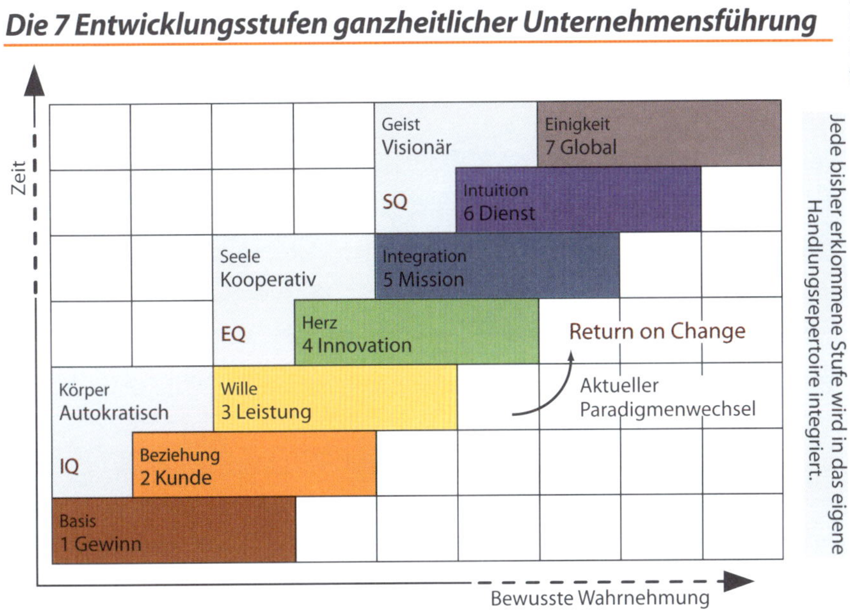

Die erste Stufe (rot) ist Gewinn. Die finanzielle Basis sichert das unternehmerische Überleben. Es ist die Welt der Finanz-Controller. Die Gefahren, die durch eine ausschließlich materielle Betrachtung von Ressourcen entstehen, sind bekannt. Ebenso ist bekannt, wie wichtig es ist, diesen Sockel nicht zu vergessen.

Die zweite Stufe (orange) hat das Kunden-Lieferanten-Verhältnis im Fokus. Geordnetes Geben und Nehmen bestimmt den Beziehungscharakter. Innerhalb des Unternehmens sortieren personifizierte Regeln und Disziplin den Arbeitsalltag. Traditionell agierende Patriarchen führen Unternehmen auf diesem Bewusstseinslevel; häufig mit einer starken persönlichen Beziehung zu Ihren Mitarbeitern.

Die dritte Stufe (gelb) wird von gut ausgebildeten Managern praktiziert. Prozesse werden analysiert und Pläne zur Zielerreichung entwickelt. Das Optimum an Leistung wird mit rationalen, wissenschaftlichen Instrumenten erarbeitet.

Die vierte Stufe (grün) transformiert Unternehmen in den neuen Standard echter Innovation (Schlagwort Web 2.0). Flache Führung durch Netzwerke, Einbeziehung der Gefühle und Kooperation sind dominant.

Die fünfte Stufe (blau) integriert Gefühl und Verstand. Systemische und holistische Unternehmensansätze sind im Fokus; erste spirituelle Zugänge sind möglich. Führer in dieser Ebene kommunizieren eine Mission im Unternehmen, die verbindet.

Die sechste Stufe ist indigo-blau und das zentrale Merkmal dieser Führungskräfte ist ihre intuitive Steuerung. Zur Zeit gibt es nur sehr wenige Organisationen, in denen dieses Führungsprinzip der ganzheitlichen Bedürfnisberücksichtigung aller Stakeholder dominiert.

Die siebte und letzte, violette Stufe ist noch so gut wie von keiner Organisation erreicht. Die Verbindung mit der gesamten Menschheit und dem Planeten ist hergestellt. Visionäre Unternehmen mit gleichsam visionären Führern haben die Kraft, Weichen für neue Paradigmen in der Gesellschaft zu stellen.

Die Basis für das Modell bildet eine alte Weisheit, die Ganzheit von Körper – Seele – Geist. Diese Ganzheit zeigt sich in der aktuellen Unternehmensführung in den drei Hauptströmungen von Führung: autokratisch, kooperativ und visionär.
Der Großteil der heutigen Unternehmen wird mit einem ausschließlich autokratischen, materiell-orientierten Fokus geführt (Stufen 1 bis 3 im Modell auf der vorherigen Seite). Der IQ steht im Zentrum des Handelns. Dies geschieht häufig unbewusst.
Strömungen der kooperativen Unternehmensführung erweitern seit Jahren dieses rein auf Gewinnmaximierung, lineares Wachstum und Besitzstand ausgerichtete Denken (Stufen 3 bis 5). Die Forderungen nach mehr sozialer und emotionaler Intelligenz (EQ) von Führungskräften sind Ausdruck dieser Entwicklung. Ganzheitlich in Balance kommt die Unternehmensführung aber erst durch die Integration der spirituellen Intelligenz (SQ) der Stufen 5 bis 7.
Im Kern geht es darum zu verstehen, dass erfolgreiche Unternehmensführung stets nach der nächst höheren Stufe strebt und gleichsam jede bisherig erklommene Stufe in ihr Handlungsrepertoire integriert. Mit anderen Worten: Je weiter entwickelt eine Organisation, ein Team, eine Führungspersönlichkeit ist, desto mehr Handlungsspielraum steht zur Verfügung, die gesamten Potentiale der Stufen 1 bis 7 zu nutzen.

Meine Erfahrung in unterschiedlichsten Unternehmen, Branchen und Funktionen ist, dass eine zunehmend größer werdende Anzahl an Führungskräften intellektuell die auf den letzten fünf Seiten skizzierte Entwicklung unterschreibt. Schlage ich dann erste Maßnahmen vor, wie auf diese Realität mit neuen Strategien, modernen Strukturen, werteorientierten Unternehmenskulturen oder innovativen Führungs- und Controllingsystemen reagiert werden sollte, wird das Heer der Unterstützer überschaubar.

Besonders sehr erfahrene Manager erlebe ich immer wieder in paradoxen Handlungsmustern. Verbal verkündet man das Neue, die Veränderung, den Aufbruch – real agiert man so wie immer. Das ist menschlich nachvollziehbar. Sind wir doch Wesen, die weder Veränderung lieben, noch denen es leicht fällt, diese Veränderungen „ins Nichts hinein“ umzusetzen. Lieber

Bekanntes bewahren – auch wenn wir spüren, dass es nicht mehr optimal ist, als Unbekanntes einfach mal so beginnen – auch wenn wir erahnen, dass dies irgendwann einmal sein muss.

In einer Führungsfunktion erweist sich jedoch diese „menschliche" Eigenschaft als äußerst ungünstig. Signal und Handlung passen nicht zusammen. Wort und Tat sind gegenläufig.

Machen Sie doch den **Selbst-Test** und beantworten Sie bitte folgende Fragen möglichst ehrlich (zu sich selbst) auf einer Skala von 1 bis 5:

1 = trifft überhaupt nicht zu
2 = mag im Einzelfall stimmen; vom Grundsatz her sehe ich es jedoch anders
3 = teils – teils; je nach Situation trifft die Aussage mehr oder weniger zu
4 = stimme vom Grundsatz her damit überein
5 = stimme völlig überein

Tabelle: Selbst-Test „Führungsverständnis"

Frage	Bewertung
Führung ist die aktive Beeinflussung des Verhaltens von Mitarbeitern zur Erreichung der Ziele eines Unternehmens	
Führung besteht zum größten Teil aus den richtigen Methoden, effizienten Werkzeugen und passenden Tools	
Führung und Management sind im Prinzip synonyme Begriffe	
Führung muss ausschließlich von der Unternehmensspitze ausgehen	
Führung ist die alleinige Aufgabe des Vorgesetzten	
Der Erfolg von Unternehmen hängt vorrangig von visionären Führungspersönlichkeiten ab	
Eine erfolgreiche Unternehmensführung kann nicht auf Kontrolle, klare Anweisungen und effiziente Steuerungsinstrumente verzichten	
Win-Win-Lösungen sind in der Theorie sicherlich eine schöne Sache – in der Praxis wird der Wettbewerb aber jeden Tag härter; da muss es Sieger und Verlierer geben	
Beyond Budgeting – d.h. Führung ohne klassische Budgetlogik – ist naiv und unrealistisch	
Vertrauen ist gut – Kontrolle ist besser	

Wo liegt Ihr Mittelwert? 4, 3, 2, 1 vor dem Komma? Haben Sie Fragen mit 5 bewertet; wie viele waren das?

Aus meiner Sicht dürften Sie im Mittelwert Ihrer Beantwortung auf keinen Fall eine 3 oder höhere Zahl vor dem Komma haben. Bei Einzelfragen darf es keine 5 geben, selbst eine 4 würde mich nachdenklich stimmen. Sind Sie vielleicht doch noch stärker in den alten Paradigmen zu Hause, als Sie sich das selbst eingestehen möchten?

Denn eines muss nochmals ganz klar formuliert werden. ***Wir sind mitten in einem der massivsten Paradigmenwechsel seit der ersten industriellen Revolution.*** Was gestern noch erfolgreich war, kann heute bereits völlig kontraproduktiv sein. Da wir aber Teilnehmer, Direktbetroffene dieser massiven Veränderungen sind, können wir uns nicht einfach von außen selbst beobachten und nach Belieben steuernd eingreifen. Wir sind sowohl „Treibende“ als auch „Getriebene“ dieser neuen Realität. Es gibt keine steuernde Instanz, die genau wüsste, wo es lang geht, was die Mannschaft können muss, welche Werkzeuge hilfreich wären und wie das Ziel und das Ergebnis der Reise aussieht. Dies erhöht den Druck. Die einen möchten bessere Ergebnisse, die anderen rufen nach klarerer Führung. Die einen erwarten mehr Einsatz und Engagement, die anderen möchten endlich mal wieder etwas mehr Zeit und Ruhe für sich haben. ***Unter Druck reduzieren wir unser Verhalten auf die noch gestern funktionierenden Muster.*** Wenn Dinge dann nicht mehr funktionieren, gehen wir in die Abwehr – der andere muss einen Fehler gemacht haben, die Erwartungen meines Chefs sind unerreichbar, die Globalisierung lässt uns keinen Raum mehr etc. Genau in diesem paradoxen Spannungsverhältnis ist erfolgreiche Führung aufgefordert, Hilfestellung zu leisten, Orientierung zu geben und Klarheit zu ermöglichen. Das vor dem Hintergrund, dass wir vermutlich bei den Begriffen Orientierung, Klarheit und Erfolg bereits sehr unterschiedliche Grundannahmen treffen.

Was verstehen Sie zum Beispiel unter Erfolg? Wodurch zeichnet sich Erfolg aus? Wer ist erfolgreicher: Franz Beckenbauer, Bill Gates oder George W. Bush? Kommt es

auf Popularität, Geld oder Macht an? Welche Kriterien legen wir an, wenn wir von erfolgreichen Menschen sprechen. Auf diese direkte Frage werden mir häufig folgende Eigenschaften genannt: Selbstbewusstsein; Mut, sein eigenes Leben zu leben; emotionale Stabilität; Gesundheit; Erfüllung in den Dingen, die einem wichtig sind; ausreichend Geld, um nicht in Sorge leben zu müssen; Zufriedenheit mit sich selbst; eine Familie und Freunde zu haben; seinen Sinn im Leben gefunden zu haben usw.
Sind das auch Ihre Erfolgskriterien? Oder treiben Sie doch eher andere Symbole des Erfolgs an? Was beeindruckt Sie bei Klassentreffen z.B. am stärksten? Welcher Ihrer Freunde und Bekannten hat es am weitesten gebracht? Wen beneiden sie? Mit wem möchten Sie gar tauschen?

Welche Kriterien legen Sie an? Ganz ehrlich! Mein Boot, mein Haus, mein Auto, meine letzte Urlaubsreise?
Erfolg scheint also eine subjektive Größe zu sein. Vielleicht gibt es sogar zwei Ebenen des Erfolgs?! Den äußeren; d.h. den Erfolg, der anderen zeigt, dass man es irgendwie geschafft hat, und den inneren Erfolg; also die Zufriedenheit mit sich und seinem Leben.

Dabei neigen wir gerne dazu, den äußeren Erfolg als den allein selig machenden zu sehen. Wir streben Positionen an, wollen Karriere machen, bemühen uns um Einfluss, arbeiten hart, um möglichst viel Geld zu verdienen, streben nach Macht, Anerkennung, vielleicht sogar Ruhm.
Dies alles ist per se absolut in Ordnung. Ist es doch ein Teil von uns Menschen, Dinge zu schaffen, auf die wir stolz sein können. Wer viel leistet, soll seine gebührende Anerkennung dafür bekommen. Aber wie bei allem im Leben so gibt es auch hier eine andere Seite, die es zu beachten gilt. Das Risiko, dass die äußere Seite des Erfolgs zum alleinigen Lebensziel und damit zu einer sehr gefährlichen Einbahnstraße wird, ist groß.

Auf eine ganzheitliche Sichtweise des Begriffs Erfolg kommt es an. Hinlänglich wird in diesem Kontext von Work-Life-Balance gesprochen; also der gesunden Balance zwischen Arbeit und Privatleben. Dies sind aber nur zwei Bereiche eines erfolgreichen Lebens. Ohne physische und psychische Gesundheit sowie einen echten Lebens-Sinn werden Sie auf Dauer den stetig steigenden Anforderungen nicht gerecht werden können.

Dementsprechend verwende ich lieber den Begriff ***Life-Balance*** und schließe darin ***vier Dimensionen ein: Beruf&Karriere, Gesundheit&Fitness, Familie&Privatleben sowie Lebens-Sinn.***

Überprüfen Sie mit Hilfe der vier Schritte des Lebensrads Ihre aktuelle Life-Balance selbst.

Abb.4: Mein Lebensrad des Erfolgs

Mein Lebensrad des Erfolgs

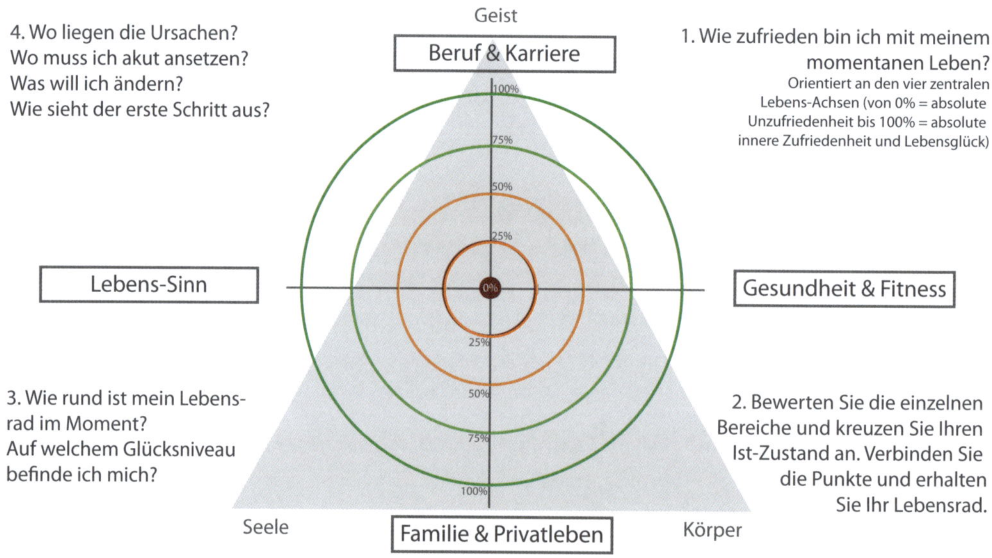

Auf die Ausgewogenheit kommt es an. Mittel- bis langfristig muss Ihr Lebensrad möglichst rund auf einem Mindestniveau größer 75% liegen. Wiederholen Sie deshalb diese Selbstanalyse in regelmäßigen Abständen; am besten alle 9 bis 15 Monate. Seien Sie kritisch und ehrlich zu sich – ohne sich selbst „permanent nieder“ zu machen. Besprechen Sie Ihr Lebensrad mit einer Person Ihres Vertrauens. Lernen Sie aus diesen Gesprächen, worauf Sie ganz individuell achten müssen, um Ihr Erfolgsrad in Bewegung zu halten.

Denn, die Zeiten sind instabil geworden. Es gibt keine Erfolgsgarantie mehr. Sie mögen sich noch so sehr in Ihrem Job anstrengen, die Familie und Kinder vernachlässigen, Ihre Gesundheit aufs Spiel setzen… gegen Übernahmen, internationale Finanzspekulationen oder strategisches Outsourcing Ihres Bereichs können Sie nichts machen. Wenn Sie jetzt nur auf eine Karte gesetzt haben – also Ihr Selbstwertgefühl ausschließlich an Geld, Macht, Einfluss koppeln – wird es brenzlig.
Zahlreiche Fälle zeigen uns, dass in diesen Momenten des „Versagens" alles zusammenbricht, was sich der „Erfolgreiche" bisher aufgebaut hat. Depressionen, Burn Out, Alkoholmissbrauch, gescheiterte Ehen, Herzinfarkte sind die hinlänglich bekannten, exponentiell steigenden Konsequenzen dieser eindimensionalen Erfolgsdefinition.
Dahinter steckt immer ein etwas ver-rücktes Selbstbild: „Ich bin nur etwas wert, wenn ich etwas leiste. Andere sollen sehen, was ich kann. Die Firma braucht mich."
Bitte bemühen Sie sich, zu diesem Denken schrittweise auf Abstand zu gehen und Erfolg als innere Größe zu begreifen. Sie geben Ihr Bestes, bleiben Ihrer inneren Überzeugung treu und arbeiten konsequent an einem balancierten Leben.

In Zeiten großer Unsicherheit und massiver paradigmatischer Veränderungen liegt das Zentrum der Stabilität in Ihnen und in der Verbindung mit den Ihnen wichtigen Menschen.

Wenn es dann das Schicksal einmal nicht ganz so gut mit Ihnen meint, werden Sie vielleicht nicht „Hurra" schreien, aber Sie dürften in der Lage sein, berufliche oder private Niederlagen wegzustecken und weiterzumachen – weil Sie eine innere Haltung entwickelt haben, mit Hilfe derer Sie den Dingen angemessene Relationen zuweisen.
Für mich ist ein erfolgreicher Mensch eine Persönlichkeit, der es gelingt, mit sich und ihrem Leben zufrieden zu sein und die dabei gleichsam für andere ein positives und inspirierendes Umfeld darstellt.
Der Erfolgreiche ist immer auf dem Weg und gleichsam immer angekommen. Er blickt weder dauernd verklärt zurück, noch jagt er ständig der Zu-

kunft hinterher. Er ist ganz im Jetzt und Hier; lässt sich von seinem Umfeld anregen, entscheidet aber selbst, welche Einflüsse er für seinen individuellen Lebenserfolg braucht.

Erfolg ist das, was folgt, wenn ein Mensch mit sich ins Reine gekommen ist – also das Ergebnis eines bewussten Lebens, das sich allen Höhen und Tiefen stellt, die Sonnen- und Schattenseiten der eigenen Persönlichkeit kennt und letztendlich Ja zu sich und zu seinem momentanen Leben sagen kann. Erfolg ist ein inneres Spiel. ***Es ist die Haltung, mit der wir unser Leben bewerten, und wir stellen selbst die Erfolgskriterien auf.***

Es geht mir also um Menschen, die nach außen das abstrahlen, was in ihnen ist – Sinn, Glück und tiefe Zufriedenheit mit ihrem Leben.
Mir ist bewusst, dass ich die Messlatte hoch ansetze. In der heutigen Zeit ist es für Führungskräfte (und nicht nur für diese) bereits eine echte Leistung, den Job gut zu machen und dabei noch gesundheitlich fit zu bleiben. Dennoch dürfen wir keine Abstriche machen. Wem es auf Dauer nicht gelingt, ganzheitlich erfolgreich zu sein, der ist im ersten Quartal des 21. Jahrhunderts als Führungskraft nur bedingt geeignet.

Erfolgreiche Manager von morgen (und das Morgen hat bereits heute begonnen) **müssen in der Lage sein,** diese ganzheitliche Sichtweise in Führung umzusetzen; d.h. **Einzelpersonen, Teams und Organisationen mit Hilfe eines gemeinsamen Prozesses zur Spitzenleistung zu bringen.** Ziel dieser Führung ist es, Bedingungen zu schaffen, unter denen alle Beteiligten aus persönlicher Überzeugung dauerhaft zu ihrer bestmöglichen Leistung bereit sind, um das für den aktuellen Moment zentrale Ziel dieses Systems zu erreichen. **Erfolgreiche Führung bedient sich dabei der universellen Gesetze des Lebens und überträgt sie auf den beruflichen und privaten Alltag.**

Diese hohe Anforderung ist nicht mein „frommer Wunsch“, sondern sie ist das Ergebnis breiter wissenschaftlicher Forschung, kombiniert mit meinen Erfahrungen, die ich in der praktischen Arbeit mit Führungskräften unterschiedlichsten Alters und diversester Funktionen machen durfte.

Viele Jahre habe ich mich mit den großen Managementvordenkern befasst – vorrangig zu nennen wären Peter Drucker, Steven R. Covey, Charles Handy, Warren Bennis, Jack Welch, Tom Peters, Peter Senge, Jim Collins, Ken Blanchard, Rosabeth Moss Kanter, Edgar Schein, Daniel Goleman, Michael Hammer, Michael Porter, Henry Mintzberg, Ken Wilber sowie im deutschsprachigen Raum Reinhard K. Sprenger, Fredmund Malik und Hans A. Wüthrich, mein akademischer Lehrer und Freund.

Aber auch die Lehren spiritueller Meister – z.B. Thich Nhat Hanh, seine Heiligkeit der Dalai Lama, Khalil Gibran, Anselm Grün, Willigis Jäger, Sri Aurobindo oder die Weisheiten der Navajos Indianer ebenso wie die Lehren Buddhas sowie die Bibel – haben mich beeinflusst. Egal aus welcher Richtung die „Erleuchteten“ das Thema bestrahlen, sie kommen immer wieder auf den gleichen essentiellen Punkt zurück.

Alles beginnt mit der Entwicklung der eigenen Person. Bewusstheit, Klarheit, Ausgewogenheit und große Ehrlichkeit zu sich selbst sind der Schlüssel, um andere führen zu können.

Von interdisziplinären Denkern und „weisen Menschen“ durfte ich lernen. Als erster kommt mir der Universalgelehrte Heinz von Foerster in den Sinn, dessen Bücher und Tondokumente ich viele Jahre lang studierte. Ein paar Wochen vor seinem Tod rief er mich an und erklärte mir, was darunter zu verstehen ist, stets so zu handeln, dass sich die Optionen für alle Beteiligten erhöhen.

Natürlich studierte ich auch die philosophischen Zugänge. Von den „alten Griechen“ angefangen, über Spinoza, Kant, Fichte, Hegel, Schopenhauer, bis hin zu Nietzsche, Marx, Heidegger und Wittgenstein wurde mein Denken beeinflusst. Erwähnt sollten auch die Gedanken von Goethe, Schiller, Heine, Hesse und Thomas Mann sein.

Nicht zuletzt gilt es, die neuesten Erkenntnisse der Gehirnforschung, Quantenphysik, Neurobiologie, Psychologie, Soziologie, Systemtheorie und Kybernetik zu beachten – allesamt zeigen sie in eine ähnliche Richtung:

Alles ist mit allem viel stärker verbunden, als wir bisher dachten. Materie und Energie, Realität und geistige Vorstellung hängen viel enger zusammen, als wir noch vor kurzem glaubten.

Was in komplexen Systemen – wie z.B. menschlichen Gehirnen, Teams, Organisationen, Wirtschaftskreisläufen, ökologischen Systemen, sozialen Verbindungen – an einer Stelle geschieht, hat Einfluss auf das, was an anderer Stelle in diesem System geschehen kann.

Abb.5: Interdisziplinäre Zugänge ermöglichen ein neues Führungsverständnis

Interdisziplinäre Zugänge ermöglichen ein neues Führungsverständnis

Medienhypes, Internetviren, Börsencrashs, Umweltkatastrophen, die globale „terroristische" Gefahr, aber auch Kommunikationsverwirrungen am

Arbeitsplatz oder in der Familie führen uns unsere gegenseitige Abhängigkeit fast täglich vor Augen. Nicht umsonst spricht der Präsident des Club of Budapest, Ervin Laszlo, davon, dass das 21. Jahrhundert zum Schicksalsjahrhundert für die Menschheit wird. Wir werden gemeinsam ein neues Miteinander schaffen oder gemeinsam untergehen, so die zwei Szenarien, die Laszlo skizziert (vgl. Laszlo, 2005: S. 35ff).
Diese verschiedenen Zugänge machten mir sehr deutlich, dass es nicht um den häufig gehörten Wunsch nach mehr Führung geht.

Die Lösung der aktuellen (Führungs-)Krise liegt nicht darin, bestehende Institutionen und Stellen zu mehr Führung aufzurufen.

Mehr des Selben löst keine Probleme. Im Gegenteil – häufig sind diese dadurch erst entstanden.

Es geht definitiv um ein neues Führungsverständnis, dessen Kern darin liegt, einen ganzheitlichen Ansatz anzubieten, der Bewährtes erhält und gleichsam Mut zu wirklich Neuem hat.
Auf dieser Grundlage ist mein Vorschlag für ein ganzheitliches Führungsmodell entstanden. Ich habe neun Themenbereiche gefunden, die aus meiner Sicht die Essenz erfolgreicher Führung ausmachen.
Hinter jedem Themenbereich steckt ein breites Set an Tools und Instrumenten, die sehr praktisch im Führungsalltag angewendet werden können, und die Sie mit Unterstützung des vorliegenden Buchs erlernen können. Der wirkliche Erfolg liegt aber tiefer.

Es geht darum, dass sich jeder Einzelne auf seine ganz persönliche Reise begibt und an seiner Haltung arbeitet. Unser 9-facher Pfad erfolgreicher Führung soll Ihnen dabei Hilfestellung leisten.

Wer die Stationen geht und an den Stellen, an denen er noch üben muss, so lange inne hält, bis er sich sicher in diesem Bereich fühlt, der wird sich weiterentwickeln, der wird erfolgreich sein. Erfolgreich stets im Sinne der voran stehenden Überlegungen. Führung stets als generelle Fähigkeit verstanden, Menschen in die Lage zu versetzen, eine Leistung zu erbringen und auf Veränderungen angemessen zu reagieren, um Ziele zu erreichen, die allen Beteiligten als wert- und sinnvoll erscheinen.

Nicht zwingend muss der Pfad von eins beginnend, Station für Station, abgearbeitet werden. Auch ist es nicht empfehlenswert, sich zu lange an einer Station aufzuhalten. In der Realität sind die neun Stationen ein kontinuierlicher Prozess, den man immer wieder von vorne durchläuft. Mit jeder neuen Erkenntnisstufe wird die Einsicht klarer, was man noch alles lernen kann.

Tatsache ist, dass sich der Pfad von innen nach außen aufbaut, d.h. dass sich die Stationen 1 bis 5 tendenziell mit der eigenen Person (dem eigenen Team, Bereich, Unternehmen) befassen, während die Stationen 6 bis 8 mehr die Interaktion mit dem Anderen im Fokus haben. Station 9 bildet dann den fließenden Übergang zur neuen Station $1\text{–}1^2$ quasi; d.h. Sie setzen auf höherer Ebene eine Stufe substantieller wieder bei sich und Ihrem Führungsverhalten an.

Abb.6: Der 9-fache Pfad ganzheitlicher Führung

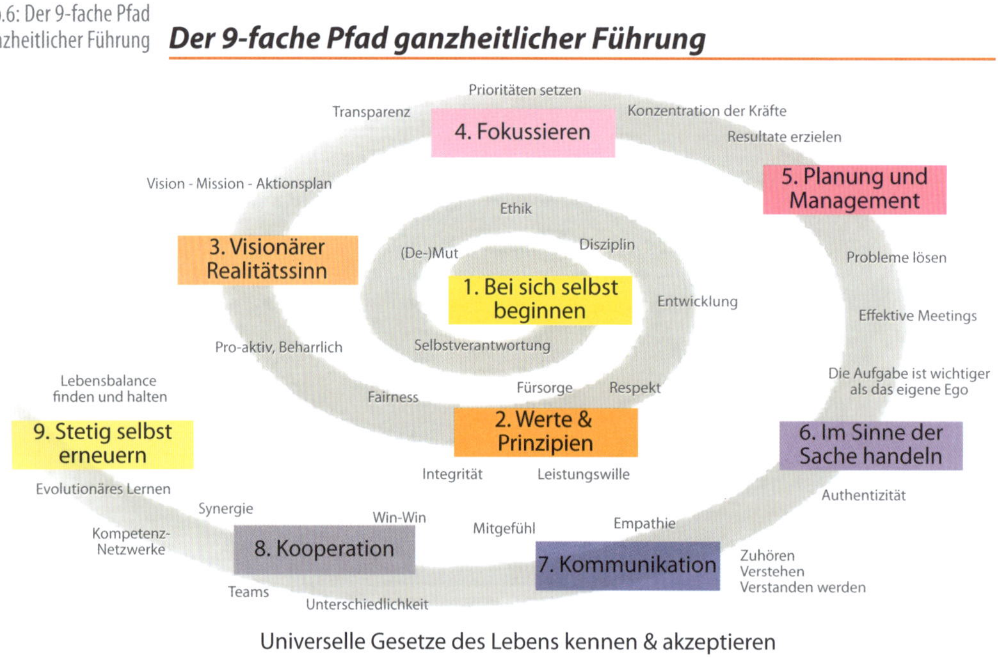

Nachfolgend lade ich Sie ein, mit mir den **9-fachen Pfad ganzheitlicher Führung** zu gehen.

III. Führung der eigenen Person

Stationen 1–5

Station 1: Beginne bei Dir selbst

„Wer nach außen schaut, träumt.
Wer nach innen blickt, erwacht.“ (C.G. Jung)

1. Bei sich selbst beginnen

Die eigene Grabrede

Stellen Sie sich bitte folgende Szenerie vor: Sie sind Teilnehmer einer Trauerfeier. Nach der Beerdigung trifft sich die Trauergemeinde in einem schön geschmückten Schlosssaal. Verwandte, Bekannte, Geschäftskollegen und engste Freunde des Toten nehmen ihre Plätze ein. Über 100 Menschen mögen es sein. Es ist relativ still, man spürt den Anlass. Nach einigen Minuten geht der erste Redner zum Pult. Es ist Ihr Sohn (alternativ auch Ihr Ehepartner, Ihr Vater, Ihre Mutter, Ihre Tochter oder ein anderer, Ihnen ganz nahe stehender Mensch). Wie in Trance erkennen Sie, dass Sie sich auf Ihrer eigenen Beerdigung befinden. Ihr Sohn beginnt zu sprechen…

Was möchten Sie, dass er über Sie und Ihr Leben sagt?

- Welche Elemente Ihres Lebens sollen herausgehoben werden: Ihre beruflichen Erfolge? Ihre persönliche Art? Ihr Beitrag, den Sie für andere geleistet haben?
- An was soll er sich erinnern: An die vielen kleinen Kämpfe des Alltags oder die Stunden tiefer und erfüllender Gemeinsamkeit?
- Was soll Ihr Sohn über seinen Vater sagen: Haben Sie sein Leben bereichert? Sind Sie mit ihm durch Täler und auf Gipfel gegangen? Haben Sie versucht, ihn wirklich zu verstehen? Hat er sein Leben selbst gestalten dürfen?

Nehmen Sie sich bitte ausreichend Zeit und beantworten Sie in Ruhe diese Fragen.

Wie sähe diese Trauerrede aus, wenn Sie von Ihrem Lebenspartner, Ihrer besten Freundin, Ihrem engsten Geschäftskollegen gehalten werden würde?

Was sollen diese Ihnen sehr nahe stehenden Menschen über Sie sagen? Was wäre Ihnen wirklich wichtig? An was soll man sich erinnern?

Fragen Sie sich bitte dann, welche Worte Sie am Grab Ihres Vaters und Ihrer Mutter wählen würden / gewählt haben?

- Sind es Worte des Danks, der Liebe und des Glücks? Oder verwenden Sie eher eine Sprache der Distanz, der Beherrschtheit, der rationalen Professionalität, um nicht zu viele Gefühle zeigen zu müssen?

- Was möchten Sie lieber nicht sagen? Was soll niemand wissen?
- Was möchten Sie auf alle Fälle, dass die Anwesenden über Ihren Vater und Ihre Mutter erfahren sollen?
- Wofür möchten Sie Ihrer Mutter und Ihrem Vater danken?

Gönnen Sie sich eine Pause. Schalten Sie ab. Vielleicht bei einem Spaziergang oder einer sportlichen Betätigung oder… Gewinnen Sie auf alle Fälle etwas Abstand zur obigen Übung.

Ihre Kindheit

Die eigene Grabrede ist deswegen so interessant, weil sie uns in Verbindung mit unseren eigentlichen Wünschen und Bedürfnissen bringt. Dies ist wichtig als Führungskraft. Haben Sie doch sehr lange und anstrengende Tage zu bewältigen, oft Situationen zu meistern, in denen Sie auch persönlich an die Grenzen Ihrer (Belastungs-)Fähigkeit gelangen. Bei Entlassungen zum Beispiel, aber auch bei Mitarbeitergesprächen, in denen Sie Kritik anbringen müssen. Oder bei Teamentscheidungen, in denen nicht alle nur „Gewinner“ sein können. In diesen Situationen müssen Sie möglichst stabil wissen, wer Sie sind, was Sie emotional unter Stress setzt, welche Muster im Hintergrund Ihrer Entscheidung ablaufen.

Im Kern geht es darum, die unbewussten Paradigmen, die Sie von Kindheit an prägen, etwas klarer zu sehen und souveräner mit diesen „Vor-Bestimmungen“ Ihres Denkens und Handels umzugehen.

Welche Paradigmen, d.h. fest verankerte Glaubenssätze, waren in Ihrem Elternhaus vorhanden, prägen Sie seit Ihrer Kindheit. Reflektieren Sie über sich selbst:

- Auf der Welt ist nicht genug für alle da. Man muss schauen, wo man bleibt und genügend vom rationierten Kuchen abbekommt. Oder: Es ist genug für alle da?
- Das Miteinander ist die Lösung für Probleme. Wir stützen uns gegenseitig. Oder: Setze Dich durch! Du musst es alleine schaffen – niemand hilft einem!

- Das Leben ist ein Spiel; ein freudiger Tanz. Oder: Das Leben ist ein ewiger Kampf?
- Mein Kind, wir lieben Dich, weil Du da bist. Oder: Wir erwarten Leistung und Funktionieren von Dir – dann werden wir Dich belohnen?
- Nicht auffallen, nicht aus dem Rahmen ausbrechen: Wir waren immer kleine Leute, zu denen da oben passen wir nicht. Wir haben einen Namen zu verlieren, halte Dich im Zaum. Oder: Der Rahmen bist Du selbst. Wir stehen zu Dir. Gehe Deinen Weg?

Checken Sie immer wieder derartige Paradigmen. Versuchen Sie mit Ihren Eltern (falls sie noch leben) oder mit guten Bekannten / Verwandten Ihrer Eltern darüber zu sprechen. Beobachten Sie Ihre Kinder. Beobachten Sie das Verhalten Ihrer Kinder mit Ihren Eltern und erfahren Sie so Schritt für Schritt mehr über sich.

Wenn Sie noch aufnahmebereit sind, möchte ich Sie bitten, sich jetzt genauer an Ihre Kindheit zu erinnern.

- Wie war diese grundsätzlich? Hatten Sie eine glückliche oder eher eine schwere Kindheit?
- Wie viele Ängste bestimmten den Alltag Ihrer Eltern? Wie sehr hatte das Auswirkungen auf Sie? Welche konkreten Auswirkungen waren das?
- Wie sehr bestimmten Mut, Vertrauen, Liebe und Zuneigung den Alltag Ihrer Familie?
- An welche Sätze, Maßregelungen, immer wiederkehrenden Belehrungen erinnern Sie sich noch?
- Gibt es spezielle Ereignisse, an die Sie sich besonders erinnern?
- Auf Grund welcher Erlebnisse kommen Sie zu Ihrem Urteil über Ihre Kindheit?
- Wie meinen Sie prägt diese Kindheit Ihr Denken und Handeln noch heute? Finden Sie bitte möglichst konkrete Beispiele.

Versuchen Sie sich zu erinnern, was Sie als Kind respektive Jugendlicher immer schon machen wollten.

- Gab es vielleicht schon sehr früh einen klaren Berufswunsch?
- Wenn dies nicht der Fall war; bei welchen Tätigkeiten haben Sie sich ganz bei sich gefühlt?
- Wo haben Sie Zeit und Raum vergessen? Wo mussten Sie Ihre Eltern direkt aus „Ihren Träumen reißen"?

Schreiben Sie bitte alles nieder, was Ihnen dazu einfällt. Wenn Sie selbst nicht weit genug kommen, fragen Sie Ihre Eltern und Verwandten, die Sie schon seit Ihrer Kindheit kennen. Versuchen Sie, alte Freunde zu diesem Thema zu interviewen.

Sie können auch, wenn vorhanden, Ihre eigenen Kinder beobachten. Oft sind unsere Kinder direkte oder inverse Spiegel unseres eigenen Lebens respektive unserer Wünsche und Träume.
Wiederholen Sie diese Übung so oft, bis Sie für sich Klarheit haben, was Sie eigentlich wirklich begeistert und Sie schon immer machen wollten.

Einige von Ihnen werden sich sehr leicht mit dieser Übung tun. Sie wussten schon sehr früh, was sie wollten und tun dies heute auch. Andere werden sich zwar an viele Dinge erinnern können, sehen aber keine klare Verbindung zu ihrer heutigen Tätigkeit.

Achten Sie in diesem Fall auf Ihre Neigungen.

- Wollten Sie schon immer anderen etwas beibringen oder waren Sie eher daran interessiert, selbst etwas zu verstehen?
- Haben Sie sich eher in der Gruppe oder alleine wohl gefühlt?
- Waren Sie viel in der Natur oder lieber vor dem Schachcomputer?
- Haben Sie sich oft um andere Kinder gesorgt, oder lieber mit anderen Freaks Fischertechnik, Lego etc. gespielt?
- Wollten Sie Action, Änderung, Neues oder eher Kontinuität, Perfektion und gleich bleibende Umgebungen?
- Wie sind Ihre Eltern? Was haben diese Ihnen mitgegeben? Welche geistigen Wurzeln nähren Sie täglich?

Ziel all dieser Erforschung ist: Machen Sie heute in etwa das, was Sie schon immer tun wollten? Sind Sie grundsätzlich auf dem für Sie richtigen Weg unterwegs? Wenn das für Sie klar ist, können Sie zum nächsten Schritt übergehen. Etwas konkreter rauszubekommen, **wer Sie wirklich sind – jenseits aller Vorstellungen und Träume oder Erwartungen anderer.** Der zentrale Hebel dafür ist die Art und Weise, wie wir denken.

Was Du denkst, das bist Du! (Shaolin-Weisheit)

Wie Du handelst, so wirst Du! (Philos-Grundsatz)

Wie denke ich?

Haben Sie sich eigentlich schon mal beim eigenen Denken beobachtet? Wenn zum Beispiel irgendetwas im Alltag geschieht – wie reagieren Sie gedanklich darauf?

- Sie haben es eilig, aber Ihre Mit-Verkehrsteilnehmer fahren so gemächlich, dass Sie jede Ampel erst bei rot erreichen.
- Sie bräuchten noch schnell etwas aus dem Supermarkt, aber an Kassa 1 ist eine lange Schlange und Kassa 2 ist gar nicht besetzt.
- Sie haben heute richtig Lust auf ein Stück Fruchttorte, aber das letzte wird Ihnen gerade vor der Nase weggekauft.

Fühlen Sie sich von Schlafmützen umgeben, sehen Sie das Verhalten vieler Ihrer Mitmenschen als unverschämt und frech an, haben immer nur Sie das Pech?

Prüfen Sie Ihr Denken etwas grundsätzlicher.

- Sie haben schon viele Prüfungen gemacht, aber bei den meisten sind Sie ganz knapp an der besseren Note vorbeigerutscht. Immer ich!
- Sie wären schon lange mit einer Beförderung dran, aber die letzten Male wurde Ihnen immer ein Kollege vorgezogen. Das kann doch nicht sein!
- Sie haben so viele gute Ideen, aber Ihre Mitmenschen verstehen einfach das Geniale daran nicht. Bin ich denn nur von Idioten umgeben!
- Wer sich anstrengt, schafft es – wer zu faul ist, soll sehen, wo er bleibt. In einer Leistungsgesellschaft kann man sich nicht zu viele Loser leisten!
- Im Zweifelsfall bin ich sowieso schneller, cleverer und besser als meine Mitmenschen. Was kostet die Welt!

Ihr Denken ist die Grundlage Ihres Handelns. Je bewusster Sie sich werden, wie Sie denken, desto mehr Handlungsspielraum haben Sie. Grundsätzlich gibt es kein richtiges oder falsches Denken. Sie denken so, wie Sie denken. Die meiste Zeit des Tages völlig unbewusst, automatisch, geprägt von dem, was Sie seit Ihrem ersten Tag auf dieser Erde erlebt haben.
Dementsprechend kann es bei Ihren Denk-Selbst-Beobachtungen nicht darum gehen, möglichst schnell anders zu denken. Dies ist prinzipiell unmöglich und nicht Ziel der Übung. Unser Ziel ist es, dass Sie Ihre Denkmuster etwas besser erkennen, Sie sich klarer werden, wo Ihr Denken Sie beim Erfüllen Ihrer Führungsaufgabe behindert und wo Sie in letzter Konsequenz die Realität mit Ihrer Vorstellung von dieser verwechseln.

Um als Führungskraft Klarheit, Realitätsnähe, Entscheidungsstärke und letztendlich Leistungsfähigkeit zu erlangen und zu erhalten, brauchen Sie Bewusstheit über Ihr Denken.

Darum würde ich Sie bitten, nachfolgende Fragen möglichst ehrlich (zu sich selbst) zu beantworten:

- Wie ist mein generelles Denken – positiv oder negativ?
- Wenn ich etwas mir bisher Unbekanntes erfahre – sehe ich erst die Probleme oder erst die Chancen?
- Wie denke ich über mich? Gehe ich gut mit mir um, oder mache ich mich häufig „selbst fertig"?
- Wie sehr bin ich abhängig von der Meinung anderer über mich? Wie sehr brauche ich äußere Anerkennung?
- Wie wichtig ist mir Erfolg im Beruf? Was verbinde ich mit Karriere? Was verstehe ich unter Status? Wie denke ich über diese Dinge? Was prägt mich in meinem Denken?
- Wie denke ich über Menschen, die ganz anders sind als ich? Anders gekleidet sind, andere Hobbies haben, eine andere Meinung vertreten, andere Ziele in ihrem Leben haben?

Notieren Sie Ihre Antworten und beobachten Sie sich in gleichmäßigen Abständen. Ziel sollte es sein, dass Sie kontinuierlich die Denkmuster, die Sie eher behindern durch konstruktive Denkweisen, die Sie weiter bringen, ersetzen. Ein Beispiel: Sie erkennen, dass Sie auf Neuigkeiten erst einmal skeptisch und ablehnend reagieren. Ihr Umfeld lässt Sie spüren, dass es von dieser „ewigen Nörgelei" genervt ist. Prüfen Sie also, wie Sie zu dieser Umfeldwahrnehmung stehen.
Wenn Sie der Meinung sind, dass Sie dieses Denkmuster ändern möchten, nehmen Sie sich einen Tag lang vor, auf alles Neue bewusst positiv zu reagieren. Dann gleich zwei Tage, schließlich eine Woche. Führen Sie Buch, wie gut / schlecht Ihnen diese Übung gelungen ist. Mit den ersten Erfolgen können Sie sich jetzt an eine Woche ohne Nörgeln wagen, dann an zwei und schließlich an einen Monat.
Nach 12 bis 18 Monaten sollte es Ihnen bei konsequenter Anwendung dieses Vorgehens gelingen, deutlich offener auf Neuigkeiten zu reagieren.

Ein weiterer, wichtiger Punkt der Selbsterkenntnis ist die Frage, was Sie innerlich wirklich antreibt. Ist Ihnen eigentlich bewusst, nach welchem Muster Sie ticken, wie Sie sich – häufig unbewusst – selbst steuern?

Wenn Sie Lust haben, führen Sie Ihren **„Antreiber-Test"** durch. Beantworten Sie dazu bitte nachfolgende Fragen möglichst spontan auf einer Skala von 1 (gar nicht) bis 5 (voll und ganz); (2 = kaum; 3 = teils, teils; 4 = ziemlich).

Tabelle: Antreiber-Test – was treibt mich innerlich an?

1. Ich mache meine Arbeit immer gründlich und genau.	
2. Ich fühle mich dafür verantwortlich, dass diejenigen sich wohl fühlen, die mit mir zu tun haben.	
3. Ich bin ständig auf Trab.	
4. Für mich gilt das Sprichwort: „Wer rastest, der rostet".	
5. Meine Schwächen zeige ich nicht gern anderen.	
6. Ich sage oft mehr, als eigentlich notwendig wäre.	
7. Ich habe Mühe, Leute zu akzeptieren, die nicht genau sind.	
8. Es fällt mir schwer, Gefühle zu zeigen.	
9. Mein Motto lautet: „Nur nicht locker lassen".	
10. Wenn ich eine Meinung äußere, begründe ich sie auch.	
11. Ich finde es wichtig, dass andere mich akzeptieren.	
12. Ich bin der Typ „raue Schale, weicher Kern".	
13. Ich versuche oft herauszufinden, was andere von mir erwarten, um mich danach zu richten.	
14. Bei Diskussionen unterbreche ich andere häufig.	
15. Ich löse meine Probleme am liebsten selber.	
16. Aufgaben erledige ich möglichst rasch.	
17. Im Umgang mit anderen bin ich auf Distanz bedacht.	
18. Häufig bin ich mit meiner Leistung nicht zufrieden. Ich sollte vieles noch besser machen.	
19. Ich kümmere mich persönlich auch um nebensächliche Dinge.	
20. Erfolge fallen nicht vom Himmel. Man muss sie sich hart erarbeiten.	
21. Wenn ich eine Aufgabe einmal begonnen habe, führe ich sie auf jeden Fall zu Ende.	
22. Ich bin ungeduldig. Wenn es langatmig wird, beginne ich mit den Füßen zu „zappeln" oder trommle mit den Fingern auf den Tisch.	
23. Ich glaube, dass die meisten Dinge nicht so einfach sind, wie viele meinen.	
24. Es ist mir unangenehm, andere Leute zu kritisieren.	
25. Bei Diskussionen nicke ich häufig mit dem Kopf.	
26. Ich strenge mich an und kämpfe, um meine Ziele zu erreichen.	
27. Mein Gesichtsausdruck ist eher ernst.	

28. Ich fühle mich oft innerlich unruhig und nervös.	
29. Meine Probleme gehen andere nichts an.	
30. Ich sage oft: „Auf geht's, Tempo, da muss was voran gehen".	
31. Ich sage oft: „genau", exakt", „klar", „logisch", „so ist es".	
32. Ich sage oft: „Das verstehe ich nicht ...".	
33. Ich sage lieber: „Könnten Sie nicht vielleicht einmal bitte versuchen?" statt „Versuchen Sie es einmal".	
34. Ich mache manchmal zwei Tätigkeiten gleichzeitig.	
35. „Nur nicht nachlassen" heißt meine Devise. „Zähne zusammenbeißen" ist mein Motto.	

Addieren Sie jetzt Ihre Bewertung folgender Fragen:
Gruppe-I: Bewertungs-Summe der Fragen: 1, 7, 10, 18, 19, 27, 31 =
Gruppe-II: Bewertungs-Summe der Fragen: 3, 14, 16, 22, 28, 30, 34 =
Gruppe-III: Bewertungs-Summe der Fragen: 4, 9, 20, 21, 23, 26, 32 =
Gruppe-IV: Bewertungs-Summe der Fragen: 2, 6, 11, 13, 24, 25, 33 =
Gruppe-V: Bewertungs-Summe der Fragen: 5, 8, 12, 15, 17, 29, 35 =

Bis zu einer Bewertungs-Summe von 21 Punkten pro Fragengruppe ist Ihr **Antreiber positiver Natur.** Er stärkt und unterstützt Sie. Hilft Ihnen, Ihren Alltag besser zu erledigen.
Im Bereich von 22 bis 28 Punkten pro Fragengruppe müssen Sie **aufpassen**. Ihre Antreiber könnten dominant werden; Sie gegen Ihren eigentlichen Willen zu Verhaltensweisen „treiben", die Ihre Leistung eher beeinträchtigen als erhöhen.
Über 28 Punkten pro Fragengruppe wird es gefährlich. Sie sollten unbedingt darauf achten, nicht zum Getriebenen Ihrer Antreiber zu werden und somit sich und Ihr Umfeld ernsthaft zu belasten.

Kommen wir zum Spannendsten. Welche Antreiber stecken eigentlich hinter welcher Gruppe und welche Auswirkungen haben diese?

Gruppe-I: „Sei perfekt!" Ich muss alles noch besser machen, so ist es noch nicht gut genug!
Stärken: Sehr genau, sehr zuverlässig, eher geduldig, beleuchtet Dinge von mehreren Seiten, wägt ab, trifft Entscheidungen auf sehr fundierter Informationsbasis.
Gefahren: Verzettelt sich, vergisst Fertigstellungstermine, überarbeitet sich, kann keine Fehler zulassen, delegiert kaum, ist nie wirklich mit seiner Arbeit zufrieden, ist kein Umsetzer.
Was ich mir erlauben darf: Mach mal bewusst ein paar Fehler. Gib mal was ab, was nur zu 90% perfekt ist. Stell mal ein paar doofe Fragen.
Die Zusammenarbeit mit „Perfekten" ist schwer. In Ihrem Umfeld fühlt man sich schnell als „Loser". Perfekte haben besonders Mühe mit „Mach-schneller- oder Mach-es-allen-recht-Typen". Beide sind dem Perfekten zu oberflächlich und ungenau. Als Führungskräfte gelingt Perfekten selten Followership durch Begeisterung (schon eher durch Verlässlichkeit).

Gruppe-II: „Mach schneller!" Ich muss schnell sein, sonst werde ich nicht fertig!
Stärken: Bewältigt ein enormes Arbeitspensum in kurzer Zeit, macht mehrere Tätigkeiten gleichzeitig, bringt Dynamik in jedes Umfeld, kann mitreißen und begeistern, verliert sich nicht in Details, kann delegieren, ist flexibel und offen für Neues.
Gefahren: Ungeduldig, mitunter oberflächlich, hat Probleme beim Zuhören, nimmt sich kaum Zeit für längere Gespräche, ist geistig schon immer einen Schritt weiter, tut sich schwer, innezuhalten.

Was ich mir erlauben darf: Probier's mal mit Gemütlichkeit. Ich mache jetzt einfach mal bewusst eine Pause. Ich mache jetzt mal nichts. Ich darf auch mal langsamer sein.
„Mach schneller-Menschen" sind gefährdet, sich und ihr Umfeld zu überfordern. Als Führungskräfte zeigen sie Leadership, neigen jedoch dazu, vorschnell eigene Lösungen zu präsentieren, statt dem Team die Chance zur Lösungsfindung zu geben. „Perfekte" und „Streng dich an-Typen" sind ihnen zu umständlich, zu langsam, zu wenig dynamisch. Häufig sprechen diese Typen schlichtweg aneinander vorbei und geben tendenziell dem anderen die „Schuld" dafür.

Gruppe-III: „Strenge Dich an!" Ohne Fleiß kein Preis! Ohne Anstrengung kein Lohn!
Stärken: Zuverlässig, pflichtbewusst, diszipliniert, ein echtes Vorbild in Sachen Arbeitsmoral, sorgt für Ergebnisse, gibt nicht eher auf, bis diese erreicht sind.
Gefahren: Leichtigkeit ist nicht erlaubt, einfache Lösungen gibt es nicht, muss sich anstrengen, damit das Ergebnis einen Wert hat, zieht durch Jammern Energie ab, kann Erfolge nicht wirklich feiern, muss immer weiter machen.
Was ich mir erlauben darf: Arbeit darf auch leicht sein. Das Leben ist ein großes Spiel. Erfolge dürfen gefeiert werden.
„Streng Dich an-Menschen" sind häufig ernst. In ihrem Umfeld spürt man die Last der Pflicht. Erfolg durch Spaß ist ihnen suspekt. Als Führungskräfte ignorieren sie gerne leichte Lösungen, machen oft alles selbst und tun sich schwer, Menschen mit einer anderen Arbeitsethik als wirklich wertvoll zu akzeptieren.

Gruppe-IV: „Mache es allen recht!" Ich bin nur dann wertvoll, wenn alle mit mir zufrieden sind! Wenn ich „Nein" sage, werde ich abgelehnt!
Stärken: Sehr menschenorientiert, Beziehungsmanager, teamfähig, kompromissbereit, integrierend, hilfsbereit, ausgleichend.
Gefahren: Kann schwer Entscheidungen treffen, lässt sich ausnutzen, gibt ungern negatives Feedback, konfliktscheu, stellt seine Bedürfnisse hintan und ist dann von seinem Umfeld enttäuscht, abhängig von der Anerkennung anderer.
Was ich mir erlauben darf: Ich bin OK, auch wenn andere das anders sehen. Nein sagen heißt nicht, dass ich nicht mehr geliebt werde.
„Mach es allen recht-Menschen" sind grundsätzlich sehr angenehme Team-Menschen. Auch als Führungskraft gewinnen sie schnell andere für sich und zeigen echte Leader-Eigenschaften. In Konflikten und schwierigen Situationen jedoch fällt es ihnen schwer, offen Punkte anzusprechen und wirklich Führung zu zeigen. Dies kann zu Enttäuschungen bei den ihnen anvertrauten Mitarbeitenden führen und ist der Ergebnisorientierung abträglich.

Gruppe-V: „Sei stark!" Indianer kennen keinen Schmerz! Gefühle zeigt man nicht!
Stärken: Sehr durchhaltefähig und durchsetzungsstark, entscheidungsfreudig, echter Krisenmanager, wie ein Fels in der Brandung, Führungsfähigkeit.
Gefahren: Nicht besonders an den Empfindungen von anderen interessiert, wenig sensibel, kann Fehler kaum zugeben, wirkt unnahbar und kühl, nimmt ungern Hilfe an, kann um diese auf keinen Fall bitten, Gefahr der Isolation und Überforderung
Was ich mir erlauben darf: Gefühle zu zeigen ist ein Zeichen von Stärke. Ich hole mir Hilfe, damit es besser geht.
„Starke" lassen andere Menschen kaum an sich heran. Dies behindert den Aufbau einer wirklich engen Beziehung und kann im Team, bei Menschen, die eher beziehungsorientiert sind, zu echter Frustration führen. Wer sich nicht öffnet, dem öffnet man sich nicht. Als Führungskraft ist „stark sein" zweifelsohne eine wichtige Fähigkeit. Zu starke Führungskräfte jedoch blockieren die potentiellen Spitzenleistungen ihrer Mitarbeitenden.

Je bewusster Sie sich Ihrer Antreiber sind, desto besser können Sie sich selbst beobachten und schrittweise weiterentwickeln. Entstanden sind unsere Antreiber meist in der Kindheit und Jugend. In diesem Alter haben die Worte,

Belohnungen und Handlungen unserer Eltern, Erzieher und Lehrer fast Absolutheitscharakter. Sie werden nicht angezweifelt, sondern unbewusst übernommen und bilden ein ungeschriebenes Gesetz. Eine Nichteinhaltung könnte mit Liebesentzug bestraft werden. Dies prägt sich sehr fest in uns ein, kann zum „geheimen Zwang“ werden, der uns wie eine unsichtbare Hand lenkt.

- Wie dachte man in Ihrem Elternhaus: Leistungsorientiert? Ängstlich? Glas halb leer oder Glas halb voll? Risikobereit oder sicherheitsorientiert? Sehr bieder oder sehr weltoffen? Sehr tolerant oder sehr auf eine Wahrheit fixiert? Was von diesem Denken erkennen Sie heute noch bei sich?
- Wie offen und transparent wurde in Ihrem Elternhaus kommuniziert: Konnten Sie mit Ihren Eltern über alles sprechen? Wie ehrlich sprach man miteinander? Wurde über nicht Anwesende z.B. schlecht gesprochen, in deren Gegenwart dann aber wieder ganz freundlich? Wie, meinen Sie, prägt das Ihr heutiges, eigenes Kommunikationsverhalten?
- Hatten Sie einschneidende Erlebnisse mit Autoritätspersonen: Eltern, Verwandten, Erziehern, Lehrern usw.? Welche „Botschaften“ sind Ihnen davon noch in Erinnerung?

All das steuert uns, hat Muster und Antreiber entwickelt, die uns bis zu einem gewissen Grad die besten Helfer, ab einem gewissen Ausmaß jedoch die dominantesten Herren sind.
Auch an Ihrer Sprache können Sie sehr gut Ihre Denkstrukturen erkennen:

- Welche immer wiederkehrenden Sätze und Ausdrücke verwenden Sie: „Die da oben spinnen! Immer muss mir das passieren! Das konnte ich ja noch nie! So eine Frechheit! Das ist ungerecht! Die Penner haben schon wieder… ! In diesem Sauladen muss man… !“
- Notieren Sie sich bitte Ihre Sätze und nummerieren Sie sie. Werden Sie sich bewusst, wie häufig Sie diese verwenden und welche Wirkung das hat.
- Wenn einer dieser Sätze das nächste Mal wieder auftaucht, lächeln Sie ihm zu und begrüßen Sie ihn: „Hallo, Nummer 3, schon wieder da – aber nicht mehr lange“.

Eine andere, sehr interessante Selbst-Beobachtungs-Übung ist folgende:

- Beobachten Sie andere Menschen oder Kommunikation zwischen anderen Menschen, ohne dass Sie deren Worte hören. Was denken Sie in diesem Moment von der Situation und den Beteiligten? Versuchen Sie rauszubekommen, ob Ihr Denken und die reale Situation übereinstimmten.

- Beobachten Sie auf alle Fälle Ihre Beurteilung der Situation: Interpretieren Sie z.B., wenn zwei Menschen nebeneinander sitzen und schweigen, eher „die haben sich nichts mehr zu sagen" oder „die sind in tiefer Zufriedenheit"?

Die Erlebnisse aus früheren Zeiten beeinflussen (bewusst oder unbewusst) Ihr heutiges Handeln als Führungskraft, entscheiden letztendlich über Erfolg und Misserfolg in Ihrer Führungsfunktion, vielleicht sogar in Ihrem Leben. Besonders die Ohnmachtserlebnisse der Kindheit prägen im Erwachsenenalter unsere geistige Software (vgl. Corssen, 2004: S. 36ff). Darum habe ich Sie gebeten, sich an Ihre Kindheit zu erinnern. ***Nur wenn Sie sich bewusst sind, was Sie von früher in Ihr heutiges Denken mitnehmen, sind Sie in der Lage, daran zu arbeiten und können versuchen, dies zu ändern.*** Nicht mit Gewalt und nicht überstürzt – aber bewusst und konsequent.

In Zeiten, in denen es immer mehr darauf ankommt, als Leader Menschen für Ihre Ideen zu gewinnen, auch wenn Sie keine formale Machtposition oder Funktion innehaben, ist es fundamental zu erkennen, wie Sie vom Grunde auf programmiert sind.

Es gibt nun mal gewisse Denkstrukturen, die Sie in der Zusammenarbeit mit anderen Menschen massiv behindern. Neid, Missgunst, tiefe Ängste, Aggression, Minderwertigkeitsgefühle, Arroganz, übertriebene Selbstbezogenheit usw. gehören sicherlich dazu. Sind wir selbst mit so einer Software ausgestattet, neigen wir häufig dazu, unser Umfeld für Nicht-Gelingen verantwortlich zu machen. Erfolge schreiben wir uns selbst zu, Misserfolge gern den anderen. Dies ist in mindestens zweifacher Hinsicht sehr unpassend. 1. Mit dieser Art verlieren Sie Schritt für Schritt alle Menschen, die Ihnen einmal vertraut haben. Sie zerstören langfristige Beziehungen. 2. Wenn Ihnen das zu „softi" ist, dann überzeugen Sie vielleicht eher die Ergebnisse der Studien von Jim Collins (Collins, 2003: S. 31ff): Die erfolgreichsten Manager der Welt denken genau umgekehrt. Erfolge haben die Menschen um sie herum ermöglicht. Das Glück spielt eine große Rolle. Bei Misserfolgen prüfen sie als aller erstes, ob ihr Beitrag hätte besser sein können. Selbstverantwortung pur prägen diese „from Good to Great Manager".

Letztendlich geht es darum zu erkennen, dass Sie es in der Hand haben, Dinge zu verändern, indem Sie beginnen, sich selbst zu verändern. Oder wie es Jens Corssen sinngemäß formuliert.

Nicht es muss man ändern, sondern sich selbst, genauer gesagt: das eigene Denken, die Glaubenssätze, die uns daran hindern, in Zeiten des Wandels Gewinn bringend handeln zu können!

Genau hier liegt, um es einmal salopp zu formulieren, der Hase im Pfeffer. Wer sich buchstäblich nicht selbst entwickelt und damit bereit ist, seine Sicht der Dinge in Frage zu stellen, seine Software zu überprüfen und zu ändern, läuft Gefahr, dass sein Denken zum Auslaufmodell wird und er so den Anschluss verliert.

Persönlichkeits-Analysen und -Tests

Der Wunsch, sich als Führungskraft in Sachen eigene Persönlichkeit weiter zu entwickeln, kann heutzutage auch von verschiedenen Persönlichkeits-Analysen unterstützt werden. Zu den am meisten genutzten gehören: ALPHA PLUS-Profile®, ASSESS®, DISG®, DNLA® (Discovery of Natural Latent Abilities), HBDITM (Hermann Dominanz Instrument), INSIGHTS MDI®-Leadership-Check, LIFO® (Life Orientations) oder MBTI® (Myers-Briggs-Type-Indicator). Daneben gibt es dutzende weitere Analysen und Tests. In meinen Recherchen bin ich zum Beispiel auf das Big Five Persönlichkeitsprofil, BIP (Bochumer Inventar zur berufsbezogenen Persönlichkeitsbeschreibung), Enneagramm, OPQ32 (Occupational Personality Qestionnaire), TMS (Team Management Systems) oder die LEA - Leadership Effectiveness Analysis gestoßen.

An dieser Stelle empfehle ich, sehr genau zu prüfen, mit welchem Anbieter man es zu tun hat. Was ist die Grundlage der Analyse? Von welchen Prämissen geht dieser aus? Welches Menschenbild wird vorausgesetzt? Wie sehr werden die neuesten Erkenntnisse der Neurobiologie, Hirnforschung oder Psychologie als Grundlage herangezogen? Nicht zuletzt: Wie dogmatisch wird behauptet, dass dieser Test, der „alleinig Seligmachende" wäre. In diesem Fall sollten Sie sofort auf Distanz zu dem jeweiligen Anbieter gehen.

Meine Erfahrung ist: Persönlichkeits-Analysen und -Tests verändern für sich genommen noch nichts; sie können aber ein weiteres Mosaiksteinchen auf dem Weg zur Spitzenleistung als Führungskraft sein.

Machen Sie einen ersten, ganz allgemeinen Test.

- Wie nehmen Sie grundsätzlich Ihre Umwelt wahr: Finden Sie die Menschen um Sie herum eher anstrengend oder angenehm? Empfinden Sie Ihr tägliches Tun eher als stressig oder nicht stressig?
- Wie reagieren Sie auf das, was Sie in Ihrer Umwelt wahrnehmen: Eher zurückhaltend/passiv oder bestimmt/pro-aktiv?

Bitte beantworten Sie – möglichst ehrlich zu sich selbst – die voranstehenden Fragen und ordnen Sie sich mit Hilfe des DISG®-Persönlichkeitsprofils, in nachfolgende Matrix ein.

Abb.7: Wie denke ich grundsätzlich: Die DISG®-Analyse

Wie denke ich grundsätzlich: Die DISG®-Analyse

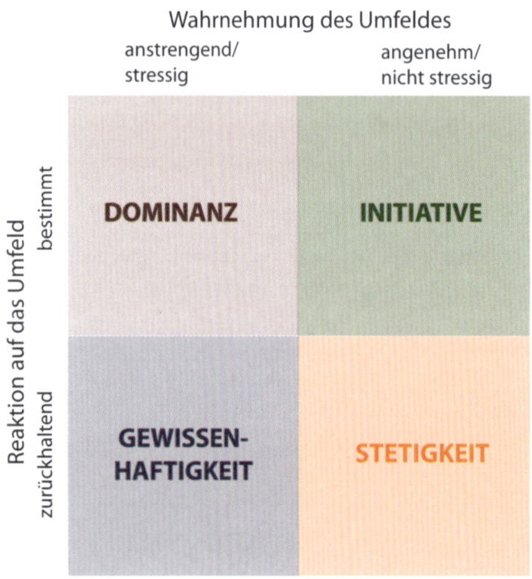

D-Dominant:
D will Herausforderungen annehmen und siegen
Fokus: Effektivität/Unabhängigkeit

I-Initiativ:
I will andere überzeugen und beeinflussen
Fokus: Kommunikation/Gestaltung

S-Stetig:
S will andere unterstützen und für geordnete Beziehungen sorgen
Fokus: Harmonie/Unterstützung

G-Gewissenhaft:
G will Ärger vermeiden und achtet auf Präzision und Genauigkeit
Fokus: Struktur/Effizienz

Quelle Die DISG®-Analyse

Erkennen Sie sich wieder?
Die meisten Menschen können sich intuitiv einem oder zwei Verhaltensstilen schon nach dieser Beschreibung zuordnen. Tatsächlich zeigt jeder Mensch generell alle Verhaltenstendenzen. Wir neigen jedoch dazu, situativ einen dieser Stile öfter an den Tag zu legen als die anderen Verhaltens-

stile. Grundsätzlich gibt es kein Entweder-Oder. Üblich sind neben den eher stark ausgeprägten Typen Mischtypen mit zwei, manchmal sogar drei Verhaltenstendenzen. Das DISG® Persönlichkeits-Modell (www.disg.de) beschreibt menschliches Verhalten in konkreten Situationen mit dem Ziel, die eigenen Bedürfnisse und die anderer besser zu verstehen, sowie eigene Verhaltenspräferenzen bewusster zu erkennen. Andere Analysen setzen bei der Biostruktur des Menschen an. So zum Beispiel das HBDITM (Hermann Dominanz Instrument: www.hid.de oder www.hbdi.com), der MBTI® (Myers-Briggs-Type-Indicator) oder die Persönliche Potential Analyse (www.ppa-solutions.com). Im Mittelpunkt steht die Unterscheidung zwischen der genetisch-veranlagten, nicht veränderbaren Grundstruktur und den umwelt-bedingten, veränderbaren Merkmalen einer Persönlichkeit.

Abb.8: Das Gehirn nach Paul D. MacLean

Das Gehirn nach Paul D. MacLean

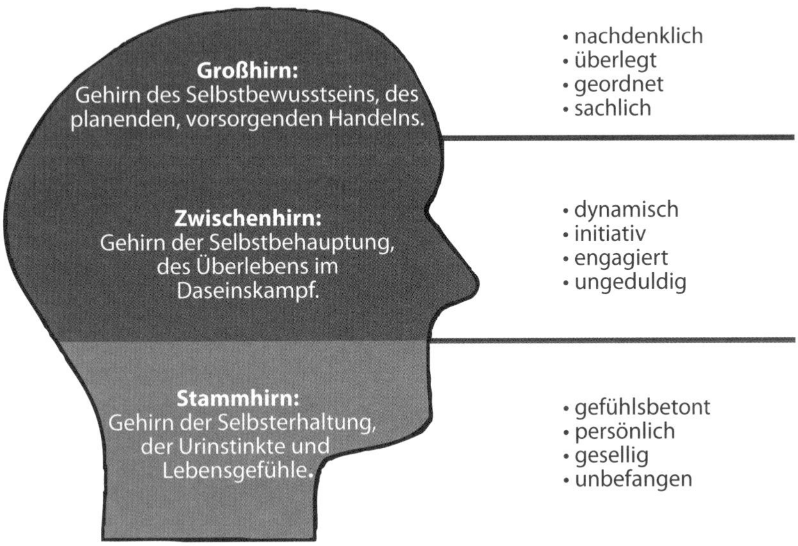

Viele dieser Analysen basieren auf den Erkenntnissen des Hirnforschers Paul D. MacLean (www.biostruktur.org).

MacLean identifizierte drei Gehirne mit unterschiedlichen „Zuständigkeiten", abhängig von deren epochaler Entwicklung. Das **Großhirn** ist das Gehirn der Rationalität, des planenden Handelns und der Voraussicht; es

ist evolutionsgeschichtlich das jüngste Gehirn; es wird mit der Farbe blau dargestellt. Das **Zwischenhirn** ist das Gehirn der Emotionen, der Selbstbehauptung im Daseinskampf; rot steht dafür. Das **Stammhirn** ist das älteste Gehirn, Speicher der Erfahrungen von Jahrmillionen, Sitz der Instinkte und Lebensgefühle; die Farbe grün symbolisiert diese Eigenschaften.
Heute noch wirken alle drei Hirnbereiche in einem individuell unterschiedlichen Stärken-Verhältnis im menschlichen Verhalten zusammen.
Die Biostrukturanalysen sind das Werkzeug zur Ermittlung dieses Stärken-Verhältnisses. Sie überzeugen durch geringen Zeitaufwand, einfache Handhabung, einprägsame Visualisierung sowie leichten und unmittelbaren Praxistransfer. Das Deutsche Structogram®-Zentrum hat einige Angebote, um die Analysen praxisorientiert für den eigenen Unternehmensalltag einzusetzen (www.structogram.de).

Um es nochmals zu betonen: Diese Analysen sind keine „Wundermittel", die Sie einfach einnehmen müssen und danach sind Sie eine bessere Führungskraft, ein besserer Verkäufer oder gar ein besserer Mensch. Die Analysen sind vorrangig Reflexions-Tools; Sie erfahren etwas mehr über sich und können im besten Fall das Verhalten anderer Menschen leichter verstehen und sich in deren Denkrahmen schneller einfühlen.

Unbestritten hilft Ihnen das bei Ihrer Führungsaufgabe.
Selbsterkenntnis und Selbstverantwortung sind die Begrifflichkeiten, die den Nutzen voranstehender Übungen am besten beschreiben. Ich halte diese beiden Eigenschaften für im wahrsten Sinne des Wortes fundamental, um als Führungskraft im 21. Jahrhundert ganzheitlich erfolgreich sein zu können. Sie bilden die Grundlage für Ihr tägliches Handeln.
Je klarer Sie wissen, wer Sie sind, auf welche Stärken Sie sich verlassen können und wo Ihre Schwächen liegen, desto selbst-bewusster können Sie die mannigfaltigen Herausforderungen einer Führungsfunktion meistern, kön-

nen Chancen gezielt nutzen und Gefahren proaktiv abwehren. Die individuelle SWOT-Analyse ist dazu das aus meiner Sicht einfachste und wirkungsvollste Tool.

Abb.9: Meine individuelle SWOT-Analyse

Meine individuelle SWOT-Analyse

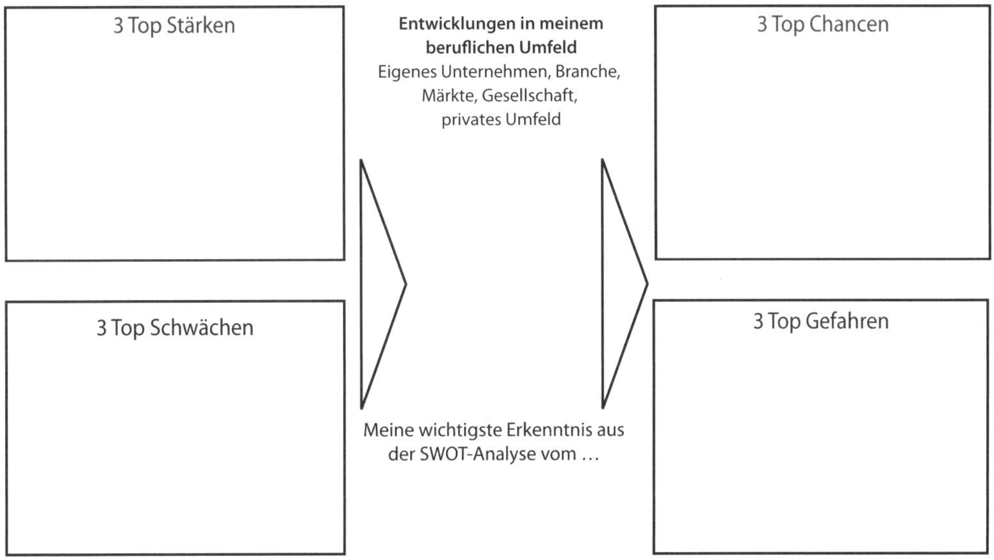

Meine individuelle SWOT-Analyse (Strength, Weaknesses, Opportunities, Threats)

Nehmen Sie sich bitte mindestens 45 Minuten ungestört Zeit und bereiten Sie einen Stift sowie ein paar Blätter Papier vor.

- Starten Sie mit einem Brainstorming zu Ihren beruflichen Stärken. Schreiben Sie diese nieder und fokussieren Sie sich auf Ihre drei Hauptstärken. Notieren Sie diese in der dafür vorgesehenen Abbildung.
- Durchlaufen Sie jetzt bitte das gleiche Verfahren, um Ihre drei Hauptschwächen herauszubekommen. Notieren Sie auch diese.
- Machen Sie sich nun ein paar Minuten Gedanken zu den Entwicklungen in Ihrem beruflichen Umfeld. Denken Sie dabei bitte sowohl an (mögliche) Veränderungen in Ihrem direkten Umfeld als auch etwas abstrakter: Wie werden sich das eigene Unternehmen, die Branche, die Märkte, die Gesellschaft, … entwickeln? Notieren Sie diese Entwicklungen bitte extra auf einem Blatt.

- Erarbeiten Sie sich jetzt Ihre Chancen und Risiken, indem Sie die Entwicklungen des beruflichen Umfelds in Verbindung zu Ihren Hauptstärken und -schwächen setzen. Wenn eine Entwicklung im Umfeld eher auf eine Stärke von Ihnen trifft, entsteht daraus für Sie eine Chance. Trifft eine Entwicklung eher auf eine Schwäche, wird dies zum Risiko für Sie.
- Die Globalisierung stellt z.B. eine reale Entwicklung dar. Immer mehr Jobs werden internationaler. Fremdsprachen werden dementsprechend immer wichtiger. Wenn Sie nun mehrere Fremdsprachen als Stärke notiert haben, wird diese Entwicklung zur Chance für Sie. Umgekehrt entsteht ein Risiko für Sie, wenn Sie keine Fremdsprache sprechen.
- Halten Sie zuletzt die für Sie wichtigsten Erkenntnisse aus Ihrer individuellen SWOT-Analyse schriftlich fest. Überprüfen Sie nach einigen Monaten, ob Sie den Schlussfolgerungen von früher noch zustimmen können.

Holen Sie sich für Ihre individuelle SWOT-Analyse auch ein Fremdbild. Fragen Sie Menschen, denen Sie vertrauen, wie diese Ihre Stärken und Schwächen einschätzen. Bemühen Sie sich um Informationen, welche zukünftigen Entwicklungen zu erwarten sind. Selbstverständlich können Sie dieses Tool auch in Ihrem Team anwenden. Erst das Selbstbild; jeder für sich. Dann Fremdbilder; z.B. immer zu zweit. Zuletzt, quasi als „hohe Schule", im Team.
Wenn Sie im Team so weit sind, dass eine wirklich offene Diskussion entsteht, hat jeder etwas für sich gelernt, und das Team hat sich als Ganzes weiterentwickelt.

Persönlich können Sie Ihre SWOT-Analyse auch als Grundlage nehmen, um sich bewusst für bestimmte Situationen mental zu stärken.

- Führen Sie dazu eine Liste mit allen Ihren Stärken und besonderen Fähigkeiten.
- Schreiben Sie zu jedem dieser Punkte Situationen und Erlebnisse auf, in denen Sie diese Stärken erfolgreich einsetzen konnten.
- Zu welchem positiven Ergebnis hat dieser Einsatz Ihrer Stärken geführt? Was wurde durch Sie und Ihre Fähigkeiten erreicht?
- Wie haben Sie sich dabei gefühlt? Wie haben sich die anderen an der Situation Beteiligten gefühlt?
- Welche positiven Auswirkungen hatte das Erlebnis auf Sie? Was davon lässt sich auf andere Situationen übertragen?

- Wenn Sie nun vor neuen Herausforderungen stehen, können Sie Ihre Liste Ihrer Fähigkeiten und Erfolge hervorholen (real oder in Ihrer Vorstellung) und sich somit mental stärken.

Wenn Sie möchten, können Sie diese Mental-Übung noch mit einer Entspannungstechnik verbinden.

- Setzen Sie sich bequem hin und lassen Sie alle Muskeln locker.
- Ihre Arme ruhen auf Ihren Oberschenkeln. Ihr Atem ist ruhig. Die Augen sind geschlossen.
- Atmen Sie tief durch und stellen Sie sich vor, bei jedem Ausatmen Stress, Ärger, Verspannungen und negative Gedanken abzugeben.
- Stellen Sie sich nun einen Ort vor, an dem Sie sich besonders wohl fühlen. Dies kann ein Urlaubsort ebenso sein wie Ihr Lieblingsplatz zu Hause.
- Was sehen, hören, riechen, schmecken Sie? Welches Bild kommt in Ihnen auf?
- Genießen Sie die positiven Eindrücke. Nehmen Sie diese direkt in sich auf. Tanken Sie Energie.
- Richten Sie nun, in diesem positiv-entspannten Zustand, Ihre Konzentration auf Ihre Stärken und Fähigkeiten: Was können Sie wirklich gut? Was gelingt Ihnen immer wieder? Wo haben Sie Ihre Stärken bereits erfolgreich eingesetzt? Wie haben Sie sich dabei gefühlt? Was haben Sie erreicht?
- Halten Sie diese Bilder des Erfolgs für einen Moment fest. Genießen Sie es? Lächeln Sie und lassen Sie dann die Bilder wieder locker ziehen. Genießen Sie jetzt nur den Moment. Es ist alles gut, wie es gerade ist.
- Stellen Sie sich nun vor, was Sie mit dieser inneren Stärke noch alles erreichen werden. Ihre Ziele werden Wirklichkeit, Ihre Visionen werden Realität! Spüren Sie die Kraft in Ihnen? Lächeln Sie und versuchen Sie, sich diesen angenehmen Zustand einzuprägen, um ihn jederzeit wieder entstehen lassen zu können.
- Wann immer Ihnen eine Situation viel abverlangt, können Sie an diesen wunderbaren Ort des Erfolgs zurückkehren, Kraft tanken und sich mental stärken.
- Kommen Sie nun langsam in das „Jetzt und Hier" zurück. Atmen Sie noch ein paar Mal tief ein und aus. Beginnen Sie, die Finger zu bewegen, Arme und Beine zu strecken. Öffnen Sie langsam die Augen, wenn es für Sie passt. Spüren Sie die Energie, mit der Sie nun weitermachen können.

Mental-Übungen dieser Art lassen sich übrigens für alle möglichen Aufgaben anwenden. Selbstverständlich können Sie sich auch vor einer schweren Verhandlung geistig auf den Gesprächsablauf vorbereiten. Profi-Sportler arbeiten regelmäßig mit derartigen Techniken.
Ich wollte Ihnen damit eine Inspiration geben, wie Sie die eher rationale und sicherlich hinlänglich bekannte SWOT-Analyse durch ein paar kleine Anpassungen zu einer ganzheitlichen Selbstmanagement-Übung erweitern können. Das alles dient dem Zweck, Führung erfolgreicher leben zu können – basierend auf der Erkenntnis, dass Führung immer bei sich selbst beginnt.
Wenn Sie sich ernsthaft mit Fragen und Themenstellungen der voranstehenden Art befassen – und das ist mitunter emotional nicht an jeder Stelle ganz einfach – gehen Sie einen entscheidenden Schritt. Sie machen **sich auf den langen Weg zu sich selbst**. Sie beginnen, sich zum **Kern Ihres Führungsverständnisses** vorzuarbeiten. Sie beobachten Ihre Wurzeln, aus denen Ihr Denken, Sprechen und Handeln täglich genährt werden.
Das braucht Mut und Disziplin. Mut, der Realität ins Gesicht zu sehen. Sich von einigem zu lösen, wer man gern wäre. Stattdessen in Demut anzunehmen, wer man im Moment ist. Sich einzugestehen, dass Wunsch und Wirklichkeit zurzeit noch etwas auseinander liegen. Disziplin, weil Sie sich überwinden müssen. Sie investieren Zeit. Sie starten mit einem Prozess, der von Ihnen Ausdauer, Wiederholung, Übung verlangt. Punktuell werden Sie „Quick wins" haben. Aha-Erlebnisse, die Sie direkt voranbringen. Dann wieder werden Sie in anstrengende Selbstbeobachtungsschleifen rutschen: Was heißt das? Welche Konsequenz hat das? Wo soll ich ansetzen? Wie soll ich das ändern? Mitunter werden Sie alleine nicht weiter kommen. Brauchen das Gespräch, müssen sich öffnen, machen sich verletzlich. Darin liegt eine große Chance. Sie setzen die Grundsteine, um mit Werten und Prinzipien führen zu können – ohne in dogmatische oder gar narzisstische Verhaltensweisen abzugleiten.

Zusammenfassung

Gestartet sind wir bei der Frage, was Sie auf Ihrer **eigenen Grabrede** von Ihrem Sohn / Ihrer Tochter über sich und Ihr Leben hören möchten. An was soll sich Ihr Kind erinnern? Welche Elemente Ihres Handelns haben sein Leben bereichert?
Nach diesem Einstieg sind wir fließend zu einer Selbst-Reflexion übergegangen und haben Sie ermuntert, **Ihr eigenes Denken** etwas näher zu beobachten:

- Wie ist mein generelles Denken – positiv oder negativ?
- Wenn ich etwas mir bisher Unbekanntes erfahre – sehe ich erst die Probleme oder erst die Chancen?
- Wie denke ich über mich? Gehe ich gut mit mir um, oder mache ich mich häufig „selbst fertig"?
- Wie sehr bin ich abhängig von der Meinung anderer über mich? Wie sehr brauche ich äußere Anerkennung?
- Wie wichtig ist mir Erfolg im Beruf? Was verbinde ich mit Karriere? Was verstehe ich unter Status? Wie denke ich über diese Dinge? Was prägt mich in meinem Denken?
- Wie denke ich über Menschen, die ganz anders sind als ich? Anders gekleidet sind, andere Hobbies haben, eine andere Meinung vertreten, andere Ziele in ihrem Leben haben?

Ein weiterer, wichtiger Punkt der Selbsterkenntnis war die Frage, was Sie innerlich wirklich antreibt. Sie konnten Ihren **„Antreiber-Test"** durchführen und mit Hilfe des Ergebnisses feststellen, ob Perfektionismus, Schnelligkeit, Ehrgeiz, Harmonie oder eiserne Disziplin zu Ihren Hauptantreibern zählen.
Ziel dieser Selbstbeobachtungen ist es, dass Sie sich bewusst werden, was Sie aus der Vergangenheit in Ihr heutiges Denken mitnehmen und wie dieses Denken Sie bei der Erreichung Ihrer Ziele positiv unterstützt oder negativ blockiert.
Vor diesem Hintergrund habe ich Ihnen auch einige Informationen zu gängigen **Persönlichkeits-Analysen und -Tests** gegeben. Ich nannte die am häufigsten verwendeten Methoden – als da u.a. wären: ASSESS®, DISG®, DNLA®, INSIGHTS MDI®-Leadership-Checkoder MBTI® – und skizzierte kurz die Chancen und Grenzen derartiger Analysen.
Den Abschluss von Station 1 bildete Ihre individuelle SWOT-Analyse.

Welche drei persönlichen Stärken machen Sie einzigartig? Auf welche Schwächen müssen Sie achten, um sich nicht selbst zu blockieren.

Alle diese in Station 1 angebotenen Selbst-Analysen und /-Reflexionen basieren natürlich auf Ihren ganz persönlichen Wertvorstellungen. Genau mit diesen Werten und Prinzipien befasst sich die zweite Station Ihres 9-fachen Führungspfads, zu der wir direkt übergehen.

Station 2: Eigene Werte prüfen & Führungs-Prinzipien entwickeln

„Bewahren Sie zentrale Prinzipien als Kern und fördern Sie gleichzeitig Wandel, Verbesserung, Innovation und Erneuerung. Verändern Sie Ihre Strategien und Praktiken, halten Sie aber an Ihren zentralen Werten und Zielen fest.“
(Jim Collins)

2. Werte & Prinzipien

Mit dieser Aussage aus **Jim Collins Studien** (Collins, 2006: S. 253) **ist eigentlich alles gesagt,** was es zu diesem Punkt zu sagen gibt.

Wenn es Ihnen gelingt, Ihre eigenen Werte genau zu kennen, konsequent nach diesen zu leben und darauf aufbauend Ihre persönlichen Führungs-Prinzipien zu entwickeln, dann werden Sie damit Erfolg haben.

Dabei ist nach Rupert Lay ein **Wert** eine in einem soziokulturellen Entwicklungsprozess herausgebildete und von den Menschen einer soziokulturellen Einheit akzeptierte und internalisierte Vorstellung über das Wünschbare. Jedes System – z.B. der Einzelne, die Familie, das Team, ein Unternehmen, eine Nation etc. – bildet seine subjektiven Werte heraus und stabilisiert sich selbst oder die Gemeinschaft genau durch diese Werte.

Werte sind **grundlegende Orientierungsmaßstäbe,** an denen sich im Fall alternativer Handlungsmöglichkeiten das Handeln innerhalb einer Gemeinschaft orientieren soll. Welcher Art diese Werte sind, ob sie Gesetz & Ordnung beachten, den Prinzipien des Lebens dienen oder von Außenstehenden als gut oder schlecht bewertet werden, ist eine andere Sache.
Die Mafia z.B. hat nachweisbar eines der stärksten Wertesysteme, das wir in Organisationen vorfinden können.
Auch sind Werte einem Wandel unterworfen. Was für unsere Großeltern noch galt – z.B. die Eltern mit Sie anzureden – hat heute in unserem Kulturkreis keine Gültigkeit mehr, wird i.d.R. sogar belächelt. Wenn wir mit anderen Menschen streiten, streiten wir in den meisten Fällen auf Grund

unterschiedlicher Werte. Dies ist uns häufig nicht bewusst; wir thematisieren dies nicht. Würden wir das nämlich tun, würde uns klar sein, dass es viel wahrscheinlicher ist, unterschiedlicher Meinung zu sein als gleicher. Wir haben unterschiedliche Wertvorstellungen – nicht im Allgemeinen, sondern im ganz speziellen Einzelfall. *Werte sind höchst subjektiv und steuern unbewusst unser Denken, Sprechen und Handeln. Das ist bei Prinzipien etwas anderes.* Jenseits der umgangssprachlich verwendeten Bedeutung des Begriffs – hier wird er entweder sehr positiv „Der Mann hat noch Prinzipien" oder sehr negativ „dieser Prinzipienreiter" verwendet; in beiden Fällen geht es jedoch um die moralische Beurteilung eines Verhaltens, nicht um die Prinzipien an sich – können Prinzipien als **unhinterfragbare, universell geltende Grundsätze** definiert werden. Sie sind, gleichsam Naturgesetzen, zeitlos gültig und bedürfen keiner weiteren Beweise. Sie sind weder vom Kulturkreis noch von der Religionszugehörigkeit abhängig. Prinzipien passen sich nicht dem Zeitgeist an oder wechseln mit den Zyklen der Sozialgeschichte. Man kann nicht dafür oder dagegen sein. *Prinzipien sind „Realitäten", die seit der Geschichte der Erde „bewiesen" haben, dass sie wirken.* Metaphorisch können wir Prinzipien mit den Wurzeln eines Lebensbaumes vergleichen. Prinzipien nähren uns, versorgen Systeme mit dem, was diese zum Überleben brauchen. Wer nach ihnen lebt, überlebt. Wer sie für einen längeren Zeitraum missachtet, wird kein erfolgreiches / glückliches Leben führen können.

Entwicklungsmöglichkeiten, Fairness, Fürsorge, Integrität, Leistungswille und Respekt sind solche Prinzipien. Sie stellen in allen Kulturen der Welt die Grundlage des Zusammenlebens dar. Selbstverständlich finden wir ganz unterschiedliche Interpretationen und Ausprägungen dieser Prinzipien. Jede Gemeinschaft findet ihre eigene Form, diese Prinzipien mit realem Leben zu füllen. Auch gibt es leider zahllose Beispiele, wo gegen diese Prinzipien verstoßen wird. Kriege, Verbrechen, Korruption, Machtmissbrauch, Umweltverschmutzung, soziale Kälte usw. sind die hinlänglich bekannten Folgen dieser Verstöße. Dies ändert aber

nichts an der fundamentalen Gültigkeit. Systeme, die weiterleben möchten, müssen diese Prinzipien beherzigen. Sie können als vom Grundsatz her nicht hinterfragbare „Naturgesetze" von universeller Gültigkeit verstanden und deswegen als **„Prinzipien des Lebens"** bezeichnet werden.
Dies ist möglicherweise für den einen oder anderen eine sehr provozierende Aussage. Vielleicht fordern Sie Beweise für meine Behauptung, bevor Sie weiterlesen. Lassen Sie mich deshalb bitte versuchen, die obigen Prinzipien zu definieren und etwas näher zu erklären.

Prinzipien des Lebens
Aus meiner Sicht ist die Wahrscheinlichkeit, dass wir unter den Begriffen **Entwicklungsmöglichkeiten, Fairness, Fürsorge, Integrität, Leistungswille und Respekt** in etwa dasselbe verstehen, gar nicht so groß. Dies ist aber notwendig, wenn wir nach diesen Prinzipien in unserem (Führungs-)Alltag handeln möchten. Darum nachfolgend meine Definitionen. Sie können dann prüfen, wie weit Sie mit diesen Erläuterungen mitgehen und wie Ihre subjektive, werteorientierte Sichtweise zu dieser Thematik ist.

Entwicklungsmöglichkeiten: Ich verstehe darunter die prinzipielle Möglichkeit von Systemen jedweder Art, sich weiterentwickeln zu können und zu dürfen. Es geht also um die Option, nicht erstarren oder stehen bleiben zu müssen. In diesem Prinzip finden sich auch die Gesetze des **Wachstums** und der **Potentialförderung** wieder. Was passiert z.B. mit einem Neugeborenen, dem wir dieses Prinzip verweigern: dunkler, enger Raum, keine Ansprache, keine Möglichkeit von der Umgebung zu lernen, ...? Was passiert mit einer Pflanze, der wir nicht genügend Raum und Nährboden zur Entwicklung geben? Was passiert mit einer Beziehung, der wir keine Zeit füreinander geben? Was passiert mit einem Unternehmen, das seine Mitarbeiter (aus Prinzip) nicht weiterbildet?

Fairness: Ich verstehe darunter den natürlichen Wunsch nach und das Recht aller Menschen auf **Gleichbehandlung** und **Gerechtigkeit**. Dies bezieht sich auf die grundsätzlichen Möglichkeiten in den Bereichen Leben, Unversehrtheit, Freiheit und Glück. Wir finden dieses Prinzip ganz deutlich bei sehr kleinen Kindern. Ohne unser Einmischen – auch Erziehung, Sozialisation, Prägung genannt – ist Fairness implizit. Was passiert, wenn Sie Ihre Mitarbeiter bewusst unfair behandeln? Was passiert, wenn Arbeitgeber und Arbeitnehmer versuchen, sich gegenseitig zu „übervorteilen"? Womit müssen wir rechnen, wenn ein Drittel der Menschheit keinen Zugang zu den notwendigsten Lebensressourcen hat?

Fürsorge: Ich verstehe darunter den natürlichen Wunsch, sich um andere zu kümmern. Kein Kind könnte in den ersten zwei bis drei Lebensjahren ohne Fürsorge überleben. Jeder von uns ist immer wieder mit Dingen konfrontiert, die er ohne prinzipielle Hilfsbereitschaft anderer nicht schaffen würde. In der modernen Gesellschaft sowieso. Jeden Tag werden wir – aller Individualitätsbekundigungen zum Trotz – immer mehr abhängig voneinander. Mit diesem Prinzip eng verbunden ist auch der Wunsch von uns Menschen, anderen Menschen aus freien Stücken (das ist wichtig) zu **dienen**. Wir möchten einen Beitrag für andere leisten, möchten uns für die **Gemeinschaft** einbringen, der wir angehören. Nicht zuletzt möchten wir eine Aufgabe und vor allem auch **Verantwortung übernehmen.**

Integrität: Ich verstehe darunter den Wunsch jedes Menschen – im Sinne der etymologischen Wurzel des Wortes „integer = unversehrt, unberührt, unbefangen, unbescholten" – **auf geistig-seelische Unversehrtheit und Unbefangenheit.** Dahinter steckt der Wunsch, einander wirklich **vertrauen** zu können. Misstrauen ist der häufigste Ehe-Scheidungsgrund und der vermutlich größte Kostenblock in vielen Unternehmen (im Sinne von Kosten für Kontrollen, Überwachung, Maßregelung, Bestrafung, Entlassung; aber auch Wissensblockaden und bewusstes Schädigen anderer Einheiten zu Gunsten des eigenen Verantwortungsbereichs). Integrität und **wahrhafte Ehrlichkeit** hängen eng zusammen. Sie bilden die Grundlage für echte win-win-Lösungen. ***Es gibt keine langfristig produktive und wirklich wertschöpfende Zusammenarbeit ohne Integrität.***
Wie hoch sind die Reibungsverluste auf Grund von Unehrlichkeit und mangelndem Vertrauen in Ihrem Umfeld? Wie oft hatten Sie schon „ein schlechtes Gefühl im Magen" oder einen „verspannten Rücken", weil Sie kein Vertrauen mehr in die Personen um sich herum hatten / haben konnten?

Leistungswille: Ich verstehe darunter den natürlichen Willen von Menschen, vom Prinzip her eine Leistung zu erbringen, die an die obere Grenze der eigenen, aktuellen Leistungsfähigkeit geht. Aus der Systemtheorie wissen wir, dass sich Systeme immer am gerade noch Machbaren ausrichten. Spitzenleistung, in diesem Sinne verstanden, ist ein natürlicher Trieb lebender Systeme. Gerade bei Kindern lässt sich dies schön beobachten. Der Wunsch, möglichst hohe **Qualität** zu produzieren, geht damit einher. **Disziplin** ist dafür sehr hilfreich. ***Bewusst immer wieder ein kleines Stück die eigene Komfortzone zu verlassen (nicht ständig und nicht zu weit), gehört zu den wichtigsten Aktivitäten eines erfüllten Lebens.*** Was meinen Sie passiert mit Menschen, die sich über einen längeren Zeitraum unterfordert fühlen? Was empfinden Sie als anstrengender: konsequent unterfordert zu sein oder angemessene Leistung zu bringen?

Respekt: Ich verstehe darunter den grundsätzlichen Respekt vor der Würde aller Menschen sowie die Achtung der Bedürfnisse anderer. Gegenseitiger Respekt zeigt sich in der Art, wie wir denken, sprechen und handeln und wird vermutlich in der „aktuellen Realität" am meisten missachtet. Respekt hängt eng mit dem Prinzip der Fairness zusammen. Demut vor der Schöpfung sowie Mäßigung und Dankbarkeit für das, was das Leben uns ermöglicht, stehen in enger Verbindung zum Prinzip des Respekts. An Albert Schweitzer angelehnt, möchte ich sogar noch einen Schritt weiter gehen und sagen, dass sich die höchste Form des Respekts in der grenzenlosen Verantwortung für alles Lebende zeigt. Wie oft denken wir schlecht über andere Menschen? Wie oft sprechen wir negativ über diese, wenn sie nicht anwesend sind? Wie oft handeln wir leichtfertig oder bewusst auf Kosten unseres Umfeldes?

Was bedeuten diese allgemeinen Prinzipien des Lebens für Sie? Nehmen Sie sich bitte ausreichend Zeit und beantworten Sie nachfolgende Fragen für sich:

- Wie sehen meine Lebensprinzipien aus (unabhängig von den oben stehenden)? Habe ich welche? Beeinflussen sie mein Leben in einer eher positiven oder negativen Weise? Notieren Sie Ihre **fünf wichtigsten Lebensprinzipien** und beurteilen Sie selbst, ob diese Ihr Leben positiv bereichern oder eher negativ blockieren.
- Welche der oben beschriebenen, allgemein gültigen Prinzipien des Lebens haben Bedeutung für mein Leben? In welcher Form drückt sich diese Bedeutung aus?

- Wie stark lebe ich nach diesen Prinzipien? Wo sind meine größten Abweichungen?

Nutzen Sie die Tabelle, um sich zu diesen Fragen Klarheit zu verschaffen.

Tabelle: Prinzipien des Lebens und deren Einfluss auf meinen Führungsalltag

Prinzipien des Lebens	**Wie viel Beachtung schenke ich diesen** **viel I mittel I wenig I keine**	**Wie zeigt sich das in meinem beruflichen und privaten Alltag (konkrete Beispiele)**
Entwicklung ermöglichen		
Wachstum generieren		
Potentiale fördern		
Fairness		
Versuch d. Gleichbehandlung		
Wille zur Gerechtigkeit		
Fürsorge		
Hilfsbereitschaft		
Dienen		
Integrität		
Vertrauen schenken		
Vertrauen können		
Wahrhafte Ehrlichkeit		
Leistungswille		
Wunsch nach Qualität		
Disziplin		
Respekt		
Menschenwürde		
Bedürfnisse anderer achten		
Demut		
Mäßigung		
Dankbarkeit		

Eigene Führungsprinzipien entwickeln

Machen Sie sich jetzt Gedanken zu Ihren aktuell vorhandenen Führungsprinzipien; d.h. zu den „Verträgen, die Sie mit sich selbst geschlossen haben respektive noch mit sich schließen wollen". Das könnten z.B. sein:

- Ich möchte immer eine offene Tür für Anliegen meiner Mitarbeiter haben.

- Ich unterstütze meine Teamkollegen (inklusive Chef) ohne wenn und aber, wenn sie meine Unterstützung anfragen.
- Oder auch: Auf meinem Schreibtisch liegt kein Vorgang, der älter als vier Wochen ist.

[?]

Haben Sie solche Führungsprinzipien? Wie klar sind Ihnen diese? Haben Sie diese schriftlich festgehalten? Wie sehr steuern diese Ihr tägliches Führungshandeln? Wie sieht Ihre Qualitätskontrolle aus?
Notieren Sie Ihre Antworten in der dafür vorbereiteten Tabelle.

Tabelle: Meine Führungs-Prinzipien und deren Einfluss in meinem Führungsalltag

Meine selbst festgelegten Führungs-Prinzipien	**Wie weit bin ich: Sind die Führungs-Prinzipien mein Wunsch oder bereits Realität?**	**Beispiele meines daraus abgeleiteten Führungs-Handelns**	**Meine Qualitätskontrolle: Umfeld-Reaktionen und Feedback zu meinem Handeln**

- Wie transparent sind meine Führungs-Prinzipien für meine Mitarbeiter? Woran erkennen meine Mitarbeiter, dass ich nach diesen Prinzipien führe? Woran möchten ich mich messen lassen?
- Stehen meine Führungsprinzipien im Einklang mit den wichtigsten „Prinzipien des Lebens“?
- Was möchte ich konkret verbessern? An was möchte ich arbeiten? Welche Stichworte möchte ich dazu für mich festhalten?

Wenn Sie die voranstehenden Seiten zum Thema „Prinzipien – Führungs-Prinzipien – Führungs-Handeln“ nochmals auf sich wirken lassen, was kommt Ihnen in den Sinn? Was geht Ihnen durch den Kopf?
In nachfolgender Abbildung können Sie das festhalten, was Ihnen im Moment zu diesem Thema festhaltenswert erscheint. Schreiben Sie am besten mit Bleistift und holen Sie diese Abbildung immer wieder mal hervor.

Überprüfen Sie in regelmäßigen Abständen Ihre Führungs-Prinzipien und die daraus abgeleiteten Grundsätze Ihres Führungs-Handelns. Ein Intervall von 9 bis 12 Monaten macht in der Praxis Sinn.

Führungs-Prinzipien und Führungs-Handeln

Abb. 10: Führungs-Prinzipien und Führungs-Handeln

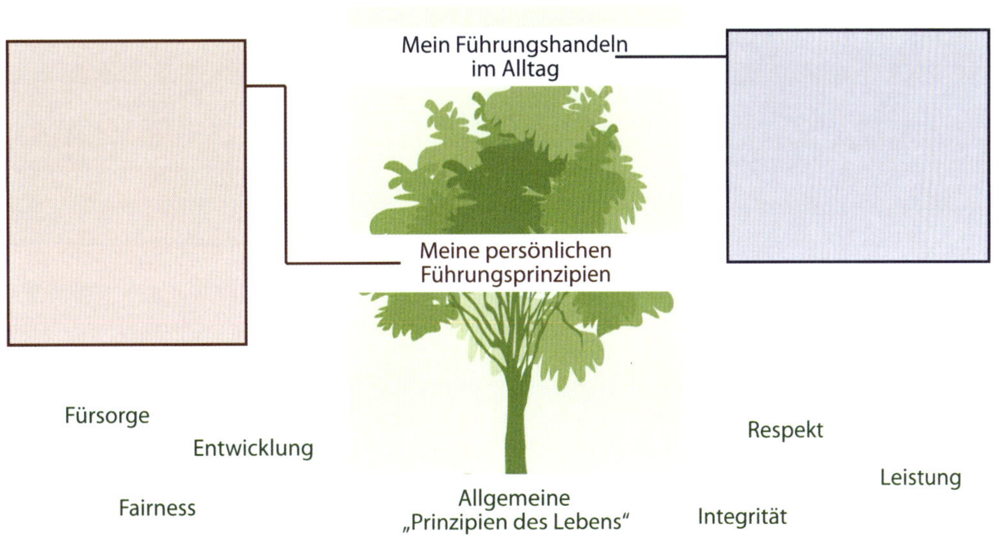

Die eigenen Führungsprinzipien zu kennen, sie schriftlich formuliert zu haben, wird Ihnen eine große Hilfe in Ihrem manchmal sicherlich sehr hektischen Berufsalltag sein. Zu einem ebenso treuen Wegbegleiter kann Ihr einzigartiger Führungsbeitrag werden. Im Folgenden möchte ich Ihnen die Möglichkeit geben, diesen in einem Fünf-Schritt-Verfahren – basierend auf Ihren individuellen Werten – herauszuarbeiten.

Den eigenen Führungsbeitrag herausarbeiten

Nachfolgende Abbildung skizziert die fünf Schritte und dient Ihnen zugleich als Arbeitspapier, in das Sie die für Sie zentralen Punkte, die Sie festhalten möchten, pro Schritt eintragen können.

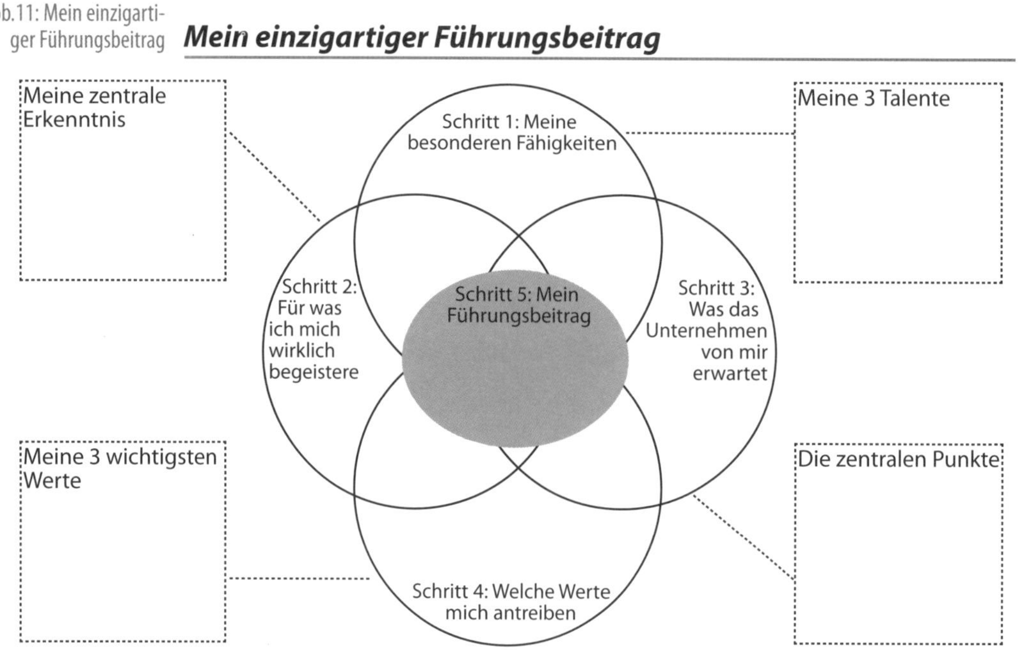

Abb. 11: Mein einzigartiger Führungsbeitrag

Schritt 1: Meine besonderen Fähigkeiten

Welche speziellen Talente habe ich?

Nehmen Sie sich bitte ein Blatt Papier zur Hand und notieren Sie, ohne zu lange zu überlegen, alle Ihre besonderen Fähigkeiten untereinander auf diesem Blatt. Seien Sie bitte nicht zu zurückhaltend – 10 besondere Talente sollten es auf alle Fälle sein, 20 wären besser. Denken Sie nicht nur an Ihren beruflichen Alltag. Berücksichtigen Sie auch Fähigkeiten, die Ihnen im privaten Umfeld nützlich sind. Wobei werden immer Sie angefragt? Bei schwierigen Gesprächen zum Beispiel? Oder wenn es etwas zu organisieren gibt? Oder wenn schnell Ordnung aus einem Berg Steuerunterlagen geschaffen werden muss? Oder vielleicht sind Sie ein toller Skifahrer, Märchenerzähler, Handwerker, Bastler, …?

Wenn Sie die Liste haben, bilden Sie bitte drei Untergruppen, indem Sie ähnliche Talente zusammenfassen und ggf. auf einen allgemeinen Begriff verdichten. Beispiel: Sie haben notiert „kann gut zuhören", „halte immer Festtagsreden", „unterstütze die Kinder bei Referaten", „moderiere oft Sitzungen im Team". Diese Punkte können Sie nun gruppieren und mit dem Oberbegriff „Kommunikations- und Moderationsfähigkeit" versehen. Versuchen Sie bitte noch zwei weitere Oberbegriffe zu finden.Tragen Sie zum Schluss von Schritt 1 Ihre drei besonderen Talente (Oberbegriffe, ggf. mit kurzer Erläuterung) in die voranstehende Abbildung „Mein einzigartiger Führungsbeitrag" ein.

Schritt 2: Wofür ich mich wirklich begeistere

Machen Sie sich nun ein paar Gedanken darüber, was Sie im Innersten wirklich begeistert, wobei Sie Zeit und Raum vergessen können, wenn Sie sich damit beschäftigen. Nachfolgende Orientierungsfragen helfen Ihnen dabei:

- Womit verbringe ich am liebsten meine Zeit? Wofür investiere ich Zeit und Geld? Bei welcher Tätigkeit vergesse ich Zeit und Raum?
- Worüber rede ich gerne? Stellen Sie sich vor, Sie würden mit einem Universalgelehrten nur über ein Thema sprechen dürfen – welches wäre es?
- Wenn ich ein Fachbuch schreiben würde: Welches Fachthema wäre das?
- Wenn ich in den Spiegel sehe: Wer bin ich? Wo gehöre ich hin? Wer bin ich nicht?
- Was treibt mich wirklich im tiefsten Inneren an? Was möchte ich auf dieser Welt bewegen? Wie sehr möchte ich dafür (öffentliche) Anerkennung bekommen?
- Wie wichtig sind Ihnen Macht, Status und Geld?
- Bin ich ein Manager oder Lehrer; Entscheider oder Berater; Ergebnis-Verantwortender oder Inspirateur; Umsetzer oder Ideengeber; Koordinator oder Fachmann?
- Wie wichtig sind mir Menschen? Wie wichtig sind mir (gute) Beziehungen zu Menschen?
- Wie sehe ich das Verhältnis von Menschen zu unternehmerischen Ergebnissen?
- Möchte ich mit Menschen möglichst lange gemeinsam am gleichen Ziel arbeiten, oder brauche ich die personelle Abwechslung und immer wieder wechselnde Inspirationen?
- Möchte ich kurzfristige Erfolge erzielen oder langfristig etwas entstehen lassen?

Sehen Sie sich Ihre Antworten bitte nochmals in Ruhe an und übertragen Sie Ihre zentrale Erkenntnis bei Schritt 2 in obige Abbildung.

Schritt 3: Was das Unternehmen von mir erwartet

In Schritt eins und zwei haben Sie sich mit Ihren Talenten und Wünschen befasst, eine Innensicht vorgenommen. Diese Sicht nach innen trifft natürlich auf eine Realität „da draußen". Konkret gibt es Anforderungen und Erwartungen an Sie.

Nehmen Sie sich deshalb nun etwas Zeit und klären Sie mit Hilfe nachfolgender Fragen, was von Ihnen beruflich erwartet wird.

- Welche grundsätzlichen Leistungsziele sind mir vorgegeben?
- Welche quantitativen Ergebnisse (Gewinn, Umsatz, ...) werden von mir erwartet?
- Welche sonstigen qualitativen Ziele habe ich noch (vorgegeben)?
- Welche Zielerwartung leitet sich aus dem Leitbild / der Strategie meines Unternehmens für mich ab?
- Welche eigenen Zielsetzungen habe ich? Welche Erwartungen möchte ich erfüllen?
- Gibt es noch weitere Erwartungen an mich?

Übertragen Sie auch hier bitte die zentralen Punkte in obige Abbildung.

Schritt 4: Welche Werte mich antreiben

Nehmen Sie sich jetzt bitte ausreichend Zeit, um sich mit Ihren ganz individuellen Werten zu befassen.

Vorab eine kleine Geschichte, quasi zur Einstimmung.

Was wirklich zählt

Ein alter Professor wurde gebeten, für eine Gruppe von fünfzehn Geschäftsführern großer nordamerikanischer Unternehmen eine Vorlesung über sinnvolle Zeitplanung zu halten. Dieser Kurs war einer von fünf Stationen eines eintägigen Lehrgangs. Der Professor hatte daher nur eine Stunde Zeit, sein Wissen zu vermitteln.

Zuerst betrachtete der Professor in aller Ruhe einen nach dem anderen aus dieser Elitegruppe: sie waren bereit, alles, was er ihnen beibringen wollte, in sich aufzunehmen. Dann sagte er: „Wir werden ein kleines Experiment durchführen." Der Professor zog einen riesigen Glaskrug unter seinem Pult hervor und stellt ihn vorsichtig vor sich hin. Dann holte er etwa ein Dutzend Steine hervor, etwa so groß wie Tennisbälle und legte sie sorgfältig, einen nach dem anderen, in den großen Krug.

Als der Krug bis an den Rand voll war und kein weiterer Stein mehr darin Platz hatte, blickte er langsam auf und fragte seine Schüler: „Ist der Krug voll?" Und alle antworteten „Ja".

Er wartete ein paar Sekunden ab und fragte seine Schüler: „Wirklich?" Dann holte er unter dem Tisch einen mit Kies gefüllten Becher hervor. Sorgfältig verteilte er den Kies über die großen Steine und bewegte dann leicht den Glaskrug. Der Kies verteilte sich zwischen den großen Steinen bis auf den Boden des Krugs. Der Professor blickte erneut auf und fragte sein Publikum: „Ist der Krug voll?"

Dieses Mal begannen seine schlauen Schüler seine Darbietung zu verstehen. Einer von ihnen antwortete: „Wahrscheinlich nicht." „Gut", antwortete der Professor.

Er holte wieder etwas unter seinem Pult hervor. Diesmal war es ein Eimer Sand. Vorsichtig kippte er den Sand in den Krug. Der Sand füllte die Räume zwischen den großen Steinen und dem Kies auf. Wieder fragte er: „Ist dieses Gefäß voll?" Dieses Mal antworteten seine schlauen Schüler ohne Zögern im Chor: „Nein!" „Gut", antwortete der Professor.

Und als hätten seine wunderbaren Schüler nur darauf gewartet, nahm er die Wasserkanne, die unter seinem Pult stand, und füllte den Krug bis zum Rand.

Dann blickte er auf und fragte seine Schüler: „Was können wir Wichtiges aus diesem Experiment lernen?" Der Kühnste unter seinen Schülern – nicht dumm – dachte an das Thema der Vorlesung und antwortete: „Daraus lernen wir, dass wir, selbst wenn wir denken, dass unser Zeitplan schon bis an den Rand voll ist, immer noch einen Termin oder andere Dinge, die zu erledigen sind, einschieben können, wenn wir wirklich wollen."

„Nein", antwortete der Professor „darum geht es nicht. Was wir wirklich aus diesem Experiment lernen können ist Folgendes: „Wenn man die großen Steine nicht als erstes in den Krug legt, werden sie später niemals alle hineinpassen."

Es folgte ein Moment des Schweigens. Jedem wurde bewusst, wie sehr der Professor Recht hatte.Dann fragte er „Was sind in Eurem Leben die großen Steine? Eure Gesundheit? Eure Familie? Eure Freunde? Die Realisierung Eurer Träume? Das zu tun, was Euch Spaß macht? Dazulernen? Eine Sache verteidigen? Entspannung? Sich Zeit nehmen? Oder etwas ganz anderes, was wirklich wichtig ist?

Egal, was Euch das Wichtigste ist: Man muss die GROSSEN Steine in seinem Leben an die ERSTE Stelle setzen. Wenn nicht, läuft man Gefahr, das Leben nicht zu meistern! Wenn man zuallererst auf Kleinigkeiten achtet (den Kies und den Sand), verbringt man sein Leben mit Kleinigkeiten und hat nicht mehr genug Zeit für die wichtigen Dinge in seinem Leben. Deshalb vergesst nicht, Euch selbst die Frage zu stellen: „Was sind die großen Steine in meinem Leben?" Und dann legt SIE zuerst in Euren Krug des Lebens".

So verabschiedete sich der alte Professor von seinem Publikum und verließ den Saal.
Aus: „Trennung in Liebe" von Mathias Voelchert

Was sind Ihre drei großen Steine?

Welche drei Werte sind Ihnen am wichtigsten?

Damit Sie diesen leichter auf die Spur kommen, habe ich Ihnen auf der nächsten Seite eine Liste mit 150 Werten vorbereitet.
Suchen Sie sich aus dieser Liste Ihre zehn wichtigsten Werte aus.
Reduzieren Sie diese auf fünf. Bringen Sie diese fünf in eine Rangfolge und streichen Sie dann die letzten zwei. Was übrig bleibt sind Ihre wichtigsten drei Werte!
Und vielleicht suchen Sie sich auf einem Spaziergang drei besondere Steine aus, die Sie in einem schönen Glasgefäß gut sichtbar aufbewahren.
Übertragen Sie Ihre drei Werte bei Schritt vier in die Abbildung.
Sehen Sie sich in Ruhe Ihre Eintragungen der ersten vier Schritte an. Möchten Sie noch etwas ergänzen? Haben Sie etwas vergessen?
Wenn Nein, gehen Sie jetzt zum letzten und schwierigsten Schritt.

Schritt 5: Mein Führungsbeitrag

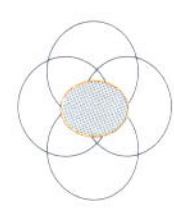

Versuchen Sie, basierend auf Ihren Erkenntnissen der vorangegangenen Schritte, Ihren Führungsbeitrag zu formulieren.

- Was macht mich einzigartig?
- Was kann ich für mein (oder auch ein anderes) Unternehmen besonders gut leisten?
- Auf Grund welcher Talente, Wünsche und Werte stifte ich Nutzen?
- Wie sieht dieser Nutzen genau aus?

Ihr Führungsbeitrag sollte sich in maximal zwei bis drei Sätzen formulieren lassen. Vielleicht reichen Ihnen auch ein paar Stichworte.

Abenteuer		Heiterkeit		Reinheit	
Achtung		Herkunft		Religion	
Aktivität		Herausforderung		Romantik	
Altruismus		Hilfsbereitschaft		Ruf	
Ausgeglichenheit		Höflichkeit		Ruhe	
Befriedigende Arbeit		Idealismus		Ruhm	
Bescheidenheit		Identität		Sauberkeit	
Bestätigung		Individualismus		Schönheit	
Bildung		Innere Harmonie		Selbstachtung	
Bindung		Integrität		Selbstverwirklichung	
Charisma		Jugendlichkeit		Sicherheit	
Demokratie		Kameradschaft		Sinn	
Demut		Karriere		Soziales Verhalten	
Dienst a.d. Gesellschaft		Kinder		Spannung	
Distanz		Klugheit		Sparsamkeit	
Disziplin		Kompetenz		Spiritualität	
Effizienz		Kontrolle über andere		Spitzenleistung	
Ehre		Kooperation		Stabilität	
Ehrlichkeit		Körperl. Herausforderung		Stärke	
Einfluss		Kreativität		Status	
Engagement		Kunst		Tapferkeit	
Erotik		Leichtigkeit		Tatkraft	
Gute Beziehungen		Leistung		Toleranz	
Entschlusskraft		Liebe		Treue	
Erfolg		Loyalität		Überlegenheit	
Ethisches Verhalten		Lust		Überzeugung	
Fachkenntnis		Macht und Autorität		Umweltbewusstsein	
Familie		Menschlichkeit		Unabhängigkeit	
Fester Standort		Mitgefühl		Unparteilichkeit	
Freiheit		Mut		Verantwortung	
Freude		Muße		Veränderung	
Freundschaft		Nachwelt		Verdienstvolle Leistung	
Frieden		Nachsicht		Vergnügen	
Führung		Nähe		Vernunft	
Gastlichkeit		Natur		Vertrauen	
Gehobener Lebensstil		Neugier		Vielfalt & Abwechslung	
Geld		Objektivität		Vitalität	
Gemeinschaft		Offenheit		Wachstum	
Genuss		Ordnung		Wahrheit	
Gerechtigkeit		Persönliche Entwicklung		Weisheit	
Geselligkeit		Persönlichkeit		Weltklugheit	
Gesundheit		Pflichtbewusstsein		Wettbewerb	
Glaube		Phantasie		Wirtschaftliche Sicherheit	
Gleichheit		Pragmatismus		Wissen	
Glück		Privatheit		Zärtlichkeit	
Grenzerweiterung		Pünktlichkeit		Zeit	
Großzügigkeit		Qualität		Zielstrebigkeit	
Gute Laune		Rechtmäßigkeit		Zugehörigkeit	
Harmonie		Redegewandheit		Zuneigung	
Heimat		Reichtum		Zuversicht	

Entscheidend ist, dass Sie aus tiefer innerer Überzeugung ja dazu sagen können und dass klar wird: Es ist Ihr einzigartiger Führungsbeitrag, den nur Sie leisten können.
Überprüfen Sie in regelmäßigen Abständen diesen Beitrag. Ein Intervall von 12 bis 18 Monaten macht in der Praxis Sinn.
Prüfen Sie, wo Sie sich verändert haben. Prüfen Sie aber auch, ob Ihr Unternehmen noch Ihren Talenten, Wünschen und vor allem Werten entspricht. Haben Sie den Mut, im Falle größerer Abweichungen in die Veränderung zu gehen. Nicht überstürzt und nicht hektisch – aber doch konsequent und bewusst.

Zusammenfassung

Zu Beginn der Station 2 haben wir den sehr wichtigen Unterschied zwischen Werten und Prinzipien herausgearbeitet.
Werte sind subjektive, von Systemen / Gemeinschaften selbst ausgewählte und wünschenswerte Verhaltensweisen. Prinzipien hingegen sind universell gültige, vom Grundsatz her nicht hinterfragbare „Naturgesetze". Über die eigenen Werte muss man sich klar werden, sollte sie kennen und mit ihnen leben. Sie sind das zentrale Element für Ihren Führungsbeitrag, den Sie zum Abschluss dieses Kapitels für sich festgehalten haben.
Prinzipien des Lebens gelten für jeden von uns. Hier geht es darum, das eigene Handeln an Hand dieser Prinzipien zu überprüfen und darauf aufbauend eigene, idealerweise die universellen Prinzipien beachtende Führungs-Prinzipien zu entwickeln und daran das eigene Führungs-Handeln auszurichten.
Auf dieser Grundlage haben Sie sich in den Schritten (1) meine besonderen Stärken, (2) wofür ich mich begeistere, (3) was das Unternehmen von mir erwartet, (4) welche Werte mich antreiben Ihren Führungsbeitrag erarbeitet.
Mit diesem **Führungsbeitrag** verschaffen Sie sich Klarheit über Ihre USP, Ihre Einzigartigkeit, die Sie einem Unternehmen anbieten können.
Mit Ihren **Führungs-Prinzipien** legen Sie fest, was die großen Leitplanken sind, um Ihren Führungsalltag zu meistern. Sie erzeugen für sich Eigen-Stabilität und schaffen für Ihr Umfeld ein gutes Maß an Sicherheit. Beides Eigenschaften von kaum zu überschätzendem Wert.
So gerüstet können Sie sich auf den Weg zu Station 3 machen, an der wir uns mit Ihren Visionen aber auch Ihrer „Bodenhaftung", Ihrem Realitätssinn, befassen. Ziel ist es, dass Sie Ihre eigene Führungs-Mission erarbeiten, die Sie beim Leben Ihres Führungsbeitrags sowie der Umsetzung Ihrer Führungs-Prinzipien unterstützt.

Station 3: Visionär zu einer realitätsnahen Führungs-Mission kommen

„Nichts ist so wichtig wie der heutige Tag."
(Johann Wolfgang von Goethe)

3. Visionärer Realitätssinn

Haben Sie einen Leitstern für Ihr Leben? So eine Art Polarstern, der Ihnen auch im Dunkeln oder bei Nebel die grobe Richtung zeigt?
So einen, wie ihn Reinhold Messner hatte: „I want to climb Mount Everest without oxygen equipment." Ein großer, „verrückt" anmutender Traum, wie der von Mahatma Gandhi: „India has to be freed from the shackles of British colonialism without violence." Eine Vision, wie die von Werner von Siemens: „I want to use electricity to make life easier for people."
Visionen helfen Unternehmen, ihrem Tun eine Richtung zu geben. „Go west" hieß es kurz und knapp lange Zeit bei Marlboro. „Crash Adidas" hat sich Nike in den 70er Jahren auf die Fahnen geschrieben. Mit „Das Beste oder nichts" hat Mercedes Benz seinen Erfolg in den 80er Jahren begleitet. Unter Jack Welch hat sich General Electric in den 90er Jahren darauf eingeschworen, „... sich aus Massenmärkten zurückzuziehen und in Premiumsegmente zu gehen mit der allseits bekannten Konsequenz, die Nummer 1 oder Nummer 2 in diesen zu werden". Mit seiner Vision „Banking for the Poor" hat Prof. Muhammad Yunus vor über 25 Jahren begonnen, Mikrokredite an die Ärmsten zu vergeben. Dafür hat er nicht nur 2006 den Friedensnobelpreis erhalten, sondern auch sein Unternehmen, die Grameen Bank, zu einer der erfolgreichsten Banken weltweit gemacht – die übrigens in der Finanzkrise 2008/2009 keine Staatskredite brauchte.

Visionen drücken fundamentale Ziele aus, sie fokussieren die eigenen Aktivitäten, konzentrieren sich auf Stärken und geben der Zukunft ein Bild.

Dabei sollten Visionen so mutig angedacht werden, dass sie wirklich einen Unterschied zum Status quo erkennen lassen. Andererseits muss die Chance der Erreichbarkeit gegeben sein. Träumen ist erlaubt, „Groß Denken" erwünscht, Realitätsnähe jedoch unbedingt anzustreben. Wenn Sie z.B. heute 45 Jahre alt und Abteilungsleiter in einem mittelständischen Unternehmen sind, Ihre Frau als Fremdsprachenübersetzerin freiberuflich ganz solide etwas dazu verdient und Sie zwei Kinder im noch schulpflichtigen Alter haben, dürfte es unrealistisch für Sie sein, einmal auf den Mond zu fliegen oder sich eine 20-Zimmer Villa am Genfer See leisten zu können. Vorausgesetzt, Sie erwarten keine besonders große Erbschaft oder gewinnen im Lotto. Durchaus realistisch scheint jedoch, sich einmal den Traum zu erfüllen, eine Mount Everest Expedition mitzumachen oder in einem netten Häuschen am Stadtrand von München zu leben.

Als solider Tennisspieler mit Turniererfahrung bei den „Altherren" beim TV Germering dürfte auch der Wimbledon-Sieg bereits außer Reichweite sein – unabhängig davon, wie sehr Sie sich mental dieses Ziel wünschen. Einmal auf dem Rasen von Wimbledon zu spielen scheint jedoch noch im Bereich des Machbaren.

Mit diesen kleinen Metaphern möchte ich Ihnen ein Gespür dafür geben, wie der sehr unscharfe Begriff Vision verstanden werden kann. Denn auch für Sie, ***als Führungskraft, macht es absolut Sinn, eine Vision zu haben. Am besten für Ihr Leben – zumindest für die nächsten 15 Jahre.***

Wie sieht Ihre Vision aus?

Suchen Sie sich einen ruhigen Ort, an dem Sie sich wohl fühlen und stellen Sie sich Ihr Leben in der Zukunft vor.

Malen Sie ein möglichst konkretes Bild. Nicht „ich bin reich, erfolgreich und glücklich". Sondern: ich wohne in meinem Traumhaus mit Swimming Pool, bin Direktor der Bank XY, lebe glücklich mit meiner Familie, befasse mich in meiner Freizeit mit Dingen, die ich im tiefen Inneren als sinnvoll empfinde. Denken Sie bei Ihrer Vision vor allem auch an Ideen, die Sie schon seit vielen Jahren haben. An Bilder, die Ihnen immer wieder kommen, wenn Sie so vor sich hin träumen. An Kindheitswünsche oder an Themen, die Sie mit Ihren engsten Vertrauten besprechen, wenn Sie sich besonders entspannt fühlen.

Schärfen Sie in Ihren Visions-Sessions schrittweise, was Sie tief innerlich antreibt. Versuchen Sie Ihre Vision in einem Satz zu formulieren; z.B.: Ich möchte mit Menschen etwas Nachhaltiges gestalten. Ich möchte für meine Familie eine tragende Stütze sein. Ich möchte etwas Neuartiges erfinden. Ich möchte der Welt das Auge für schöpferische Kunst öffnen. Ich möchte Sinn stiften und Brücken zwischen unterschiedlichen Gruppen bauen.

Je klarer Sie sich Ihrer Vision sind, desto wahrscheinlicher ist es, dass diese Realität werden kann.

Die Trennung zwischen Vorstellung und Realität ist beileibe nicht so klar, wie wir es in unserem westlichen Denken gerne hätten. Gerade von Naturvölkern oder den Kulturen der östlichen, asiatischen, buddhistisch geprägten Welt können wir viel über das real Werden von Vorstellungen lernen. Gedanken sind Energie, physikalisch gesprochen Schwingungen und haben somit das Potential, Realität werden zu können. Je mehr Energiepotential ein Gedanke besitzt, desto größer ist die Chance, dass er sich verwirklicht. Je klarer Ihr Bild von Ihrer Zukunft ist, desto wahrscheinlicher wird dessen Umsetzung. *Vision und Realität dürfen also nicht als Gegensätze im klassischen Sinn verstanden werden. Vielmehr handelt es sich um gegensätzliche Pole, zwischen denen erst eine Dynamik entstehen kann.*

Von Walt Disney zum Beispiel erzählt man sich, dass er ganz bewusst die Macht von Gegensätzen eingesetzt hat, um Realität entstehen zu lassen. Wenn Walt Disney eine neue Idee hatte, schlüpfte er in verschiedene, möglichst unterschiedliche Rollen. Er verknüpfte diesen Rollenwechsel bewusst mit einem Ortswechsel. Für jede Rolle hatte er einen eigenen Ort, um sich auch wirklich in die Zukunft hineindenken zu können. Als „Visionär" wählte er Räume / Orte mit viel Offenheit, Helligkeit, starker positiver Energie. In seiner Rolle als „Realist" setzte er sich an einen Schreibtisch mit wenig Ablenkung – nur Papier, Bleistift und eine Rechenmaschine. Als „Kritiker" in eigener Sache nutzte er gern ein Theaterambiente und betrachtete seine Idee von unten auf der Bühne.
Probieren Sie es doch einmal selbst.
Man mag darüber lächeln, aber diesem Vorgehen wohnt ein sehr wirksames Prinzip inne. Es geht darum, die zahllosen Optionen der Zukunft in realistische Szenarien zu packen und diese von mehreren Seiten beleuchten und letztendlich möglichst klar beschreiben zu können mit dem Ziel, das grundsätzliche Potential einer Idee zu erkennen und die Kräfte richtig einzuteilen.

Jim Collins spricht in diesem Zusammenhang vom „Igel-Prinzip“ (vgl. Collins, 2006: S. 121ff,). Der Igel konzentriert sich auf das Wesentliche, lässt sich nicht ablenken, erledigt das, was ansteht. Er hat nicht jeden Tag eine neue Idee, wechselt nicht ständig die eigenen Strategien oder läuft jeder Mode nach.

Jim Collins hat herausgefunden, dass Spitzenunternehmen sich konsequent drei Fragen beantworten und beschreibt damit sein Igel-Prinzip: 1. Worin können wir die Besten werden? Und genauso wichtig: worin können wir nicht die Besten werden? 2. Was ist unser wirtschaftlicher Motor; d.h. welcher ökonomische Nenner (Profit per x) hat den stärksten Einfluss auf die wirtschaftliche Entwicklung des Unternehmens? 3. Was ist unsere wahre Passion? Was begeistert uns?

Diese drei Fragen lassen sich selbstverständlich auch auf das Individuum übertragen. Stellen Sie sich doch einmal selbst diese drei Fragen:

1. Worin kann ich der Beste werden? Und worin nicht – auch wenn ich es gerne wollte?

2. Auf welcher ökonomischen Basis lässt sich mein Talent verwirklichen? Wer zahlt was für welche Leistung?

3. Was mache ich leidenschaftlich gern? Was begeistert mich zutiefst?

Wenn es Ihnen gelingt, die Überschneidung dieser drei Fragen in eine glasklare Mission zu transformieren, an die Sie sich in allen Lebenslagen halten, dann haben Sie das erreicht, was ich mit der Überschrift zur Station 3 meine. Sie haben visionären Realitätssinn und vereinen scheinbar gegensätzliche Dinge synergetisch und praktisch.

Von dieser etwas allgemeinen Überlegung möchte ich jetzt zur praktischen Anwendung übergehen und Ihnen die Möglichkeit zum Erarbeiten Ihrer Führungs-Mission geben. Ich verstehe darunter ein Statement, in welcher Form auch immer festgehalten, das klar und präzise Ihren innersten Führungsauftrag zum Ausdruck bringt.

In Ihrer Führungs-Mission halten Sie fest, was Sie antreibt, was Sie als Ihre Aufgabe sehen, um als Führungskraft erfolgreich zu sein.

Ihre Führungs-Mission bildet die Grundlage für den Umgang mit den von Ihnen Geführten, prägt den Geist Ihres engsten Teams und leistet einen Beitrag zur Kultur des Unternehmens, für das Sie arbeiten.

In Ergänzung zu Ihrem „einzigartigen Führungsbeitrag“ aus Station 2 vereint Ihre Mission bewusst Ihr ganzes Potential und setzt dieses in ein Zukunftsbild der nächsten zehn Jahre um. In Abgrenzung zu Ihrer Lebens-Vision ist Ihre Mission eine Stufe konkreter und zeitnäher. Am Ende dieses Kapitels sind die Zusammenhänge nochmals graphisch dargestellt.

Bitte nehmen Sie sich jetzt ausreichend Zeit und beantworten Sie nachfolgende Fragen. Notieren Sie Ihre Ergebnisse auf ein extra Blatt oder direkt in das Buch.

Schritt 1: Stellen Sie sich Ihr berufliches Wirken in zehn Jahren vor: Was habe ich erreicht? Welche Fähigkeiten habe ich umgesetzt? Was kann ich? Was tue ich? In welcher Funktion bin ich?

Schritt 2: Was sind heute meine speziellen Fähigkeiten, auf denen ich meinen beruflichen Erfolg aufbauen kann? Denken Sie dabei bitte an Ihre einzigartigen Talente, Ihren Führungsbeitrag sowie Ihre individuelle SWOT-Analyse aus Station 2.

Schritt 3: Was sind meine drei wichtigsten Werte? Bringen Sie ggf. diese Werte in eine Reihenfolge.

Schritt 4: Fragen Sie sich jetzt nochmals ganz selbstkritisch und ehrlich:

- Welche Rolle spielen in meinem in Schritt 1 skizzierten Zukunftsbild Menschen?

- Wie eng, glaube ich, ist mein Führungserfolg mit diesen Menschen verbunden?
- Wie sieht diese Verbindung konkret aus?
- Will ich wirklich andere Menschen führen?
- Traue ich mir zu, mich dementsprechend „streng" selbst zu führen?
- Ist Führungskraft der richtige Weg für mich? Oder muss ich ehrlich zu mir sagen: „Ich sollte versuchen, in anderer Form ein erfolgreiches Leben zu gestalten."

Sind Sie noch dabei? Wenn JA, gehen Sie bitte weiter zu Schritt 5. Wenn NEIN, notieren Sie sich, was Ihnen im Moment spontan als Begründung dazu einfällt. Legen Sie dann das Buch weg und versuchen Sie, sich erst einmal nicht mehr damit zu befassen. Lenken Sie sich ab. Machen Sie etwas anderes, was Ihre volle Konzentration erfordert. Sehen Sie sich Ihre Notizen nach frühestens zwei Tagen wieder an und begeben Sie sich dann auf die Suche nach Ihrem wirklich inneren Lebenswunsch.

Schritt 5: Welche Führungs-Prinzipien leiten mich? Übertragen Sie Ihre in Station 2 (Seite 65) erarbeiteten Führungs-Prinzipien.

Schritt 6: Welche Führungspersönlichkeit hat mich in meinem bisherigen Leben am meisten beeindruckt? Was schätzen Sie so an dieser? Welche Fähigkeiten/Eigenschaften möchten Sie von dieser Person erwerben?

Schritt 7: Gönnen Sie sich eine Pause. Legen Sie Ihre bisherigen Notizen für zehn Minuten weg, machen Sie einen kurzen Spaziergang, trinken Sie eine Tasse Tee.

Schritt 8: Nehmen Sie Ihre Notizen wieder zur Hand und markieren Sie mit einem Stift die Begriffe, Ideen, Statements, die Sie auf alle Fälle in Ihrer formulierten Mission haben möchten.

Schritt 9: Wagen Sie sich nun an die erste Formulierung Ihrer Führungs-Mission. Vorgaben gibt es keine. Sie kann nur ein Satz oder eine ganze Seite sein. Ihre Mission kann als Gedicht, Lied, Checkliste oder Mind-Map niedergeschrieben werden. Entscheidend ist, dass in Ihrer Führungs-Mission die Dinge vorkommen, die Ihnen wichtig sind. Ziel muss es sein, dass Sie sich tief angesprochen, innerlich bewegt fühlen, wann immer Sie sich Ihre Führungs-Mission ansehen. Sie muss Ihr Abbild sein – in Wort, Form und Stil.

Meine Führungs-Mission

Die nächsten Schritte: Ergänzen Sie Ihren ersten Entwurf, wann immer Ihnen dazu etwas einfällt. Schreiben Sie nach einer Woche den dann vorhandenen Stand ins „Reine". Haben Sie Ihre Führungs-Mission immer mit dabei. Überprüfen Sie alle sechs Monate die Inhalte: Ist es noch meine Führungs-Mission? Gibt sie mir Kraft, Ansporn, Sinn? Lebe ich meine Führungsaufgabe gemäß der formulierten Mission?

Auf dieser Grundlage können Sie nun einen Aktionsplan – Ihre drei wichtigsten Ziele der nächsten drei Jahre – ableiten.

Mein Aktionsplan

1. **Formulieren Sie** – abgeleitet aus Ihrer Führungs-Mission und Ihrem einzigartigen Führungsbeitrag (Station 2, Seite 66) – **Ihre drei zentralen (beruflichen) Ziele für die nächsten drei Jahre.**
2. **Warum möchte ich diese Ziele erreichen?**
3. **Wie will ich sie erreichen?** Fragen Sie so lange „Wie", bis es immer klarer wird, wie das Ziel real erreicht werden kann. Seien Sie dabei sehr ehrlich, streng und selbstkritisch zu sich. Nur so geben Sie den Zielen Bodenhaftung.
4. **Bis wann will ich meine Ziele erreicht haben?** Legen Sie pro Ziel eine „Deadline" fest.
5. **Wie sehen die konkreten Schritte aus?** Konkretisieren und etappieren Sie Ihre Vorgehensweise. Erstellen Sie einen Aktionsplan.

Gehen Sie jetzt zum Realitätstest über. Beantworten Sie bitte nacheinander für alle Ihre drei Ziele die fünf Kontrollfragen. Eventuell müssen Sie ein Ziel ersetzen oder streichen.

Der Realitätstest: Kontrollfragen, um meine Ziele zu überprüfen

Abb. 12: Der Realitätstest: Kontrollfragen, um meine Ziele zu überprüfen

	Ziel 1	Ziel 2	Ziel 3
1. Will ich mein Ziel wirklich, wirklich, wirklich erreichen?			
2. Was brauche ich, um mein Ziel zu erreichen? Welche Ressourcen (materiell, personell, zeitlich)?			
3. Wo hole ich mir das her, was ich für mein Ziel brauche?			
4. Welche Opfer bin ich bereit zu erbringen, um mein Ziel zu erreichen? Was bin ich bereit aufzugeben?			
5. Wie sieht es aus, wenn ich mein Ziel erreicht habe?			

Nur wenn Sie auch bei Frage 5 noch mit Begeisterung sagen können, dass Sie dieses Ziel wirklich erreichen wollen, bleibt es bestehen.

Legen Sie daraufhin Ihren Aktionsplan für mindestens drei Tage zur Seite und versuchen Sie, nicht daran zu denken. Sehen Sie sich erst nach dieser Zeit Ihren Aktionsplan nochmals an. Gilt noch, was dort mit Bleistift steht?

Wenn Ja, übertragen Sie Ihre Notizen in nachfolgende Abbildung und halten Sie das für Sie Wichtigste schriftlich fest. Legen Sie Ihren Aktionsplan zu Ihrem einzigartigen Führungsbeitrag und Ihrer Führungs-Mission. Haben Sie alle drei immer mit dabei.

Überprüfen Sie ca. halbjährlich Ihre Ziele:

- Sind es noch meine Ziele?
- Passt mein Aktionsplan noch zur aktuellen Realität?
- Gibt er mir Kraft, Ansporn, Sinn?
- Arbeite ich jeden Tag im Sinne meiner Ziele / der formulierten Mission?

Abb. 13: Aktionsplan: Meine drei zentralen Ziele der nächsten drei Jahre

Aktionsplan: Meine drei zentralen Ziele der nächsten drei Jahre

Formulieren Sie Ihre drei zentralen (beruflichen) Ziele für die nächsten drei Jahre – abgeleitet aus Ihrer Führungsmission: Warum möchte ich diese Ziele erreichen? Wie will ich sie erreichen? Bis wann will ich meine Ziele erreicht haben? Wie sehen die konkreten Schritte aus?

Meine Ziele	**Warum ich es erreichen will**	**Wie ich es erreichen will:** So lange „wie" fragen, bis es konkret wird	**bis wann**	**konkrete Schritte**

1. Will ich mein Ziel wirklich, wirklich, wirklich erreichen?
2. Was brauche ich, um mein Ziel zu erreichen? Welche Ressourcen (materiell, personell, zeitlich)
3. Wo hole ich mir das her, was ich für mein Ziel brauche?
4. Welche Opfer bin ich bereit zu erbringen, um mein Ziel zu erreichen? Was bin ich bereit aufzugeben?
5. Wie sieht es aus, wenn ich mein Ziel erreicht habe?

Zusammenfassung

Wir begannen Station 3 mit der Frage, ob Sie eine Vision für Ihr Leben haben, also ein „Bild von Ihrer Zukunft", das Ihnen hilft, auf eigene Stärken zu setzen und die eigenen Aktivitäten auf das für Sie Wesentliche zu konzentrieren. Dabei sollten Visionen so mutig angedacht werden, dass sie wirklich einen Unterschied zum Status quo erkennen lassen. Andererseits muss die Chance der Erreichbarkeit gegeben sein. Träumen ist erlaubt, „Groß Denken" erwünscht, Realitätsnähe jedoch unbedingt anzustreben.

Im zweiten Teil der Station 3 formulierten Sie in neun Schritten Ihre eigene Führungs-Mission und hielten fest, was Ihnen in Ihrem Führungs-Alltag wirklich wichtig ist. Ziel war es, dass Sie sich tief angesprochen, innerlich bewegt fühlen, wann immer Sie sich Ihre Führungs-Mission ansehen. Sie muss Ihr Abbild sein – in Wort, Form und Stil.

Zum Abschluss dieser Station legten Sie Ihre drei zentralen beruflichen Ziele der nächsten drei Jahre fest und fixierten einen konkreten Aktionsplan zu deren Umsetzung.

Sie haben sich nun mit Hilfe der ersten drei Kapitel des 9-fachen Pfads Ihr Rüstzeug erarbeitet, auf das Sie bei jeder Gelegenheit nötigenfalls zurückgreifen können.
Über allem steht Ihre in Station 3 erarbeitete Vision, aus der Sie dann Ihre Führungs-Mission abgeleitet haben. Die Leitplanken für Ihre Vision und Mission bilden Ihre Führungs-Prinzipien aus Station 2. Getragen wird das Ganze von Ihren Werten (Station 2), Ihrer Begeisterung / Passion (Station 3) sowie Ihren unverwechselbaren Stärken (Stationen 1 und 3). Das Zentrum bildet Ihr einzigartiger Führungsbeitrag aus Station 2. Dies alles ist die Grundlage für Ihren Aktionsplan, den Sie vorhin in Station 3 festgehalten haben.

Nachfolgende Abbildung verschafft Ihnen nochmals einen Überblick, wie die wichtigsten Komponenten erfolgreichen Selbstmanagements zusammenhängen.

Abb. 14: Mein Rüstzeug ganzheitlicher Führung

Mein Rüstzeug ganzheitlicher Führung

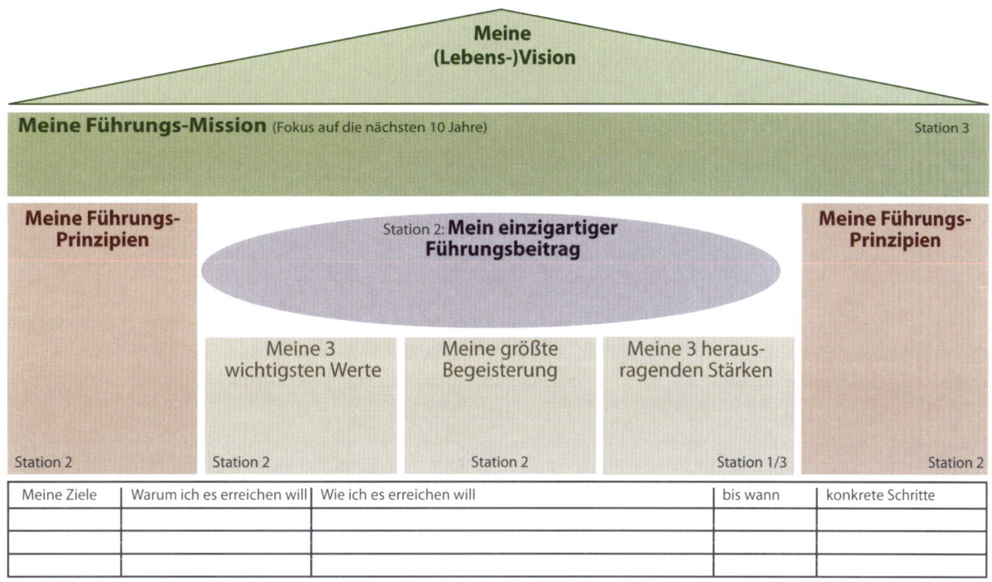

Diese Zusammenfassung stellt gleichsam den Übergang zu Station 4 dar, die Ihnen helfen wird, Ihre bis hier festgelegten Ziele und Aktivitäten in eine strukturierte (Arbeits-)Woche zu übertragen, um sich auf die richtigen Dinge zu fokussieren.

Station 4: Sich auf das Wesentliche fokussieren

„The key is not to prioritize what's on your schedule, but to schedule your priorities". (Stephen R. Covey)

4. Fokussieren

Natürlich haben Sie es schon alle gehört, worauf es ankommt, um möglichst effizient seinen Tag zu organisieren: Prioritäten setzen, ein gutes Zeitmanagement und Disziplin beim Einhalten der fixierten Prioritäten und Termine. Zweifelsohne ist es in Führungsfunktionen zwingend notwendig, sich gut organisieren und das Wichtige vom Unwichtigen unterscheiden zu können. Es steht außer Frage, dass Sie in verantwortungsvoller Position nicht einfach so in den Tag leben können. Das daraus entstehende Chaos würde erst Ihrem Umfeld die Nerven und dann Sie den Job kosten.
Wie macht man das aber, in den mannigfaltigen Herausforderungen des Alltags, die richtigen Prioritäten zu setzen? Beruflich beginnt es damit, die eigene Arbeitsmethodik etwas besser zu kennen und sich so zu organisieren, dass man dem individuellen Arbeitsstil möglichst gerecht wird.

Wie bewusst ist Ihnen eigentlich Ihr Arbeitsstil? Haben Sie sich damit schon einmal näher befasst? Anhand weniger Fragen können Sie sich hier ein erstes Bild davon machen.

Wie arbeiten Sie?

- Sind Sie grundsätzlich ein Leser oder ein Zuhörer?
- Wie lernen Sie am besten: beim Schreiben, Sprechen, Lesen, Zuhören oder selbst Tun?
- Arbeiten Sie lieber alleine oder im Team?
- Stehen Sie lieber in der ersten oder in der zweiten Reihe? Bei welcher Tätigkeit fühlen Sie sich so richtig wohl?
- Was erzeugt in Ihnen Stress? Was behindert Ihr Wohlbefinden massiv (z.B. Hunger, Unordnung, Ineffizienz, unvorhergesehene Störungen)? Wie sehr beeinflussen diese Dinge die Ergebnisse Ihrer Arbeit?
- Wie sieht für Sie eine ideale Arbeits-Balance aus? Wie ist Ihr Wirkungsgrad am höchsten (Anzahl der Arbeitsstunden, Mischung der Tätigkeiten, Routine und Neues, Zeiten und Form der Erholung)?
- Wie gehen Sie mit Veränderungen um? Wie viel Veränderung ist für Sie gerade richtig (Häufigkeit und Grad der Veränderung)?

Schaffen Sie in diesen Fragen für sich Klarheit. Werden Sie sich bewusst, welche Auswirkungen das auf Ihre grundsätzliche Effizienz hat. Beachten Sie diese Realität in Ihrer täglichen Arbeits-Planung.
Von diesen grundsätzlichen Überlegungen ausgehend, können Sie sich an die richtige Priorisierung Ihres Alltags machen. Lassen Sie mich mit einer kurzen Erzählung beginnen.
Vor einigen Jahren arbeitete ich mit einem jungen, sehr effizienten Manager – nennen wir ihn Klaus – dem es gelang, sein Zeitmanagement so zu optimieren, dass er seinen Tag ziemlich erfolgreich in Minutenzyklen aufteilen konnte.
08.00 bis 08.45 Uhr: Mails lesen und beantworten
08.45 bis 09.15 Uhr: Termine mit Sekretärin besprechen
09.15 bis 10.15 Uhr: Die wichtigsten Unterlagen der Vortage studieren
10.15 bis 10.25 Uhr: Tee trinken und eine Kleinigkeit essen
10.30 bis 12.45 Uhr: Meeting mit XYZ
12.45 bis 13.00 Uhr: Kurze Mittagspause
13.00 bis 14.00 Uhr: Laufbahngespräche mit Mitarbeitern führen
…
19.00 bis 19.15 Uhr: Eltern anrufen
19.15 bis 19.45 Uhr: Beziehung mit langjähriger Freundin telefonisch beenden

Sie haben richtig gelesen. „19.15 bis 19.45 Uhr: Beziehung mit langjähriger Freundin telefonisch beenden“. Dies stand in seinem Zeitplaner. Ebenso wie „Tee trinken“ oder „Unterlagen lesen“. Darauf angesprochen, ob er sich bewusst wäre, dass dieser Zeitblock möglicherweise sehr anders als geplant verlaufen könnte, reagierte er etwas unsicher: „Was meinen Sie damit, Herr Philipp, sind 30 Minuten zu lang? Ich habe mir auch schon gedacht, dass dafür eigentlich 20 Minuten genügen müssten. Dann könnte ich noch um 20.00 Uhr ins Fitnessstudio gehen.“
Vermutlich werden Sie jetzt gerade den Kopf schütteln. Einige werden mir nicht glauben, was da steht, andere werden erst einmal das Gelesene richtig einsortieren müssen. Wieder andere werden möglicherweise sagen „ja und, was ist daran so besonders“.
Die Fakten waren: Das Paar war seit über fünf Jahren zusammen, es gab keinen wirklichen Streit oder ein besonderes Ereignis, das unseren jungen Manager zu diesem Schritt bewogen hätte. Nein, er kam lediglich zu der Einsicht, dass diese Beziehung ihm nichts mehr gab und er sie beenden möchte.

Auf dieser Grundlage organisierte er den Zeitblock, den er für angemessen hielt, um so eine Handlung erfolgreich ausführen zu können. Nachgefragt sagte er mir: „ Na ja, ich rechne damit, dass ich ca. drei Minuten über Allgemeines mit meiner Partnerin spreche, ihr dann in zwei Minuten meinen Entschluss mitteile und wir dann noch 15 Minuten für den Austausch von Ursachen und Konsequenzen hätten. Zum Schluss möchte ich noch vereinbaren, wann wir uns treffen können, um die organisatorischen Dinge zu regeln."
Versuchen wir mal von der sozialen Dimension dieses Kurzfalles zu abstrahieren. „Der spinnt doch. Was für ein Mensch muss das sein, der so mit seiner langjährigen Partnerin umgeht? Hat der gar keinen Anstand? Die arme Freundin. Erfolg verdirbt den Charakter. Da muss doch etwas vorgefallen sein".

Sehen wir uns diesen Fall nur einmal unter der Brille effizienter Fokussierung an. Nehmen Sie ruhig Ihre Eisenhower-Matrix zur Hand und ordnen Sie diesen Fall ein. Handelt es sich um eine dringliche und/oder wichtige Aufgabe, die unser junger Manager erledigen wollte?

- Wer ist für „dringlich" und „wichtig"? Was lehrt uns das Zeitmanagement in diesem Fall: Selbst, sofort und zügig durchführen. Unser Manager hat also richtig gehandelt?
- Wer würde eher zu „wichtig", aber „nicht dringlich" neigen? Dann wäre die Antwort: Selbst und später durchführen. Wer weiß, wie lange sich dann diese Beziehung noch so dahinschleppen würde.
- Möglicherweise stuft jemand von Ihnen den Fall als „dringlich", aber „nicht wichtig" ein. Dann lautet die Antwort: delegieren. Bleibt die Frage, an wen?
- Wenn Sie sich sogar für „nicht wichtig" und „nicht dringlich" entschieden haben, dann kann unser junger Manager die Sache vergessen. Er muss sich damit nicht mehr befassen.

[?] Welche Antwort gefällt Ihnen? Haben Sie das Gefühl, dass uns die allgemein gültigen Erkenntnisse des effektiven Prioritätenmanagements in dem geschilderten Fall weiterhelfen?

Vielleicht werden Sie einwerfen: „Langsam, der hier geschilderte Fall ist eine Ausnahme. Es handelt sich um einen besonderen Typ von Mensch. Die Situation und das verwendete Tool (Eisenhower-Matrix) passen nicht zusammen."

Ist das wirklich so – überprüfen Sie sich selbst:

- Sie arbeiten an einer wichtigen Vorstandsvorlage. Ihre Tochter/Ihr Sohn ruft Sie an, und hat eine aus Ihrer Sicht unwichtige Frage zu einer Hausaufgabe. Wie reagieren Sie?
- Ihre Frau/Ihr Mann bittet Sie schon seit längerem und immer wieder, eine Tätigkeit durchzuführen, die Sie als sinnlose Zeitverschwendung empfinden. Wie priorisieren Sie das?
- Ein Mitarbeiter kommt außerhalb der dafür vorgesehenen Zeiten zu Ihnen. Er druckst etwas herum. Faselt unzusammenhängende Sätze über das aus Ihrer Sicht völlig nebensächliche Thema „Raumaufteilung“. Wo ordnen Sie diese Situation ein? Wie verhalten Sie sich?

Selbstverständlich ist das Erlebnis mit unserem jungen Manager eine etwas überzogene Metapher, und auch die Reduktion des geschilderten Falles auf das Thema Priorisierung nach Eisenhower hat so seine Schwächen. Auf was ich aber hinaus möchte, ist von fundamentaler Bedeutung, wenn Sie als Führungskraft langfristig erfolgreich sein möchten. Sie müssen als Vielbeschäftigter – ganz im Sinne des Eingangszitats von Stephan R. Covey – aufpassen, dass Sie im stressigen Alltag nicht ein paar Dinge verwechseln.

Da wären zum Beispiel Punkte wie:

1. Es gibt einen festen Grundsatz: Verwaltungs-, Ordnungs- und Strukturierungstätigkeiten sowie Einzelaufgaben und Erledigungen können Sie mit einem relativ festen Planungsschema organisieren. **Sobald Sie** aber **mit anderen Menschen an gemeinsamen Zielen arbeiten, sind Effizienz und Zeitmanagement die falschen Instrumente, um** wirklich gute **Lösungen erreichen zu können.**
2. **Denn Effizienz ist nicht Effektivität:** Befasst sich **Effizienz** damit, **wie wir die Dinge richtig tun**, so bedeutet **Effektivität, die grundsätzlich richtigen Dinge zu tun.** Sie können ein Leben lang effizient gewesen sein und nie dort ankommen, wo Sie eigentlich hinwollten, weil Sie sich nie damit befasst haben, was Ihnen wirklich wichtig ist.
3. In dieser Frage gibt Ihnen eine straffe Tagesplanung keinerlei Sicherheit, dass Ihre Wochen, Monate und Jahre mit erfüllenden Ereignissen versehen sind. Ganz im Gegenteil: **Wir wissen heutzutage, dass die beste Planungsform aus einer Wochenplanung, kombiniert mit Jahreszielen und einer sehr langfristigen Vision besteht.** Der Tagesplan spielt darin eine untergeordnete Rolle und sollte nur das Rahmenziel

des Tages festhalten sowie ausreichend Platz für wirklich wichtige Überraschungen haben.

4. Um nachhaltig erfolgreich zu sein, kommt es entscheidend darauf an, dass Sie sich **größtmögliche Klarheit darüber** verschaffen, **was Ihnen wirklich wichtig ist** und dann diesen wirklich wichtigen Dingen ausreichend Zeit in Ihrer Wochen- und Jahresplanung einräumen.

Je fester Sie im klassischen Denken des Zeitmanagements verhaftet sind, d.h. je effizienter Sie Ihren Tag strukturieren, sich für Ihre tägliche Arbeit straffe Ziele setzen, desto größer ist die Gefahr, dass Sie den Blick für das Wesentliche verlieren.

Mit der Zeit optimieren Sie nur noch Ihre Aufgaben und Tätigkeiten und werden blind für Ihre eigentlichen Lebensziele; verlieren den Blick für das wirklich Wichtige. Sie werden zum Getriebenen Ihrer, oder noch häufiger, der Ziele anderer.
Das mag auf den ersten Blick paradox klingen. Vielleicht regt sich in Ihnen sogar Widerspruch und sie sammeln gerade Beispiele und Argumente, die meinen Aussagen entgegenstehen. Ich komme gerne darauf zurück. Geben Sie mir aber an dieser Stelle bitte die Möglichkeit, meine Behauptung noch mit etwas mehr Überzeugung zu untermauern.
Beginnen wir mit einer sehr zentralen Frage:

Wenn Sie sich auf eine Sache / Aktivität / Tätigkeit konzentrieren könnten, von der Sie überzeugt sind, dass sie mittelfristig Ihren heutigen Wirkungsgrad um ein Vielfaches steigern würde:

[?] ***Welche Sache / Aktivität / Tätigkeit wäre das?***

Dies ist keine ganz einfache Frage. Bemühen Sie sich bitte dennoch um eine Antwort. Vielleicht wird diese zum jetzigen Zeitpunkt noch nicht ganz klar und eindeutig sein. Aber auf alle Fälle „zwingen" Sie sich, in eine wirkliche Priorisierung zu gehen. Sie bemühen sich darum, aus den vielen Optionen, was man wo, wie alles tun könnte, eine auszuwählen, von der Sie überzeugt sind, dass sie Ihr (berufliches) Leben nachhaltig positiv verändern würde. Sich mit dieser Frage zu befassen, ist sehr wertvoll. Bitte notieren Sie sich Ihre Antwort und überprüfen Sie diese in regelmäßigen Abständen. Mit der Zeit wird Ihre Fokussierung immer eindeutiger werden.
Lassen Sie uns jetzt einen Schritt weiter in Richtung Transparenz über Ihre wirklichen Prioritäten gehen. Bitte beantworten Sie dazu so ehrlich wie möglich nachfolgende Fragen und bewerten Sie diese jeweils auf einer Skala von 1 bis 5 (in Anlehnung an Covey, 2005: S. 63ff).

1 = trifft überhaupt nicht zu
2 = nur selten / in den wenigsten Situationen trifft die Aussage für mich zu
3 = teils-teils; je nach Situation trifft die Aussage für mich mehr oder weniger zu
4 = zum größten Teil / in den meisten Situationen trifft die Aussage für mich zu
5 = trifft vollkommen zu

Tabelle: Selbst-Test „Auf das wirklich Wichtige konzentrieren"

Frage	Bewertung
1. Ich verwende das meiste meiner Zeit für wichtige Dinge, die meine unmittelbare Konzentration beanspruchen; wie z.B. Projekte mit knapper Deadline, sehr dringende Aufgaben oder Krisenmanagement	
2. Ich habe den Eindruck, ständig als Feuerwehr unterwegs zu sein, um wichtige Aufgaben zu managen, Probleme zu lösen und Ziele zu erfüllen	
3. Ich habe das Gefühl, immer wieder Zeit einfach so zu vergeuden, ohne dass etwas wirklich Produktives entsteht	
4. Ich verwende viel Zeit für Dinge, die eigentlich keine Relevanz für meine Top-Prioritäten haben, aber dennoch meine unmittelbare Konzentration beanspruchen; wie z.B. unwichtige Meetings, nicht sehr wichtige Telefonate, häufige E-Mails, Unterbrechungen sonstiger Art	
5. Ich verwende viel Zeit für Aktivitäten, die wichtig, aber nicht dringlich sind; wie z.B. professionelle Wochenplanung, bewusste Vorbereitung von Präsentationen und Meetings, Kontakte stetig pflegen, sich um das eigene Wohlbefinden kümmern, mit der Familie und den besten Freunden zusammen sein	
6. Ich wende viel Zeit auf für angenehme und unanstrengende Aktivitäten, wie z.B. Fernsehen, Internet-Surfen, Spaß-Mails, Computerspiele, da und dort in Zeitschriften blättern, ...	
7. Ich habe meine Aufgaben sehr gut im Griff und fühle mich kraftvoll, weil ich professionell plane, die wirklich wichtigen Dinge gut vorbereite und einen Ausgleich zwischen Beruf und Privatem hinbekomme	
8. Ich habe den Eindruck, mich sehr viel mit Dingen zu befassen, die zwar für andere, aber nicht wirklich für mich wichtig sind: Outlook-Termine, Man-muss-dabei-sein Anlässe, allgemeine Meetings	

Übertragen Sie die Ergebnisse Ihrer Selbstbewertung in nachfolgende Matrix. Orientieren Sie sich bitte an der dafür vorgesehenen Hilfestellung.

Abb.15: Welche Prioritäten setzen Sie sich – Ist-Profil

Welche Prioritäten setzen Sie sich – Ist-Profil

Bilden Sie bitte „Pärchen“ zu den Fragen der vorhergehenden Seite: addieren Sie Ihre Bewertungen und übertragen Sie die Ergebnisse auf die Achsen der Matrix nach folgendem Schema:

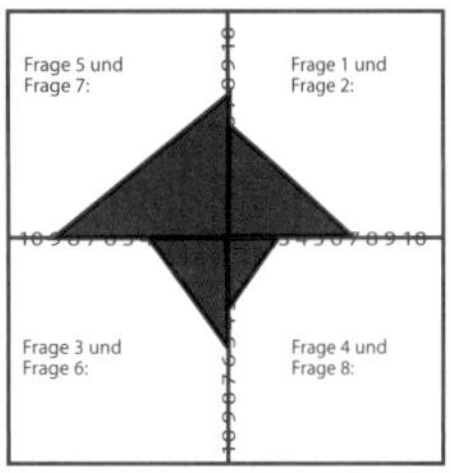

Welcher Quadrant ist bei Ihnen der dominanteste?
Was sind die Ursachen dafür?
Wie zufrieden sind Sie damit?

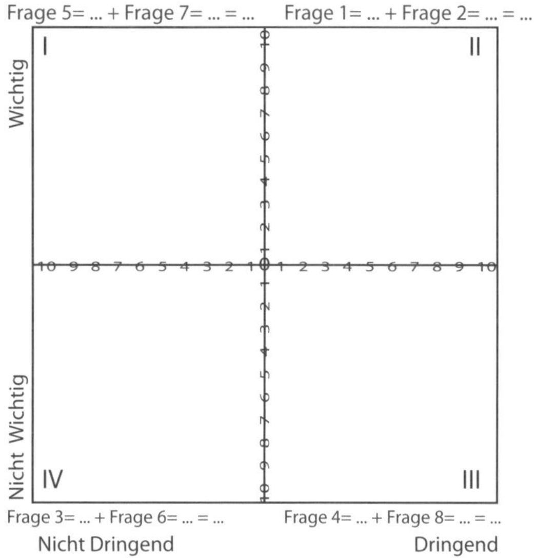

Quelle: In Anlehnung an Covey, 2005: S. 63ff

[?] Wie groß sind Ihre jeweiligen Dreiecke in den vier Feldern?

Am größten sollte Ihr Dreieck in Feld I sein. Wichtige Dinge, die gleichzeitig nicht dringend sind, stellen den Hebel für nachhaltige Erfolge dar. Dazu gehören Aktivitäten wie: Freundschaften pflegen, um sich die Familie kümmern, Beziehungen pflegen, Netzwerke aufbauen, Life-Balance, eine Lebensvision entwickeln, eine Wochen- / Jahresplanung haben und nach dieser leben usw.

Unsere Hauptgefahr liegt in Feld II. Dies in zweifacher Hinsicht. Erstens finden sich hier alle Aktivitäten wieder, von denen wir häufig selbst glauben, dass sie uns voranbringen und Sprossen auf unserer Erfolgsleiter sind. Als da wären: Sehr zeitkritische Projekte, drängende Probleme, aktuelles Krisenmanagement oder Umsetzung der Oberziele des eigenen Unternehmens. Wir hegen die Annahme, wenn wir diese Dinge gut erledigen, würde das automatisch zu einem erfolgreichen Leben führen. Realistisch betrachtet stimmt dies nur zu einem gewissen Teil. Bestenfalls helfen uns diese Dinge, eine gute Karriere zu machen. Für privates Glück, eine stabile Gesundheit sowie ein Leben in Sinnfülle taugen Feld II-Aktivitäten kaum.

Daran schließt sich die zweite Hauptgefahr an. Wir denken, eine höhere Priorität als dringlich und wichtig kann es nicht geben. Bei näherem Hinsehen entpuppt sich dies allerdings häufig als Irrglaube. Die meisten Dinge, die wir in Feld II als wichtig einstufen, sind fremdbestimmte Wichtigkeiten. Das Unternehmen, der Chef sowie weitere Akteure in unserem Umfeld geben den Dingen eine Wichtigkeit, indem sie sie uns anvertrauen und mit dem Label „dringlich & wichtig" versehen. Schauen Sie ruhig einmal genau hin: Was für Ihren Chef wichtig ist, wird bei Ihnen dringlich. So lange Sie diesen Mechanismus unreflektiert mitgehen, dürften Sie kaum mehr Zeit für Ihre Aktivitäten in Feld I haben. Prüfen Sie bitte genau, wie Sie Ihre Situation am besten gestalten können.

Feld III bildet den üblichen „Alltags-Wahnsinn" ab – und zwar sowohl den passiven als auch aktiven. In diesem Quadrant finden wir zahlreiche Meetings, Outlook-Termine, E-Mails, dringende Telefonate, gesellschaftliche Aktivitäten oder „Man-muss-dabei-sein Verpflichtungen". Menschen, bei denen der Quadrant III ziemlich groß ist, müssen aufpassen. Erstens befassen sie sich definitiv zu viel mit Dingen, die sie nicht voranbringen. Zweitens liegt die Gefahr nahe zu meinen, man befasse sich mit Feld II Aktivitäten. Feld III schafft es nämlich gut, den eigenen Tag zu füllen und dabei durchaus Stress (Eu- oder Di-) zu empfinden. Im Gegensatz zu Feld II dient Feld III nicht einmal der eigenen Karriere. Hier handelt es sich ausschließlich um reaktive Tätigkeiten oder um Aktivitäten, die so wirken, als würde man etwas bewegen, aber eigentlich handelt es sich nur um Überaktivität, Profilneurose oder schlichtweg um die mangelnde Fähigkeit, Nein sagen zu können.

Quadrant IV-Tätigkeiten sind die erbarmungslosesten Zeitfresser. Hier findet sich alles wieder, was zwar recht angenehm, aber letztendlich völlig unproduktiv ist. Je mehr Sie sich in Quadrant IV bewegen, desto weniger Wertschöpfung leisten sie. Das schadet dem Unternehmen, aber noch mehr Ihnen. Sie bringen keine Aufgaben fertig, werden im Team nicht als produktiv angesehen und verlieren schrittweise immer mehr Ihr Selbstvertrauen und Ihren Leistungswillen. Hüten Sie sich also davor, zu viel Zeit mit vermeintlich angenehmen und unanstrengenden Dingen zu verbringen; als da wären: ohne Ziel und Grund viel zu telefonieren, im Netz surfen, Spaß-

Mails lesen und weiterleiten, mal so ne Mail schreiben, auf ein „Schwätzchen“ gehen usw.

Abb. 16: Auf das wirklich Wichtige konzentrieren

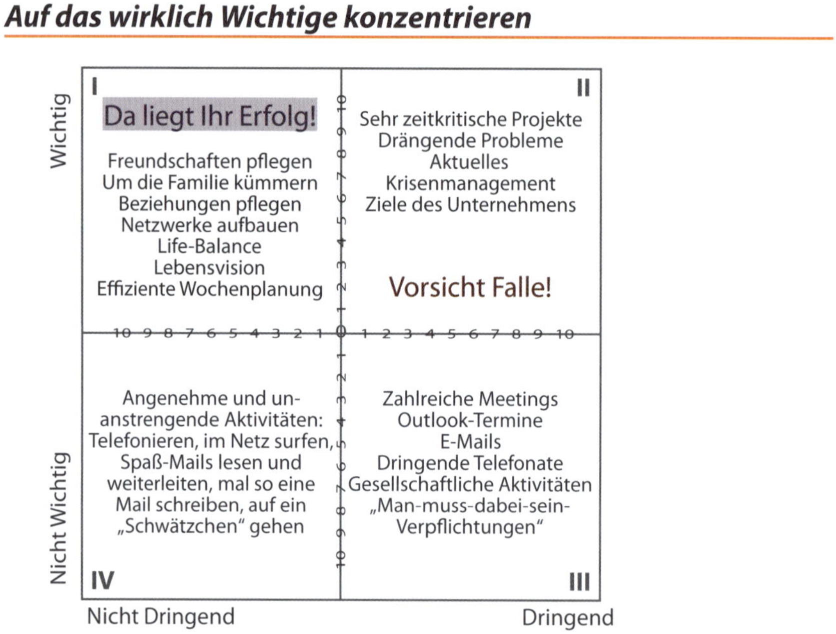

Ihr Fokus sollte zwingend auf Feld I (wichtig, aber nicht dringlich) liegen. Hier liegen die Nuggets eines selbstbestimmten Lebens.

Hier können Sie wahrlich proaktiv Ihren Weg gestalten. Hier können Sie Ihre Vision umsetzen und Ihre Agenda selbst schreiben. Ein Engagement in Quadrant I fördert Ihre soziale Akzeptanz; Sie entwickeln Ihre Persönlichkeit und Ihre Lebensethik positiv weiter. In Feld I spielen andere Menschen eine große Rolle. Sich mit diesen zu finden und gemeinsam zu wachsen gelingt am besten in Feld I Aktivitäten. Letztendlich ist ein Bemühen um die Aktivitäten aus Quadrant I das beste Mittel, sich stetig selbst zu erneuern und lernend im Prozess zu bleiben. In Feld I übernehmen Sie selbst Verantwortung für Ihr Leben!

Überprüfen Sie deswegen bitte nochmals sehr genau, wie Sie wirklich aufgestellt sind. Folgende 13 Schritte können Ihnen zur besseren Fokussierung auf das Wesentliche dabei behilflich sein:

Schritt 1: Denken Sie über Ihre Rollen in Ihrem beruflichen und privaten Leben nach: Sie sind vielleicht Vorgesetzter, Manager, Vertrauensperson, Mitarbeiter, Trainer, Ehepartner, Vater/Mutter, Sohn/Tochter, Vorsitzender eines Vereins, Freund, Nachbar, …
Schreiben Sie bitte Ihre Rollen auf. Wie würden Sie gerne diese Rollen ausfüllen? Notieren Sie Ihren Idealfall in Stichworten. Was, Wieviel, Wie. Als Vorgesetzter könnten Sie z.B. notieren: Jede Woche mindestens 45 Minuten Zeit für jeden mir Direktunterstellten haben.

Tabelle: Meine Rollen und deren optimale Erfüllung

Meine Rollen	Optimalfall, wie diese Rolle ausgefüllt werden kann
Vorgesetzter	*Jede Woche mindestens 45 Minuten Zeit für jeden mir Direktunterstellten haben*

Schritt 2: Planen Sie jetzt Ihre nächste (reguläre Arbeits-)Woche und ordnen Sie bitte die geplanten Aktivitäten in untenstehende Matrix ein.

Abb. 17: Meine Prioritäten-Matrix der nächsten Woche

Meine Prioritäten-Matrix der nächsten Woche

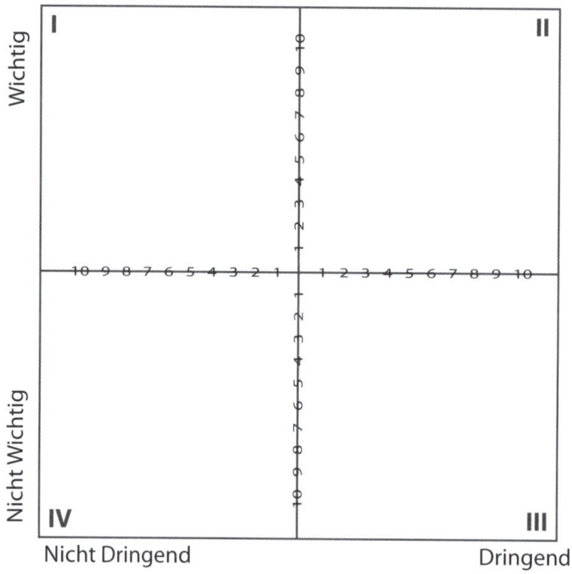

Welches Feld füllt sich am meisten? Seien Sie bitte möglichst ehrlich zu sich. Überprüfen Sie, ob die nächste Woche repräsentativ für Ihren Wochenablauf ist. Was findet sich in Feld I wieder? Passen die Stichworte zu Ihrer Führungs-Mission, zu Ihren Werten, Prinzipien und Rollen? Sind es die Aufgaben und Tätigkeiten, die Ihnen wirklich wichtig sind?
Was fehlt Ihnen noch? Warum?

Schritt 3: Was würden Sie priorisieren, wenn Sie völlig frei selbst entscheiden könnten? Denken Sie dabei ruhig auch aus Ihrem Alltag heraus und tragen Sie diese Priorisierung mit einer anderen Farbe in Feld I ein. Gibt es große Unterschiede zwischen Wunsch und Wirklichkeit?

Schritt 4: Was hindert Sie daran, Ihre Wunsch-Priorisierung umzusetzen? Notieren Sie die Hindernisse und überlegen Sie, ob und wie Sie diese Hindernisse beseitigen können.

Schritt 5: Wer könnte Ihnen dabei helfen? Wie sähe diese Hilfe aus? Welchen Rat haben die Unterstützer jeweils für Sie?

Machen Sie jetzt eine Pause. Legen Sie Ihre Aufzeichnungen zur Seite und schalten Sie ab. Am besten machen Sie erst wieder morgen weiter.

Schritt 6: Nehmen Sie Ihre Aufzeichnungen wieder zur Hand und überprüfen Sie, ob Sie noch etwas ergänzen oder ändern möchten. Übertragen Sie dann diesen Stand in den linken Teil der nachfolgenden Abbildung; d.h. beantworten Sie die Fragen im linken Teil der Graphik. Wenden Sie sich daraufhin zum rechten Teil der Abbildung und füllen Sie Ihre Matrix mit den Prioritäten, die Sie sich für die nächsten drei Jahre setzen möchten. Was findet sich vor allem in Feld I wieder?

Abb.18: Meine Prioritäten-Matrix – Soll-Profil in drei Jahren

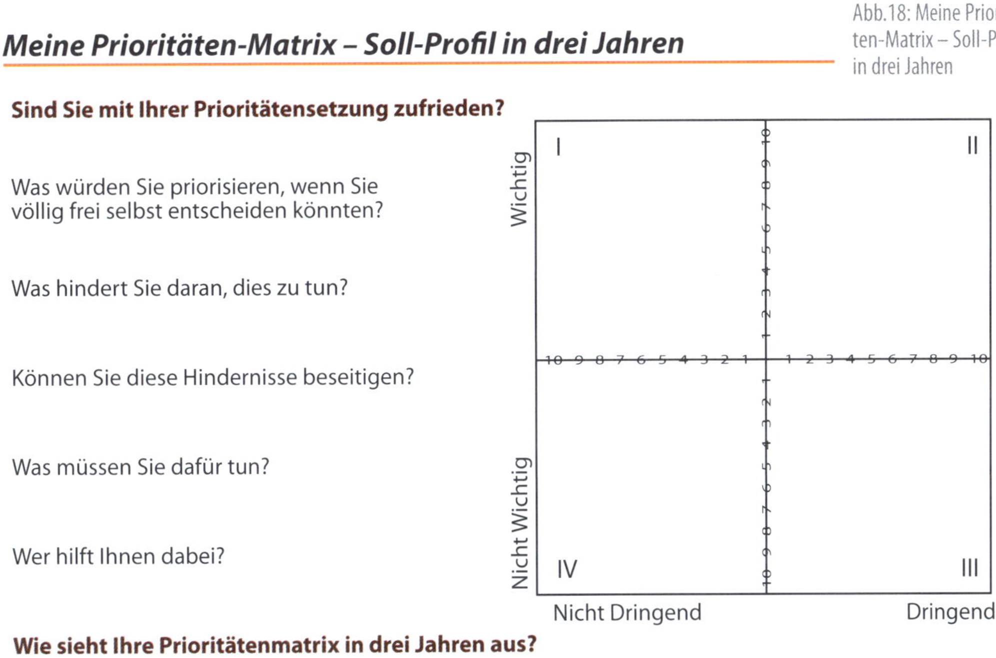

Schritt 7: Versuchen Sie eine Rangfolge nach Wichtigkeit aufzustellen. Tragen Sie diese in die Matrix ein. Haben Sie mehr als fünf Feld-I-Prioritäten? Können Sie welche streichen? Können Sie etwas delegieren?

Schritt 8: Überlegen Sie, wie sie die viert- und fünfwichtigste Feld-I-Priorität bereits jetzt beginnen können, ohne viel Zeit dafür aufwenden zu müssen. Vielleicht wollen Sie z.B. ein Buch schreiben und hätten jemanden, der schon einmal mit den Recherchen beginnen kann. Ziel ist es, Rang fünf und vier nicht verkümmern zu lassen, aber sich voll auf eins bis drei – und zwar schrittweise hintereinander – zu fokussieren. Delegieren ist das Stichwort. Trauen Sie den Menschen um sich herum etwas zu. Sie werden überrascht sein, welch' positive Wirkungen das auslöst.

Schritt 9: Nehmen Sie sich jetzt die Nummer 1 der in Feld-I festgehaltenen Prioritäten heraus, und beginnen Sie Ihre Reise zu den wirklich wichtigen Dingen mit einem ersten kleinen Schritt. Konkret: Notieren Sie anhand der nachfolgenden Stichpunkte, wie Sie vorgehen möchten:

Tabelle: Die Umsetzung meiner Feld-I-Prioritäten – Maßnahmen in den nächsten 7 Tagen

Was können Sie in den nächsten sieben Tagen konkret tun, um die von Ihnen gewählte Feld-I-Priorität Wirklichkeit werden zu lassen? Notieren Sie bitte alles, was Ihnen dazu einfällt.	
Welche Herausforderung verbindet sich damit? Was müssen Sie hinter sich lassen, überwinden, um zum Neuen zu gelangen?	
Welche eine Aktivität führen Sie auf alle Fälle in den nächsten sieben Tagen durch? Stimmen Sie sich mit den dafür notwendigen Personen jetzt direkt ab. Legen Sie Zeit und Ort definitiv fest und tragen Sie diesen Termin mit höchster Priorität in Ihren Wochenplaner ein.	Was? Wen braucht es dazu? Wo? Zeitrahmen?

Schritt 10: Überprüfen Sie Ihre Fortschritte. Bleiben Sie so lange an einer Aktivität, bis Sie den Eindruck haben, dass Sie wirklich vorangekommen sind. Nehmen Sie sich erst dann eine nächste Aktivität vor. Verfahren Sie mit dieser nach selbigem Schema.

Schritt 11: Halten Sie nach drei Monaten Ihre Ergebnisse fest. Sind Sie damit zufrieden? Was hat sich verändert? Was ist besonders gut gelungen? Was haben Sie gelernt? Welche Maßnahmen planen Sie, um diese Feld-I-Priorität auch in den nächsten Monaten schrittweise auszubauen?

Schritt 12: Gehen Sie dann zur zweitwichtigsten Feld-I-Priorität über. Wenden Sie das gleiche Vorgehen wie in den Schritten 9 bis 11 beschrieben an. Verfahren Sie schließlich ebenso mit Ihrer drittwichtigsten Feld-I-Priorität.

Schritt 13: Überprüfen Sie nach einem Jahr, wie weit Sie mit der Fokussierung auf die für Sie wirklich wichtigen Dinge bereits gekommen sind. Tragen Sie die Ergebnisse in untenstehende Tabelle ein und machen Sie sich erste Gedanken über mögliche Maßnahmen in den kommenden 12 Monaten.

Tabelle: Jährliche Bestandsaufnahme meiner Feld-I-Prioritäten

	Was hat sich verändert?	**Was ist besonders gut gelungen?**	**Womit bin ich noch nicht zufrieden?**	**Was habe ich aus dem Prozess gelernt?**	**Welche Maßnahmen plane ich für die nächsten 12 Monate? Stichpunkte**
Meine Top 1-Priorität aus Feld I					
Meine Top 2-Priorität aus Feld I					
Meine Top 3-Priorität aus Feld I					
Weitere Bemerkungen					

Es ist wahrscheinlich, dass sich im Laufe der anvisierten drei Jahre aus Ihrer Priorisierungsmatrix Prioritäten verschieben. Im Extremfall fallen gewisse Top-1 Prioritäten sogar ganz weg. Denken Sie z.B. daran, dass Sie die Suche nach einem festen Lebenspartner priorisiert hätten und Ihnen dieser überraschenderweise eine Woche, nachdem Sie Ihre Matrix ausgefüllt hatten, über den Weg läuft. Diesen Wink des Schicksals nehmen Sie natürlich bitte an und streichen den Punkt aus Ihrer Matrix.

Spaß beiseite: Prioritäten verschieben sich und das Leben ist ein Prozess. Obenstehend beschriebenes Vorgehen hilft, diesen Prozess etwas zu strukturieren und für Sie gestaltbarer zu machen. Dabei kommt es gar nicht so sehr darauf an, nach drei Jahren genau dort angekommen zu sein, wie Sie es in Ihrer Matrix fixiert haben. Viel wichtiger ist es, sich immer bewusster zu werden, was die wirklich wichtigen Dinge im eigenen Leben sind und wie diesen schrittweise wieder mehr Zeit und Raum eingeräumt werden kann.

Das Ziel der Fokussierung ist es, in den Wirren und Optionen des Alltags nicht aus den Augen zu verlieren, was Ihnen wirklich wichtig ist – unabhängig von allen Dringlichkeiten, die das Leben täglich von uns fordert.

Des Weiteren werden Sie nach einigen Jahren immer besser einschätzen können, welche Feld-I Prioritäten Sie realistisch umsetzen können und wo Sie sich immer wieder aufs Neue Ziele setzen, die Umsetzung aber einfach nicht gelingen will. So lernen Sie mit der Zeit auch immer genauer, welcher Arbeitstyp Sie sind und können Ihre Handlungen dementsprechend ausrichten. Die Verbindung zur Ausgangsfrage dieser Station ist also implizit hergestellt.

Zusammenfassung

Station 4 sollte Ihnen helfen, sich konsequent auf Ihre **wirklich wichtigen Dinge fokussieren zu können**. Die vorgeschlagene Vorgehensweise stellt einen Ansatz dar, der Dringlichkeitsfalle zu entkommen. Selbstverständlich gelingt das nicht von heute auf morgen. Vielmehr handelt es sich auch hier um einen relativ langen Weg, der mit dem ersten Schritt beginnt. Auch gibt es keinen Königsweg – die 13 Schritte sind als Anhalt und Strukturierungshilfe zu verstehen.

Nach einer ersten, eher grundsätzlichen Analyse, haben Sie Ihre **aktuellen Prioritäten** in eine 4-Felder-Matrix eingeordnet. Dies diente der Transparenz über Ihre reale Ist-Situation. Unabhängig davon, wie zufrieden Sie mit dieser sind, haben wir einen Blick in die Zukunft gewagt.
Ausgelöst durch die Frage **„Wenn Sie sich auf eine Sache / Aktivität / Tätigkeit konzentrieren könnten,** von der Sie überzeugt sind, dass sie mittelfristig Ihren heutigen Wirkungsgrad um ein Vielfaches steigern würde – welche Sache / Aktivität / Tätigkeit wäre das?" sind Sie **13 Schritte der eigenen Fokussierung** gegangen und haben die damit verbundenen Ergebnisse für sich festgehalten. Auf Basis eines wöchentlichen Planungsrhythmus haben Sie Maßnahmen festgelegt, um Ihren drei wichtigsten (Lebens-)Prioritäten schrittweise wieder mehr Platz in Ihrem Leben einzuräumen.

Dementsprechend ist Ihre Prioritäten-Matrix auch in engem Zusammenhang mit Ihrem Aktionsplan aus Station 3 zu sehen. Der Aktionsplan schärft Ihre beruflichen Ziele der nächsten Jahre, ***Station 4 hilft Ihnen, Ihre Woche so zu priorisieren, dass Sie grundsätzlich noch Zeit für die strategisch wichtigen Dinge Ihres Lebens haben.***

Damit können wir zum eher handwerklichen Teil jeder Führungsaufgabe übergehen. Sie wissen jetzt etwas besser, wer Sie sind, haben Bewusstheit über Ihre Werte und Klarheit über Ihre Führungsprinzipien. Basierend auf Ihrer langfristigen Vision konnten Sie Ihre Führungs-Mission formulieren und daraus einen Aktionsplan für die nächsten Jahre ableiten. Fokussiert auf Ihre wöchentlichen Feld-I Aktivitäten ist Ihnen bewusst, dass es darauf ankommt, die richtigen Dinge und nicht nur die Dinge richtig zu tun. Gute Planung und gutes Management, der Schwerpunkt von Station 5, komplettieren Ihre Führungseffektivität.

Station 5: Durch Planung und Management Resultate erzielen

„To be effective is the job of the knowledge worker".
(Peter F. Drucker)

5. Planung & Management

„Planung ist das halbe Leben" – so sagt es ja bereits der Volksmund. Dies hat für mich uneingeschränkt Gültigkeit. Worauf der Volksmund uns aber keine Antwort gibt, ist die Frage, wie die geplante Hälfte des Lebens konkret auszusehen hat. Auf unsere Thematik bezogen bedeutet das, wie groß der handwerkliche, erlernbare Anteil von Führung ist und wie viel angeboren, intuitiv vorhanden sein muss, um eine gute Führungskraft zu sein.

Persönlich denke ich, dass ein guter Manager selbstverständlich auch sein Handwerkszeug beherrschen sollte, um seine Führungsaufgabe – die, wie bereits an anderer Stelle erwähnt, weit mehr als eine reine Managementaufgabe ist – möglichst souverän und unabgelenkt erfüllen zu können. Unsere fünfte Station ganzheitlicher Führung befasst sich deshalb vorrangig mit dieser handwerklichen Seite erfolgreicher Führung; zugegebenermaßen reduziert auf das aus meiner Sicht Wichtigste diesbezüglich.

Dem „Guru der Gurus", Peter F. Drucker folgend, basiert erfolgreiches Management auf wenigen, universell gültigen Prinzipien. Peter Drucker nennt folgende (Drucker, 2005: S. 11ff):

- Management is about human beings.
- Management is deeply embedded in culture.
- Management's first job is to set simple, clear and unifying objectives and to create commitment about shared values.
- Management must be built on communication and on individual responsibility.
- Management must enable the enterprise and each of its members to grow and develop. Accordingly every enterprise is a learning and teaching institution.
- Measured (and at least judged) performance has to be built into the enterprise and it's management – this has to be continually improved.
- Results exist only outside – successful business means satisfied customers.

Aus dieser Aufzählung wird deutlich, dass erfolgreiches Management, neben der vornehmsten Aufgabe, sich mit Menschen in einen wertschöpfenden Prozess zu begeben, vor allem mit Effektivität zu tun hat. Drucker spricht von „get the right things done“ (Drucker, 2005: S. 191) und nennt damit den zentralen Punkt.

Wirksame Führungskräfte sind in der Lage, ihre Intelligenz, ihr Wissen und ihre Visionskraft in messbare, dem Unternehmen dienende Ergebnisse zu transformieren. Gutes Management zeigt sich an den Resultaten.

Dies gelingt am besten mit einer klaren Fokussierung auf die wirklich wichtigen Dinge. Spitzenführungskräfte verschwenden weder zuviel Zeit mit Nebensächlichkeiten, noch nehmen sie sich zu wenig Zeit für die wirklich zentralen Aktivitäten. Sie konzentrieren sich auf Ergebnisse d.h. auf die Umsetzung von Zielen in Nutzen. Dies gilt gleichsam für einen Automobilmanager, der die Verantwortung dafür übernimmt, dass möglichst viele, qualitativ hochwertige Autos verkauft werden können, wie für den Geschäftsführer einer Non-Profit Stiftung, der sicherstellt, dass möglichst viele Kinder mit den notwendigsten Dingen zum Überleben versorgt werden, wenn dies der originäre Stiftungszweck ist.

Des Weiteren kann man zu Beginn des 21. Jahrhunderts getrost davon sprechen, dass jeder Wissensarbeiter einer Organisation auch eine Führungsfunktion inne hat.

Ob Researcher in einem Pharmakonzern, Controller in einer Bank oder Produktdesigner eines Hightech Unternehmens – in jeder Funktion geht es darum, Entscheidungen zu treffen, wie der bestmögliche Beitrag im Sinne „übergeordneter“ Ziele geleistet werden kann und für deren Umsetzung zu sorgen. Die Umsetzung ist das zentrale Messkriterium erfolgreichen Managements (Drucker, 2004: S. 120). Letztendlich geht es darum, Probleme in konstruktive Ergebnisse zu transformieren.

Gute Führungskräfte bedienen sich dazu einer mehrstufigen Vorgehensweise und wenden (häufig auch implizit) nachfolgenden Problemlösungsprozess an. In fünf Schritten kann praktisch jedes Problem in eine Lösung transformiert werden.

Abb. 19: Die 5-Schritte Methode zur Problemlösung

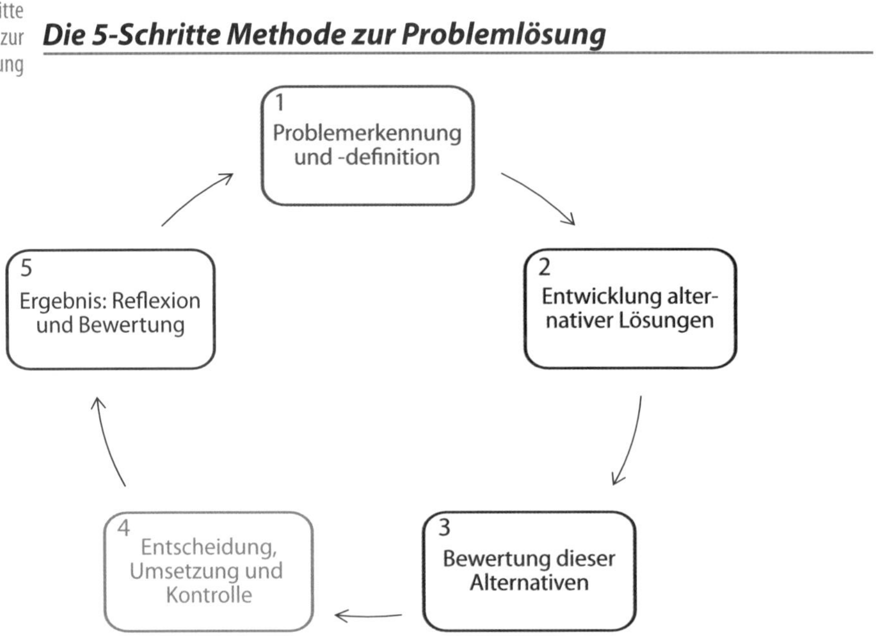

1. **Was ist das eigentliche Problem?**
   Was sind die wahren Ursachen, was sind nur Symptome? Aus welchen Einzelbausteinen besteht das Problem; wie hängen diese zusammen? Lassen sich Haupt- und Nebenprobleme unterscheiden? Wie stellt sich die Ausgangslage real dar? Und ganz wichtig: Wer hat letztendlich das Problem und trägt Verantwortung für dessen Lösung?
2. **Welche Alternativen, um das Problem zu lösen, gibt es?**
   Wie gelingt die beste Lösung? Wie werden die Möglichkeiten aller an der Problemlösung Beteiligten erweitert? Welche Methoden und Techniken unterstützen die Lösungsfindung?
3. **Welche Alternative zur Problemlösung ist am besten geeignet, um eine hochwertige Lösung zu erreichen?**
4. **Wie sehen die konkrete Entscheidung und der damit verbundene Umsetzungsplan aus?**
   Wer trägt für was bei der Umsetzung Verantwortung? Wer „reportet" an wen? Bis wann soll was genau erreicht sein? Mit Hilfe welcher quantitativen und qualitativen Kennzahlen wird der Umsetzungserfolg kontrolliert?
5. **Stellt uns das Ergebnis zufrieden?**
   Haben wir das erreicht, was wir wollten? Wie kam es zu dem Ergebnis? Was können wir aus dem Prozess lernen? Was können wir beim nächsten Mal besser machen? Was kann jeder ganz individuell aus dem durchgeführten Prozess lernen?

Die meisten Managementaufgaben von Führungskräften lassen sich nach diesem 5-Schritt-Verfahren angehen. Viele, vor allem kleinere Probleme, werden implizit nach diesem Schema abgearbeitet. Bei besonders wichtigen Problemen lohnt es, die Lösung explizit nach diesem Schema zu erwirken. Für jeden der fünf Schritte gibt es spezielle Methoden und Techniken, um möglichst erfolgsorientiert die jeweils zu lösende Aufgabe angehen zu können. An dieser Stelle erlaube ich mir, Ihnen nur einen stichwortartigen Überblick zu geben. Das sollte Ihnen helfen, die Methoden in Fachbüchern oder aus anderen Quellen schnell zu finden. Selbstverständlich können Sie auch jederzeit auf mich zukommen – ich stelle Ihnen dann gerne Material zu den Methoden, zu denen ich es habe, zur Verfügung.

Tools und Techniken zur Problemlösung

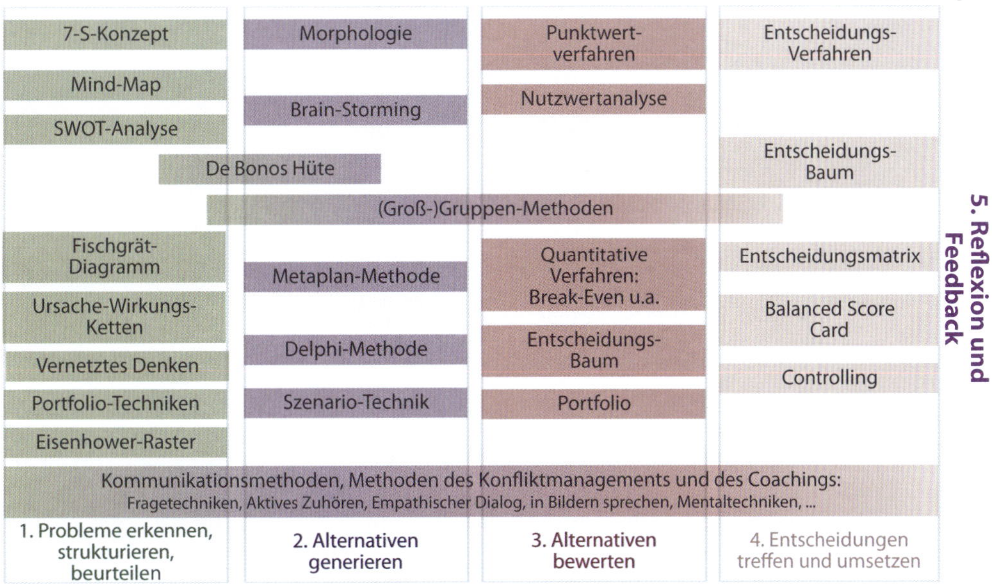

Abb.20: Tools und Techniken zur Problemlösung

In meiner bisherigen praktischen Arbeit mit Führungskräften konnte ich feststellen, dass besonders gute Manager schneller und proaktiver als andere in der Lage sind, Probleme überhaupt einmal als solche zu erkennen, zu strukturieren und zu beurteilen. Auf dieser Basis entwickeln sie zügig alternative Lösungsvorschläge, bewerten diese und treffen dann eine Entscheidung, um deren Umsetzung sie sich kümmern. Am Ende eines solchen Prozesses reflektieren sie den Prozess und bewerten das Ergebnis. Das

Ganze läuft bei den meisten Entscheidungen fast automatisch, gestützt von geeigneten Tools, bisherigen Erfahrungen, dem Willen, stetig dazuzulernen und vor allem dem *Mut zur Entscheidung.* Des Weiteren gelingt guten Führungskräften eine ziemlich ergebnissichere Zuordnung, wer eigentlich das Problem hat – sie selbst, oder jemand aus ihrem Umfeld. Je nach Ausgangslage beherrschen sie passende Techniken, um für eine Lösung des Problems zu sorgen. Nachfolgende Graphik zeigt diese Zusammenhänge nochmals auf.

Abb.21: Die Managementleistung der Führungskraft – Probleme erkennen, zuordnen und für eine Lösung sorgen

Quelle: In Anlehung an Gordon, 1999

Sowohl Ihre Mitarbeiter als auch Sie selbst haben persönliche Ziele. Diese stehen im Zusammenhang mit dem Unternehmensziel, möglichst effizient den optimalen Output zu generieren. Je weiter die Unternehmensziele von den individuellen Zielen abweichen, desto eher kommt es zu Problemen (1 und 2). Handelt es sich dabei ausschließlich um Probleme, die aus mangelnder Bedürfnisbefriedigung bei Ihren Mitarbeitern entstehen, sind Sie in der „komfortablen" Lage, dass Sie lediglich Ihre Mitarbeiter coachen müssen, wie diese das Problem selbst lösen können. Letztendlich begleiten Sie Ihre Mitarbeiter durch voranstehenden Problemlösungsprozess (3). Zu Ihrem Problem wird das Ganze, wenn die Leistung Ihrer Mitarbeitenden nicht ausreicht, um die an Sie gestellten Unternehmensziele zu erreichen. Dann müssen Sie in eine aktive Rolle gehen und für eine Problemlösung sorgen (4).

In der Praxis entwickelt sich die Frage „Wer hat eigentlich das Problem?“ zur entscheidenden Frage. Als Führungskraft müssen Sie sich darin üben, diese Frage schnell und treffsicher beantworten zu können.

Testen Sie sich bitte selbst. In welchen der sieben nachfolgend kurz geschilderten Situationen haben Sie als Führungskraft eindeutig das Problem, d.h. müssen Sie aktiv eine Lösung finden, um nicht in Ihrer Zielerreichung gefährdet zu sein?

1. Herr Müller, an sich ein sehr verlässlicher Mitarbeiter, kommt seit mehreren Wochen immer wieder zu spät und wirkt zerstreut. Ihm unterlaufen deutlich mehr Fehler als üblich.
2. Frau Groß, Teamleiterin in Ihrem Bereich, bittet um ein persönliches Gespräch mit Ihnen. In diesem klagt sie über das Verhalten einer Mitarbeiterin, die zu allen Entscheidungen von Frau Groß alternative Vorgehensvorschläge macht.
3. Von Ihren wichtigsten Kunden erfahren Sie „durch die Blume“, dass die Lieferpünktlichkeit und -verlässlichkeit in den letzten Monaten, seit Herr Huber neuer Leiter des Vertriebs wurde, nachgelassen hat.
4. Seit Frau Meier vom Teammitglied zur Teamleiterin aufgestiegen ist, ist die Fluktuation in Frau Meiers Gruppe deutlich angestiegen.
5. Herr Kunze, Teamleiter in der Produktion, deren Chef Sie sind, kommt zu Ihnen und fordert von Ihnen, dass sein Team Überstunden machen muss, um den erwarteten Output erfüllen zu können.
6. Frau Schmid, Projektleiterin Ihres wichtigsten Entwicklungsprojekts, hält Sie über die Projektentwicklung nicht in der Form auf dem Laufenden, wie Sie sich das wünschen.
7. Herr Ernst, Leiter des IT-Bereichs, will mit Ihnen, Leiter der Produktion, einfach nicht zusammenarbeiten. In mehreren Projekten kam es deswegen bereits zu Verzögerungen, Doppelarbeit, Abstimmungsproblemen und Schnittstellenfehlern.

Aus meiner Sicht haben Sie als Führungskraft nur in den Situationen 6 und 7 eindeutig das Problem. Vielleicht noch in Situation 5. Wenn Sie hier nicht handeln und nicht versuchen, eine Verhaltensänderung aktiv zu bewirken, wird nichts geschehen. Sie brauchen eine Lösung – Sie stehen in der Verantwortung dafür!

In allen anderen Situationen hat das Erstproblem Ihr Mitarbeiter. Herr Müller bekommt Ärger, wenn er so weiter macht. Frau Groß muss ihre Mitarbeiterin führen. Herr Huber verantwortet den Vertrieb. Frau Meier hat die Teamleitung.

Sehen Sie das auch so?

Dies ist ein guter Selbsttest, wie sehr Sie glauben, dass Probleme immer von Ihnen gelöst werden müssen. ***Eine gute Führungskraft sorgt für eine Lösung – löst aber nicht alles selbst.*** Ganz im Gegenteil. In den meisten Fällen können Probleme am besten von denen gelöst werden, die mit diesen auf Sie zukommen. ***Je mehr Sie den Menschen um sie herum zutrauen, desto mehr und desto besser werden diese Probleme lösen. Delegieren von Ergebnisverantwortung (nicht nur von einzelnen Aufgaben) wird zum entscheidenden Erfolgsfaktor.***

Es gibt einen empirisch belegbaren Zusammenhang zwischen der Fähigkeit von Führungskräften, Verantwortung zu delegieren, d.h. Vertrauen in die Problemlösungsfähigkeit ihrer Mitarbeiter aufzubauen, und dem Erfolg von Führungskräften.

Der oben skizzierte Problemlösungsprozess kann Ihnen dabei helfen. Einerseits dient er als Strukturierungshilfe für Sie. **Machen Sie sich an Hand der fünf Schritte immer wieder bewusst, in welcher Phase der Problemlösung Sie sich gerade befinden.** Ist das Problem bereits klar? Sind die Zusammenhänge erkannt? Ist eindeutig, wer das Problem besitzt und dementsprechend für eine Lösung zu sorgen hat? Gibt es schon Lösungsalternativen? Bietet sich eine Lösung besonders an? Warum? Liegt bereits eine Entscheidung vor? Ist klar, wer bis wann für deren Umsetzung zu sorgen hat? Was haben wir daraus gelernt? Was werden wir das nächste Mal noch besser machen?

Andererseits können Sie mit Hilfe des Problemlösungsprozesses auch Ihre Mitarbeiter darin coachen, möglichst viele Probleme selbst zu lösen.

Nehmen Sie noch mal Situation 2 von oben zur Hand und überlegen Sie sich, wie Sie in diesem Fall Frau Groß bei der Problemlösung coachen würden:

2. Frau Groß, Teamleiterin in Ihrem Bereich, bittet um ein persönliches Gespräch mit Ihnen. In diesem klagt sie über das Verhalten einer Mitarbeiterin, die zu allen Entscheidungen von Frau Groß alternative Vorgehensvorschläge macht.

1. Was ist das eigentliche Problem? Wer hat es?
2. Welche Lösungsalternativen gibt es?
3. Welche Alternative ist die beste?
4. Wie stellen wir die Entscheidungsumsetzung sicher?
5. Wie zufrieden sind wir mit dem Ergebnis? Was lässt sich daraus lernen?

Oder setzen Sie sich mit einer etwas komplexeren Problemlage auseinander und machen Sie sich, mit Hilfe der am Ende des Kurzcases formulierten Fragen, Gedanken, wie Sie die Problemlösung in nachfolgendem Fall angehen würden. Nutzen Sie dazu gerne auch den untenstehenden Leitfaden zur strukturierten Problemlösung.

Sie sind Leiter eines Produktionswerkes. Ihr Unternehmen, das einer saisonal schwankenden Auslastung unterliegt, hat keine für alle Einheiten gleich geltende Überstundenregelung. Sie obliegt dem jeweiligen Vorgesetzten und muss von diesem vor der Geschäftsleitung vertreten werden.
Des Weiteren gibt es zwar Gleitzeit, aber die produzierenden Einheiten müssen zu festen Zeiten anwesend sein. Ein Jahresarbeitszeitkonto gibt es nicht.
Da es in der Vergangenheit immer wieder Schwierigkeiten bei diesem Thema gab (einzelne Mitarbeiter fühlten sich benachteiligt, manche Teams fühlten sich im Vergleich zu anderen ungerecht behandelt, zu manchen Zeiten kommt man mit der Arbeit kaum nach, dann ist wieder zu wenig zu tun) haben Sie als Leiter mit Ihren Direktberichtenden vor acht Wochen ein längeres Gespräch geführt, in dem Sie auch eine klare Vereinbarung bezüglich der Überstundenregelung getroffen haben.
„Überstunden sind grundsätzlich zu vermeiden. Wenn unbedingt notwendig, dann möchten Sie vorher kurz informiert werden und behalten sich die Entscheidung vor."
Dennoch hat einer Ihrer Abteilungsleiter seinem Team Überstunden genehmigt, ohne Sie darüber zu informieren.
Ein anderer Abteilungsleiter kommt auf Sie zu und berichtet von diesem Verhalten. Indirekt beschwert er sich, dass Sie das durchgehen lassen.

Fragestellung:

- Wer hat das Problem? Wie sieht dieses genau aus? Welche Problemzusammenhänge sehen Sie?
- Wie würden Sie die Lösung dieses Problems angehen? Zeigen Sie bitte mit Hilfe des Leitfadens (nächste Seite) zur strukturierten Problemlösung Ihre konkreten Maßnahmen stichpunktartig auf.

Leitfaden zur strukturierten Problemlösung

A) Problem-Beschreibung: Beschreiben Sie das Problem möglichst neutral ohne es zu bewerten, zu interpretieren oder zu analysieren

B) Problem-Analyse: Analysieren Sie das Problem schrittweise
- Was ist das Hauptproblem? Welche Nebenprobleme sind damit verbunden?
- Welchen Namen geben wir dem Problem?
- Wer ist der / sind die Problem-Auslöser?
- Wer ist von dem Problem alles betroffen (Problem-Besitzer)? Wer ist an einer Lösung interessiert?
- Wer erlebt das Problem auch, ist aber neutral oder hat sogar einen Vorteil, wenn es nicht gelöst wird?
- Wie verhält / verhalten sich der/die Problem-Auslöser (nur beschreiben, nicht werten)?
- Wie verhalten sich die Problem-Besitzer (nur beschreiben, nicht werten)?
- Wie verhalten sich die „Neutralen" (nur beschreiben)?

Ziehen Sie eine Zwischenbilanz 1:
- Was könnte ein guter Grund für den Problem-Auslöser sein, sich so zu verhalten?
- Was könnte ein guter Grund für den/die Problembesitzer sein, sich so zu verhalten?
- Was könnten gute Gründe für die „Neutralen" sein, sich so zu verhalten?

Ziehen Sie eine Zwischenbilanz 2:
- Welche positiven Seiten hat das Problem für den „Problem-Auslöser"?
- Welche positiven Seiten kann das Problem für den/die Problem-Besitzer haben?
- Welche positiven Seiten hat das Problem für die Neutralen?
- Wenn das Problem plötzlich gelöst wäre – woran würden Sie das merken?
- Wie würde es aussehen, wenn das Problem morgen früh nicht mehr da wäre?

Ziehen Sie eine Zwischenbilanz 3

C) Problem-Lösung: Was können die einzelnen mit dem Problem Verbundenen tun, um für eine Lösung des Problems zu sorgen?
Achten Sie dabei besonders darauf, dass die Bedürfnisse möglichst vieler Akteure befriedigt werden.

Prüfen Sie also bitte in Zukunft immer sehr genau, wer das Problem hat und es dementsprechend lösen muss.

Je nach Ausgangslage bedarf es unterschiedlicher Verhaltensweisen. Nachfolgende Abbildung gibt Ihnen dazu nochmals Hilfestellung.

Abb.22: Wer hat das Problem?

Wer hat das Problem?

Zwei unterschiedliche Ausgangslagen fordern differenzierte Vorgehensweisen

Wenn der andere das Problem besitzt

- Sie können eine passive Rolle einnehmen
- Sie sind eher Zuhörer und Sprecher
- Sie nehmen eine beratende Rolle ein
- Sie helfen dem anderen, eine eigene Lösung zu finden
- Sie können sich damit begnügen, die Lösung des anderen zu akzeptieren: es ist seine Lösung, er muss damit zufrieden sein, nicht Sie
- Sie sind in erster Linie an den Bedürfnissen des anderen interessiert
- Sie sind Resonanzboden und wollen dem anderen helfen

Beratungstechniken:
Emphatisches Zuhören, wertschätzende Kommunikation, Coaching, …

Wenn Sie das Problem besitzen

- Sie haben eine aktive, bestimmende Rolle
- Sie sind Sender
- Sie nehmen eine beeinflussende Rolle ein
- Sie haben das Bedürfnis, selbst eine Lösung zu finden
- Die Lösung muss Sie zufrieden stellen. Das Unternehmen erwartet von Ihnen eine Lösung
- Sie sind in erster Linie an Ihren eigenen Bedürfnissen interessiert
- Sie wollen Resonanz vom anderen und wollen sich selbst helfen

Techniken des Selbst- und Veränderungsmanagements:
Konfliktmanagement, aktive Kommunikation, Methoden der strategischen Problemlösung

Quelle: In Anlehung an Gordon, 1999: 104 ff

Aus meiner Sicht ist Probleme lösen die vordringlichste und wichtigste Aufgabe für Führungskräfte. In Anlehnung an Fredmund Malik (Malik, 2006: 174ff) möchte ich Ihnen jedoch noch kurz vier weitere „handwerkliche“ Managementaufgaben vorstellen, von deren Erfüllungsgrad erfolgreiches Management abhängt:
1. Entscheiden 2. Für Ziele sorgen 3. Kontrollieren 4. Organisieren

Entscheiden:
Führungskraft zu sein bedeutet ganz explizit, Entscheider zu sein. Darin liegt zum Beispiel auch der große Unterschied zu den Berufen des Beraters, Trainers, Ausbilders etc. Diese Berufe zeichnen sich vor allem durch eine ausgewogene Entscheidungsvorbereitung und Entscheidungsunterstützung aus. ***Der Manager jedoch muss die richtige Entscheidung treffen*** – im Durchschnitt übrigens alle drei Minuten eine. In dieser pa-

radoxen Situation – unter Zeitdruck, mit unvollständigen Informationen die richtige Entscheidung zu treffen – trennt sich die „Spreu vom Weizen". Gute Manager zeichnen sich dadurch aus, dass sie die wirklich wichtigen Entscheidungen von den Standardentscheidungen trennen und sich für diese so viel Zeit lassen, wie sie benötigen, um eine qualitativ hochwertige Entscheidung treffen zu können. Dabei berücksichtigen sie konsequent drei Erkenntnisse:

1. **Die Empfehlung Albert Einsteins:** Wenn ich ein Problem zu lösen hätte, von dem mein Leben abhängt, würde ich 90% der Zeit dazu verwenden, das eigentliche Problem zu erkennen und 10%, es zu lösen.
2. **Die Anwendung des Pareto-Prinzips;** d.h. um 80% eines gewünschten Ergebnisses zu erzielen, genügen 20% der Zeit; während für die restlichen 20% des Ergebnisses 80% der Zeit aufgewendet werden müssen. Der Aufwand für die letzten 20% lohnt dementsprechend meistens nicht und führt zur Verzettelung und Ineffizienz.
3. **Das neueste Wissen der Hirnforschung lehrt uns,** dass die besten Entscheidungen nach folgendem 3-Schritt-Verfahren entstehen: ① Erst Bauchgefühl, das so stehen lassen. ② Dann analytische Entscheidungsfindung; z.B. mit Hilfe des Entscheidungsbaumverfahrens oder der Nutzwertanalyse. Dieses Ergebnis mindestens eine Nacht, besser zwei zur Seite legen und nicht daran denken. ③ Dann das Ergebnis wieder hervorholen und nach Gefühl entscheiden.

Weil Entscheidungen zu treffen so entscheidend für Entscheider ist, stelle ich Ihnen nachfolgend zwei Hilfstools vor. Das erste ist der Entscheidungsbaum von Vroom & Yetton; ein bereits etwas älteres, aber aus meiner Sicht immer noch sehr hilfreiches Modell für die Praxis.

Vroom & Yetton unterscheiden fünf Entscheidungsstile. Jede Entscheidung, die Sie treffen möchten, können Sie mit Hilfe des Entscheidungsbaums (Abb. 23) strukturiert treffen, und anhand des Ergebnisses bekommen Sie einen Hinweis, welcher Entscheidungsstil am besten geeignet für diese Entscheidung ist. Probieren Sie es doch einfach einmal aus. Sie müssen sich zum Beispiel für zwei im Prinzip gleich geeignete Bewerber, drei potentielle neue Standorte oder zwei Maschineninvestitionen entscheiden. Durchlaufen Sie den Entscheidungsbaum und reflektieren Sie bei jeder Frage nochmals kurz, was die Gründe für Ihr Ja oder Nein sind. Am Ende des Baums (nach Frage G) erhalten Sie ein Ergebnis, das Ihnen zeigt, welcher Entscheidungsstil für den vorliegenden Entscheidungsfall wohl am effizientesten ist. Wenn Sie das Verfahren mit einem Kollegen / Coach durchgehen, erhalten Sie zusätzlich noch Hinweise zu Ihrem grundsätzlich präferierten Entscheidungsstil.

Abb. 23: Der Entscheidungsbaum: Entscheidungen besser treffen

Der Entscheidungsbaum: Entscheidungen besser treffen

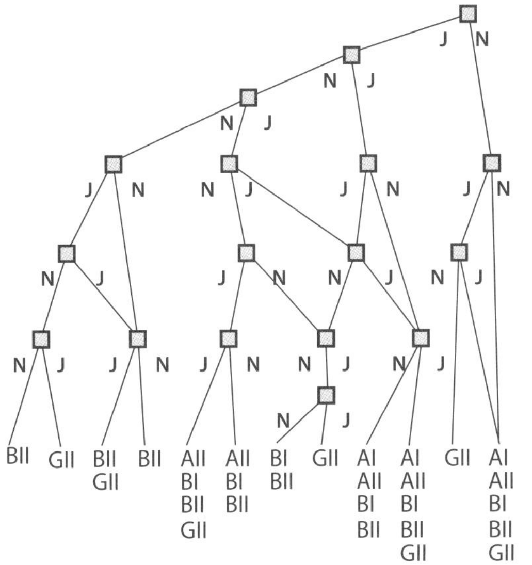

A Gibt es ein Qualitätserfordernis? Ist vermutlich eine Lösung besser als eine andere?

B Habe ich genügend Info, um eine qualitativ hochwertige Entscheidung allein zu treffen?

C Ist das Problem strukturiert?

D Ist die Akzeptanz der Entscheidung durch die Mitarbeiter für die effektive Ausführung wichtig?

E Wenn ich die Entscheidung allein treffe, würde sie dann von den Mitarbeitern akzeptiert werden?

F Teilen die Mitarbeiter die Organisationsziele, die durch die Lösung des Problems erreicht werden sollen?

G Wird es zwischen den Mitarbeitern vermutlich zu Konflikten kommen, welche Lösung zu bevorzugen ist?

Entscheidungen lassen sich in 5 Typen unterteilen

Entscheidungsstile ***Orientiert am Entscheidungsmodell von Vroom & Yetton (1973)***

AI: Autoritäre Entscheidung 1	Die Führungskraft **trifft die Entscheidung selbst** aufgrund der momentan zur Verfügung stehenden Informationen.
AII: Autoritäre Entscheidung 2	Die Führungskraft trifft die Entscheidung nach **Einholung von Informationen bei den Mitarbeitern,** die über Details der Entscheidung nicht informiert werden müssen. Die Mitarbeiter werden nur zur Informationsbeschaffung herangezogen.
BI: Beratende Entscheidung 1	Die Führungskraft trifft die Entscheidung, nachdem sie das **Problem mit einzelnen Mitarbeitern diskutiert** hat, ohne jedoch die ganze Gruppe zu konsultieren. Die Meinungen und Vorschläge der Mitarbeiter müssen bei der Entscheidung nicht berücksichtigt werden.
BII: Beratende Entscheidung 2	Die Führungskraft trifft die Entscheidung, nachdem sie das **Problem mit der Gruppe diskutiert** und deren Ideen und Vorschläge eingeholt hat. Die Meinungen und Vorschläge der Gruppe müssen bei der Entscheidung nicht berücksichtigt werden.
GII: Gruppenentscheidung	**Die Gruppe (inkl. Führungskraft) trifft die Entscheidung,** nachdem das Problem diskutiert wurde. Die Führungskraft ist bereit, jede Lösung zu akzeptieren

Quelle: Neuberger, 2002: S. 501 fff

Als zweites Entscheidungstool möchte ich Ihnen kurz die Entscheidungsmatrix zeigen. Mit Hilfe der vier in der Abbildung aufgezeigten Fragestellungen lässt sich auf einen Blick erkennen, welche Konsequenzen durch eine getroffene (oder eben nicht getroffene) Entscheidung zu erwarten sind.

Abb.24: Die Entscheidungs-Matrix

Die Entscheidungs-Matrix

Ordnen Sie Ihre Gedanken (Ideen) den vier Fragen (Feldern) zu und sehen Sie auf einen Blick, welche Auswirkung es hat, wenn Sie entscheiden oder eben nicht entscheiden. Entscheiden Sie sich aber bitte ***bewusst****, was Sie tun und was Sie lassen!*

1. Was geschieht, wenn Sie **entscheiden**?	2. Was geschieht wenn, Sie **nicht entscheiden**?
3. Was **geschieht nicht**, wenn Sie **entscheiden**?	4. Was **geschieht nicht**, wenn Sie **nicht entscheiden**?

Selbstverständlich können Sie dieses Tool auch sehr gut im Team nutzen. Es ermöglicht Ihnen Transparenz über die einzelnen Sichtweisen in Ihrem Team zu bekommen und schärft gleichsam ein gemeinsames Verständnis zu einer Problemstellung.

Mit dem Treffen einer Entscheidung ist es aber noch nicht getan. Mindestens ebenso wichtig ist es, sicherzustellen, dass die getroffene Entscheidung umgesetzt wird. *Von sehr erfahrenen Managern habe ich gelernt, dass sie nach jeder getroffenen, wichtigen Entscheidung den für die Umsetzung Verantwortlichen einen kurzen schriftlichen Auftrag zustellen,* der Folgendes enthält:

- Was gilt es zu lösen? Bestimmung des Problems.
- Festhalten der besprochenen Punkte dazu (in Stichworten).
- Bis wann mit welchem Ergebnis gerechnet wird.
- Wie im Falle von größeren Abweichungen von der ursprünglichen Ausgangslage zu verfahren ist.

Die Verantwortlichen sollen sich dann so bald wie möglich melden, wenn ihnen noch irgendetwas unklar ist oder wenn es direkt etwas nachzubesprechen gibt. Der weitere Prozess verläuft nach Management by Objectives.
Von ein paar außerordentlich guten Managern habe ich gelernt, dass sie diesen Prozess umdrehen. Nicht sie schicken einen kurzen schriftlichen Auftrag, sondern sie lassen sich von den Verantwortlichen eine Auftragsbestätigung nach obigem Schema zustellen. Der „Trick" dabei ist: Da immer nur der Empfänger darüber entscheidet, was von einer gesendeten Botschaft angekommen ist, reduziert dieses Verfahren implizit die Wahrscheinlichkeit klassischer Kommunikationshindernisse. Mehr dazu in Station 7.
Richtiges Entscheiden – und dazu gehört, wie erwähnt, vor allem das Sicherstellen der Umsetzung der Entscheidung – mag, eng verbunden mit der Problemlösung, das Wichtigste im Managementanteil einer Führungsaufgabe sein. Das Alleinige ist es auf alle Fälle nicht. Neben dem Entscheiden gehört es vor allem auch zum Job eines Managers, für klare, gut verständliche und realistisch erfüllbare Ziele zu sorgen.

Für Ziele sorgen:
Das Thema Ziele ist eine breit gefächerte und in vielen Büchern bereits ausführlich beschriebene Thematik. Ich beschränke mich hier auf ein paar grundsätzliche Hinweise, orientiert an Hartmut Laufer (Laufer, 2006, S. 37ff).

- **Unterscheiden Sie zwischen Zielen und Wünschen:** Ziele müssen unter den zu erwartenden Bedingungen realisierbar sein.
- **Sorgen Sie für Zielakzeptanz** durch: Eindeutigkeit, Notwendigkeit, Nützlichkeit, Erreichbarkeit, Angemessenheit, Bekanntheit des Zieles.
- **Formulieren Sie Ziele klar und deutlich:** konkret und am besten messbar. Nicht: „Wir wollen unseren Umsatz steigern", sondern: „Wir wollen in den nächsten 12 Monaten unseren Umsatz um 15% steigern".
- **Führen Sie mit Zielvereinbarung** (Management by Objectives): Auf den gemeinsamen Prozess und Dialog kommt es dabei an. Je schwieriger die Situation ist, desto kurzfristiger und griffiger müssen die Ziele

sein. Gerade in Turnaround-Phasen machen vor allem Wochenziele mit kleinsten, für den einzelnen noch überschaubaren Erwartungen Sinn.

- **Unterscheiden Sie Sachziele** (Fordern von Arbeitsergebnissen) und **Entwicklungsziele** (Fördern von Mitarbeiterfähigkeiten).

Nachfolgende Checkliste soll Ihnen nochmals stichpunktartig aufzeigen, worauf Sie als Führungskraft bei der Arbeit mit Zielen besonders achten sollten.

Abb.25: Mit Zielen führen

Mit Zielen führen

Worauf man bei der Arbeit mit Zielen achten sollte

Checkliste zur Zielvereinbarung

1. **Was** ist das beabsichtigte Ziel? Ist es präzise beschrieben? Was ist als Ergebnis, Endprodukt bzw. erwünschte Verhaltensweise definiert worden? (Wege zu diesen Ergebissen sind keine Ziele)
2. **Wie** ist das Ziel (Ergebnis, Endprodukt, erwünschte Verhaltensweise) zu kontrollieren? Wie kann man hinreichend genau feststellen, ob das Ziel erreicht wurde? Wie ist es messbar bzw. beobachtbar?
3. Lässt sich das Ziel **mit anderen Zielen vereinbaren,** mit den Zielen ■ des Mitarbeiters? ■ seiner Stellenbeschreibung? ■ seiner Abteilung? ■ seines Unternehmens? (ggf. Zielhierarchie entwickeln: Was hat im Zweifelsfall Vorrang?)
4. Wird das Arbeitsgebiet durch Ziele **vollständig** abgedeckt oder gibt es Lücken?
5. Ist das Ziel wirklich **wichtig**? Was passiert, wenn es nicht erreicht wird?
6. Ist das Ziel eine **Herausforderung**? Weder zu leicht erreichbar noch unrealistisch hoch?
7. Ist das Ziel **positiv** formuliert? („Ich soll…", nicht „Ich darf nicht…")
8. Wer muss **mitwirken**, um das Ziel zu erreichen?

Quelle: Cornelli & Rosenstiel, 1995

Mit den richtigen Zielen, passenden Entscheidungen und deren Umsetzung erfüllt der Manager bereits einen Großteil seiner wichtigsten Aufgaben, zu denen aber auch das angemessene Kontrollieren gehört.

Kontrollieren:

Zweifelsohne gehört Kontrollieren zu den unliebsameren Managementaufgaben. Wirkt es doch gerade in der heutigen Zeit altmodisch, den

Menschen nicht vertrauend und unangemessen, um mit Wissensarbeitern umzugehen. Kontrolle kann in der Tat eher Teil des Problems als Teil der Lösung sein.
Wer heutzutage noch Kontrolle als Überwachung auf Schritt und Tritt versteht; als ein Einmischen in Prozesse, die bewusst in die Verantwortung der Mitarbeiter gegeben wurden, der liegt sicherlich falsch und wird damit, mehr als noch vor einigen Jahren, scheitern.

In viel zu vielen Unternehmen kontrollieren Führungskräfte ziellos irgendetwas, um damit vor allem ihre Macht zu demonstrieren.

Effektive Kontrolle jedoch kümmert sich vor allem um zwei Dinge:

1. Um eine Unterstützung der Zielerreichung.

2. Um eine damit verbundene Steigerung, nicht Minderung der Eigenmotivation der zu Kontrollierenden.

Dies zeigt bereits, dass es sich bei wirkungsvoller Kontrolle vor allem um ein Führungsinstrument handelt, das ausschließlich dem voranstehend erwähnten Oberziel allen Managens dient – dem Erzielen von möglichst guten Resultaten. Mittlerweile unbestritten ist, dass dazu in den meisten Fällen Selbstkontrolle ein wesentlich wirksameres Mittel darstellt denn Fremdkontrolle.

Ich möchte sogar soweit gehen zu behaupten, dass in einem Unternehmen mit einer weit entwickelten Fehlerkultur, passenden Anreizmechanismen sowie modern und gut ausgebildeten Mitarbeitern und Führungskräften Selbstkontrolle das mit Abstand wirkungsvollste Controllinginstrument ist.

In Anlehnung an Laufer möchte ich dennoch das wichtigste zum Punkt (Fremd-)Kontrolle in Stichworten festhalten (Laufer, 2006: S. 105ff):

- **Nutzen Sie Kontrolle als Führungsinstrument:** Kontrollen unterstützen das Erreichen der Arbeitsziele und bieten Chancen zur Mitarbeitermotivation.
- **Zeigen Sie Verständnis für negative Gefühlsreaktionen:** Wer kontrolliert, gibt unbewusst auch immer ein Urteil über die Person ab und berührt somit deren Selbstwertgefühl.
- **Verdeutlichen Sie in offener Kommunikation den Nutzen von Kontrollen:** Es kommt darauf an, wie Sie kontrollieren.
- **Wählen Sie die der Situation angemessene Kontrollart:** Unterscheiden Sie zwischen Fremd- und Selbstkontrolle, Durchführungs- und Ergebniskontrolle, Dauer-, Zwischen-, End-, Gesamt- und Stichprobenkontrolle.
- **Kündigen Sie Kontrollen rechtzeitig an:** Offenheit, Ehrlichkeit und Transparenz schaffen Vertrauen. Dies ist die Grundlage für einen positiven Kontroll-Kreislauf.
- **Kontrollieren Sie nur wirklich Wichtiges:** Kontrolle ist keine selbstgefällige Prinzipienreiterei, sondern gibt Orientierung bei der Zielerreichung.
- **Werden Sie nicht zum Chef-Überwacher Ihres Verantwortungsbereichs:** Kontrolle sollte nicht vorrangig der Fehlersuche, sondern dem Aufbau einer echten Fehlerkultur dienen.
- **Stellen Sie vor allem Fragen, die die Selbstkontrolle der Menschen auslösen:** Wie kommen Sie voran? Soll ich mir einmal die Zwischenergebnisse ansehen? Was brauchen Sie, damit Sie Ihre Aufgabe gut erfüllen können? Kann ich Sie sonst noch irgendwie unterstützen?

Wenn Sie sich bei Ihren Kontrollbemühungen an diesen Grundsätzen orientieren und sich immer wieder selbst beobachten, was der eigentliche Grund Ihrer Kontrollen ist, wird es Ihnen sicherlich gelingen, mit den Ihnen anvertrauten Menschen eine positive Wirkungsdynamik zu erzeugen, innerhalb derer Kontrolle, so selten als möglich eingesetzt, ein hilfreicher Diener sein kann.

Auch möchte ich es in diesem Zusammenhang nicht versäumen, die Ihnen sicherlich immer wieder begegnenden „Management by Techniken" in aller Kürze zu skizzieren.

Ergebnisorientierte Kontrolle durch Management by Techniken

Abb.26: Ergebnisorientierte Kontrolle durch Management by Techniken

	MbObjektives	MbException	MbDelegation	MbResults
Konzept	Vorgesetzte und Mitarbeiter erarbeiten gemeinsam Zielsetzungen für alle Führungsebenen. Es werden nur Ziele festgelegt, nicht aber Vorschriften zur Zielerreichung.	Der Mitarbeiter arbeitet so lange selbständig, bis vorgeschriebene Toleranzen überschritten werden oder das Auftreten nicht vorhergesehener Ereignisse ein Eingreifen erfordert.	Die Mitarbeiter erhalten einen eindeutig definierten Aufgabenbereich mit den entsprechenden Kompetenzen, in dem sie selbständig handeln können.	Führungsmodell, das mit dem Ziel, ein Gesamtoptimum zu erreichen, eine Integration aller Teilsysteme des Unternehmens durch Unterstützung ermöglicht.
Voraus-setzungen	- Analyse Ist-Zustand (SWOT) - Vertikale Untergliederung der Ziele (Zielsystem)	- Kontroll-/Berichtssystem, das „Ausnahmefall" signalisiert - Zieltransparenz - Klare Regelungen und Zuständigkeiten	- Stellenbeschreibungen - Zieltransparenz - Bestimmung der Ausnahmefälle - Partizipative Führung	- Entscheidungsdezentralisation - Zielorientierte Organisation - Leistungsfähiges Planungs-, Informations- und Kontrollsystem
Vorteile	- Mobilisierung der geistigen Ressourcen der Mitarbeiter - Hohe Zielidentifikation - Schaffung von Kriterien zur ziel- und leistungsgerechten Entlohnung	- Zeitersparnis - Verdeutlichung krisenhafter Entwicklungen und kritischer Probleme	- Entlastung der Vorgesetzten - Förderung der Eigeninitiative - Subsidiaritätsprinzip	- Automatische Steuerung von Routineprozessen - Verbesserte Informationsversorgung aller Führungsebenen - Schnelle Entscheidungsprozesse
Kritik	- Operationale Formulierung von Zielen auf allen Ebenen ist problematisch - Zeitaufwendiger Planungs- und Zielbildungsprozess	- Ausrichtung auf Vergangenheit (Soll- Ist), fehlendes feed-forward - Ausrichtung nur auf negative Abweichungen	- Nur vertikale Hierachiebeziehungen werden berücksichtigt, die notwendige horizontale Koordination aber vernachlässigt - Gefahr der Delegation von uninteressanten Aufgaben	- Nicht realisierbar wegen fehlendem integrierten IuK Kontrollsystem - Großer Zeitaufwand und hohe Kosten von der Planung bis zur Implementierung

Je nach persönlichem Führungsstil sowie vorhandener Team- und Unternehmenskultur dürfte eine der vier obigen Management by Techniken geeignet sein, um die von Ihnen angestrebten und vom Unternehmen geforderten Ziele zu erreichen und dies gleichsam in einem konstruktiven Prozess mit Ihren Mitarbeitern zu tun.
In der Praxis stoßen wir am häufigsten auf Führen mit Zielen (Management by Objectives) sowie gewisse Mischformen, die letztendlich eine Ähnlichkeit mit MbO aufweisen.

An dieser Stelle sei explizit nochmals erwähnt: Um wirklich erfolgreich zu sein, kommt es weniger darauf an, einen lehrbuchgenauen Führungsprozess durchzuziehen, als eine für Ihr Team und Ihre Organisation passende

Antwort zu finden, wie Sie Probleme effektiv lösen und bestmögliche Resultate erzielen.

Organisieren:
Nicht zuletzt ist Management immer auch Organisation. Zu dieser speziellen Managementfähigkeit gibt es zahlreiche Literatur, verschiedenste Ausbildungen und sogar eigene Institutionen, die sich ausschließlich dieses Themas annehmen. Ich möchte an dieser Stelle nur ein paar wenige, sehr generelle Bemerkungen zur „Kunst des Organisierens" machen. Im Kern geht es darum, die eigene Einheit so aufzustellen, dass sie einen möglichst hohen Wirkungsgrad erreichen kann. Angelehnt an Malik sehe ich drei zentrale strukturelle Fragen des Organisierens:

- **Wie müssen wir uns organisieren, damit das, wofür der Kunde uns bezahlt, im Zentrum der Aufmerksamkeit steht und dort bleibt?** Hier geht es vorrangig um eine optimale Ablauforganisation: Prozessoptimierung, Business Reengineering, Lean Management sind die Schlagworte, die mit dieser Frage zusammenhängen.
- **Wie müssen wir uns organisieren, damit das, wofür wir unsere Mitarbeiter bezahlen, von diesen auch wirklich getan werden kann?** Hier geht es um die Aufteilung der Gesamtaufgabe in passende Einzelaufgaben.
- **Wie müssen wir uns organisieren, damit das Unternehmen als Ganzes seine Aufgabe optimal erfüllen kann?** Hier geht es sowohl um die richtige Aufbauorganisation als auch um die grundsätzliche Entscheidung, wie ein Unternehmen seinen Auftrag bestmöglich wahrnehmen kann; d.h. welche Rechtsform am geeignetesten ist oder welche Kooperationen notwendig sind.

Schlechte Organisation erkennt man an zu vielen Managementebenen, dauernden Meetings, personeller Überbesetzung, unscharfen Aufgabengebieten und der Notwendigkeit zur Einrichtung eigener Koordinationseinheiten, Gremien und Ausschüsse.

Für die Führungskraft geht es im Bereich der Organisation vorrangig darum, die richtigen Leute an der richtigen Stelle zu haben und mit diesen möglichst flexibel auf Anforderungen des Umfelds reagieren zu können, ohne permanent umstrukturieren und reorganisieren zu müssen. Dies ist eine anspruchsvolle Aufgabe; gerade heutzutage, wo sich das Unternehmensumfeld äußerst schnell ändert. Richtig zu organisieren heißt Stabilität in instabilen Zeiten zu ermöglichen. Es gilt, die modernen Erkenntnisse erfolgreichen Change Managements zu kennen und umzusetzen. In aller Kürze und bewusster Reduktion auf ein paar Kernsätze bedeutet das:

- Bemühen Sie sich, „Extreme" zu vermeiden; d.h. sowohl keinerlei Veränderungen, als auch permanente Veränderungen überfordern Mensch und Organisation.
- Planen Sie organisatorische Veränderungen strategisch; d.h. überlegen Sie erst genau, was warum und wie geändert werden muss, bevor Sie unnötige Unruhe erzeugen. Erst drei mal strategisch denken, dann einmal gezielt handeln.
- Vermeiden Sie operative Hektik und zu starkes „Parallel Engineering"; d.h. geben Sie den Menschen die Chance, sich mit ausreichender Zeit auf ein paar zentrale Umsetzungsziele konzentrieren zu können.
- Nehmen Sie die Menschen auf dem Weg der Veränderung mit. Binden Sie Betroffene so früh und weit als möglich ein. Machen Sie Beteiligte aus ihnen. Nutzen Sie die kollektive Intelligenz des Systems.
- Entwickeln Sie Ihre Einheit zu einer lernenden Organisation. Inspirieren Sie Ihre Mitarbeiter, kontinuierliche Verbesserer bestehender Strukturen und Abläufe zu werden.
- Setzen Sie dabei auf die Kraft kleiner Schritte und überschaubarer Veränderungen; d.h. stabilisieren Sie Ihre Einheit durch Erfolgserlebnisse, die durch realistisch erreichbare Ziele entstehen.
- Vermeiden Sie so gut als möglich, zu viele Verlierer zu erzeugen. Der Widerstand, der von Menschen ausgeht, die sich nicht verstanden und ernsthaft berücksichtigt fühlen, ist die Hauptursache für das Scheitern von Veränderungsprozessen. Diese Art von Missmanagement kostet allein den deutschen Unternehmen jährlich viele hundert Milliarden Euro.

Nachfolgende Tabelle fasst nochmals die vier handwerklichen Managementaufgaben zusammen und gibt Ihnen die Möglichkeit zur Selbstreflexion dieser Thematik.

Tabelle: Managementaufgaben und Chance zur Selbstreflexion

	Entscheiden	Für Ziele sorgen	Kontrollieren	Organisieren
Worauf es ankommt	Wenige, aber die zentralen Entscheidungen müssen mit ausreichend Vorbereitung und in Ruhe getroffen werden. Die Umsetzung der Entscheidung gilt es sicherzustellen.	Mit Zielvereinbarung führen (Management by Objectives). Die Ziele sollten klar, wenn möglich messbar und realistisch erreichbar sein.	Kontrolle ist, richtig angewendet, ein hilfreiches Führungsinstrument. Arbeiten Sie, wann immer möglich, mit der Macht der Selbstkontrolle.	Der Zweck des Organisierens ist es, Kundenbedürfnisse möglichst wertschöpfend zu befriedigen. Permanentes Umorganisieren gilt es zu vermeiden.
Was sind meine Hauptstärken und Hauptschwächen in diesem Bereich?	**Stärken:** **Schwächen:**	**Stärken:** **Schwächen:**	**Stärken:** **Schwächen:**	**Stärken:** **Schwächen:**
Woran liegt das?				
Welche eine Sache kann ich direkt heute ändern?				
Sonstige Stichworte und Notizen				

Um voranstehende Managementaufgaben möglichst gut zu bewältigen, stehen Führungskräften zahlreiche Managementwerkzeuge zur Verfügung. In der Praxis nehmen Reports, schriftliche Kommunikation, Jobdesign sowie strategische Budgetierung und Leistungsbeurteilungen einen hohen Stellenwert im täglichen Geschäft einer Führungskraft ein. Dazu gibt es zahlreiche Literatur (siehe z.B. Malik, 2006: S. 274ff).

Ich möchte Ihnen nun zwei äußerst wirkungsvolle Managementtools für den Alltag vorstellen:

1. **Effektive Meetings und das**
2. **Zielgerichtete Potentialgespräch**

Effektive Meetings

Je höher Sie auf Ihrer Karriereleiter bereits gestiegen sind, desto mehr Zeit verbringen Sie in Meetings. Zahllose Witze und Cartoons beschreiben diese

Orte schleichender Ineffizienz und häufig auch der Langeweile. So sehr man darüber schmunzeln mag, so ernst ist die Realität.

Kein Tun unternehmerischen Handelns kann so wertvernichtend sein wie Meetings und Sitzungen.

In diesen Zusammenkünften liegt eines der größten, nicht genutzten Potentiale effektiven Managements. Aber worauf kommt es bei Meetings an? Aus meiner Sicht sind es **drei unterschiedliche Ebenen,** die es zu beachten gilt:

1. Die grundsätzliche Entscheidung, ob und in welcher Form ein Meeting notwendig ist.
2. Die professionelle Organisation eines Meetings.
3. Die Form der Durchführung.

Zu allen Ebenen gäbe es ausreichend zu sagen. Ich darf hier auf die sehr praxisnahen Ausführungen von Hartmut Laufer verweisen (Laufer, 2006, S. 153–172) und mich meinerseits auf ein paar grundlegende Punkte konzentrieren.

Zur Ebene 1 (ob – ob nicht und Form) scheint mir besonders wichtig zu erwähnen, dass ich den Eindruck habe, dass grundsätzlich viel zu viele Meetings abgehalten werden. In fast jedem Unternehmen, das ich kenne, stöhnt das Management – und immer häufiger auch die Mitarbeiter – über zu viele und unproduktive Sitzungen.

- Klären Sie also vorab, sehr kritisch, ob es **wirklich notwendig** ist, ein Meeting anzusetzen. Warum (Begründung)?
- Wenn Ja, befassen Sie sich bitte mit der Frage, **welcher Art das Meeting sein soll.** Handelt es sich um ein reines Informationstreffen zu wichtigen Neuigkeiten und Änderungen? Oder geht es um ein (echtes) Problembearbeitungs-Meeting?
- Wenn es um Problembearbeitung geht, stellt sich als nächstes die Frage nach dem genauen **Ziel und Zweck** des Meetings. Orientiert am Problemlösungsprozess können wir vier Zwecke von Meetings unterscheiden: Problemfindung, Problemlösung, Entscheidung, Umsetzungsdurchführung.
- Wenn Sie hier Klarheit haben, sollten die **Teilnehmer** festgelegt werden: Wer muss unbedingt dabei sein? Wer ist „nice to have“? Wie groß darf die Gruppe werden? Wie Hierarchie übergreifend soll das Team sein? Aus meiner Erfahrung sollten vor allem Entscheidungs- und Um-

setzungsmeetings eine überschaubare Anzahl an Teilnehmern haben. Idealerweise die, die dann auch die Umsetzung sicherstellen und verantworten können.

- Entscheiden Sie auch, **in welcher Form** dieses Meeting stattfinden muss: Persönliches Treffen, Video-Konferenz, Telefon-Konferenz, andere Form?
- Wie sieht die genaue **Tagesordnung** aus? Wer hat was vorzubereiten, um einen professionellen Verlauf zu gewährleisten?

Sind diese Fragen eindeutig beantwortet, geht es auf **Ebene 2** um die **Planung und Organisation**. Eine für die operative Durchführung ideale Checkliste findet sich bei Laufer (S. 161ff). Meinerseits konzentriere ich mich wieder auf ein paar wesentliche Fragen:

- Gibt es auf der **Beziehungsebene Punkte vorab zu klären,** um auf der Sachebene keine Blockaden zu erleben?
- Sind die **Themen**, der **Zweck** und die **Inhaltspunkte** allen Beteiligten zu Beginn klar?
- Sind die notwendigen **Vorgespräche** geführt worden, damit alle Beteiligten in etwa auf demselben Sachstand sind?
- Ist sichergestellt, dass alle Personen anwesend sind, um eine **Entscheidung treffen** zu können? Ist eine klare **Stellvertreterregelung** vorhanden?
- Sind Zeit und Ort der Zielsetzung angemessen? Ist die Einladung pünktlich rausgegangen?
- Ist das **notwendige Material für eine professionelle Besprechung** vorhanden (Beamer, Overhead, Flip-Chart, Pinnwand, Schreibmaterial, vernünftige Sitzplätze, ausreichend Licht und Luft)?
- Sind die **Verantwortlichkeiten klar geregelt** (Sitzungsleitung, Protokollführung, ggf. Sitzungsbeobachter, Verantwortlicher für das „Wohlbefinden der Teilnehmer")?
- Ist zu Beginn des Meetings Zeit eingeplant, um die vorgeschlagenen Tagesordnungspunkte in eine **Prioritätenreihenfolge** zu bringen? Dabei sollte nicht nur der Ranghöchste seine Punkte einbringen. Jeder Teilnehmer ist dafür verantwortlich, dass die Wichtigkeit seines Punktes verstanden wird und entsprechend Raum bekommt.
- Sind in der Gruppe Mechanismen vorhanden, um folgende Punkte möglichst wertschöpfend zu regeln: Festlegen, welche Probleme nicht in dieses Meeting gehören, sondern an anderer Stelle thematisiert werden sollten. Festlegen, wie wir i.d.R. zu einer Entscheidungsfindung ge-

langen (Mehrheitsbeschluss, Einstimmigkeit, Machtentscheid, …). Vertraulichkeit – hier darf es keine Abstriche geben. Festlegen, in welcher Form ein besprochener Tagesordnungspunkt weiter bearbeitet wird (Problem wird gelöst, Problem wird an eine andere Stelle delegiert, Problem wird bei nächstem Meeting nochmals behandelt, Problem wird neu formuliert).

- Zuletzt möchte ich noch einen entscheidenden Punkt ansprechen – die Disziplin der einzelnen Teilnehmer. *Jeder Teilnehmer eines Meetings trägt zu dessen Erfolg bei und ist für diesen mitverantwortlich.* Insbesondere gilt es immer wieder, an folgende Punkte zu denken: **Im Vorfeld:** Bereiten Sie sich vor (Tagesordnung studieren, inhaltliche Vorbereitung, notwendiges Datenmaterial dabei haben) – Kommen Sie pünktlich und bleiben Sie, wenn irgendwie möglich, bis zum Schluss – Kümmern Sie sich um einen geeigneten Stellvertreter, falls Sie nicht selbst kommen können. **Während des Meetings:** Formulieren Sie im Meeting klar, präzise und deutlich – Schweifen Sie nicht ab – Wenn Sie etwas nicht verstehen, fragen Sie nach; bitten Sie um Klärung – Bringen Sie sich aktiv ein: Zuhören, Ideen entwickeln, zusammenfassen, Ergebnisse festhalten – Vermeiden Sie verletzende Scherze, Seitenhiebe, Sarkasmen, Spitzen, … – Fragen Sie sich ständig: Was kann ich beitragen, um ein möglichst gutes Ergebnis zu erzielen? **Nach dem Meeting:** Erfüllen Sie Ihre Aufgaben und Pflichten – Informieren Sie die notwendigen Personen – Verhalten Sie sich loyal; auch bei Entscheidungen, die nicht unbedingt Ihre Zustimmung haben – Jammern Sie nicht bei Ihren Mitarbeitern oder Kollegen über Dinge, die Sie im Meeting hätten mitentscheiden können; dort aber geschwiegen haben – Reden Sie nicht hinter dem Rücken schlecht über andere Teammitglieder, Ihren Chef oder Themen, die im Meeting behandelt wurden.

Auf der **Ebene 3** geht es nun um die **konkrete Durchführung.** Hier beschränke ich mich auf ein paar unkonventionelle Anregungen – wie gewohnt, in Fragenform:

- **Müssen Meetings eigentlich immer als Sitzungen, d.h. im Sitzen stattfinden?** Die griechischen Philosophen sind nicht umsonst mit ihren Schülern stundenlang spazieren gegangen, während sie mit diesen diskutierten.

- Müssen Sie, als Sitzungsleitung, eigentlich alle Funktionen in jeder Phase des Meetings und dessen Vorbereitung selbst übernehmen? Was können Sie an wen **gezielt delegieren**?
- Was halten Sie davon, einmal die **Sitzordnung bewusst zu ändern**? Gerade bei Standardmeetings: Achten Sie einmal darauf, wie starr diese Abläufe in der Regel sind. Ein bisschen umsetzen kann gleich helfen, den geistigen Umsatz der Teilnehmer zu steigern.
- Wie lange, meinen Sie, können sich Menschen am Stück ernsthaft auf eine Sache konzentrieren, bevor die Konzentration merklich nachlässt? Die Wissenschaft gibt uns eine erschreckende Antwort: maximal 30 Minuten. Beachten Sie in Ihren Meetings diese Erkenntnis? Sehen Sie **ausreichend Pausen** vor? Ist die Tagesordnung dementsprechend „spannend"? Haben Sie vielleicht sogar ein paar „Wachmach-Übungen" auf Lager?
- Wie konsequent würden Sie sich zutrauen, ein **Handy-Verbot** auszusprechen? Was meinen Sie, wie viel Zeit ließe sich damit einsparen; wie stark die Ergebnis-Effizienz des Meetings steigern?
- Wie sieht es mit etwas **kreativeren Besprechungsmethoden** aus? Ich denke da an den gezielten Einsatz von Brainstorming, die Hüte von de Bono oder Mind-Mapping als Protokollersatz?
- Wie wirksam schätzen Sie folgende Überlegung ein: Jeder Teilnehmer bereitet sich grundsätzlich so auf ein Meeting vor, dass er jederzeit die Sitzungsleitung übernehmen kann. Bei massiver Missachtung wird das Meeting abgebrochen und zu einem anderen Zeitpunkt neu angesetzt?
- Wie sähe es, vor allem bei Standardmeetings, mal mit einem **Ortswechsel** aus?
- Wie stehen Sie zu ein paar **festen Regeln:** Begrenzung der Redezeit? Nur einer spricht? Jeder darf ausreden? Keine Nebengespräche oder Telefonate? Jeder muss mindestens einen Beitrag zur Sache bringen? Bestimmen Sie jemanden, der sich um die Einhaltung dieser Regeln kümmert – das müssen nicht immer Sie sein.
- Was halten Sie von einem Spiegel, als Feedbacksymbol für „Langredner und Dauerwiederholer"?
- Oder Sie probieren es mal mit der „roten Karte"? Dabei handelt es sich um ein rotes Din A-4-Blatt, das jeder Meeting-Teilnehmer bekommt. Er darf diese Karte maximal einmal pro Meeting heben. In diesem Moment hat er die gesamte Aufmerksamkeit aller. Inhaltlich gibt es keine Beschränkungen oder Vorgaben. Ob Frage, Einwand, Idee, Anmerkung, … alles ist erlaubt. Es gibt keine Strafe.

- Haben Sie schon mal an einen **Prozessbeobachter** gedacht; d.h. ein Teilnehmer, der ausschließlich die Art und Weise, wie diskutiert wird, beobachtet und am Ende des Meetings offenes Feedback gibt?
- Was halten Sie grundsätzlich von einer **kleinen Feedbackrunde zum Schluss** des Meetings? Jeder Teilnehmer könnte z.B. auch einen besonders positiven Punkt festhalten und diesen der Runde mitteilen. Das kommt dann auch ins Protokoll.
- **Ein Tipp, wenn Sie der „Ranghöchste / Chef" der anwesenden Runde sind: Lassen Sie so viel als möglich Ihre Mitarbeiter, die anderen Anwesenden sprechen. Hören Sie wirklich zu und halten Sie sich mit vorschnellen Meinungsäußerungen zurück.** Geben Sie den Menschen eine Chance, für die eigene Meinung Verantwortung zu übernehmen.
- Wie Sie am besten erkennen können, dass Sie, obwohl Chef, dennoch ein echtes Mitglied des Teams sind: Man geht mit Ihnen nicht förmlicher um, als mit anderen aus dem Team – Man erwartet nicht mehr, dass Sie in allen Punkten den „lead" übernehmen – Die Teammitglieder sprechen nicht nur zu Ihnen – Die Teammitglieder widersprechen Ihnen – Es gibt Entscheidungen, auch ohne zuerst immer Ihre abschließende Meinung gehört zu haben – Immer mehr Mitglieder bringen sich ein – Das Team löst Konflikte alleine, statt automatisch zu erwarten, dass Sie das zu erledigen hätten.

Mit Hilfe effektiver Meetings erhöhen Sie Ihren Wirkungsgrad als Führungskraft beträchtlich. Eine ebenso nachhaltige Wirkung erreichen Sie durch gezielte Potentialgespräche, die Sie in regelmäßigen Abständen mit Ihren Mitarbeitern führen.

Das Zielgerichtete Potentialgespräch (ZPG) angelehnt an Thomas Gordons „Periodische Planungskonferenz" (Gordon, 1999: S. 250 ff)

Grundsätzliches

Das ZPG ist ein regelmäßig angesetztes Zweier-Gespräch des Vorgesetzten mit jedem seiner Mitarbeiter. Es findet halbjährlich oder jährlich statt und

dauert, je nach Situation, eine halbe bis zu zwei Stunden. Im Einzelfall muss das Gespräch auf zwei Treffen aufgeteilt werden, um den Gesprächspartnern Zeit zum Nachdenken zu geben.
Ziel des ZPG ist es, gemeinsam zu besprechen, wie der Mitarbeiter in den nächsten sechs Monaten seine Leistungen steigern, seine Kompetenz erweitern und bestimmte Arbeitsabläufe optimieren kann. Es geht also um konkrete und messbare Ziele in den Bereichen Arbeitsergebnisse, Weiterentwicklung und Arbeitszufriedenheit.

Dabei können alle Themen angesprochen werden, die den Mitarbeiter und/oder Vorgesetzten in diesem Kontext bewegen.
Der Fokus ist ausnahmslos zukunfts- und aufgabenorientiert! Es geht weder um eine Beurteilung der Persönlichkeit, noch um eine Bewertung vergangener Leistungen. Die Funktion, die Arbeit, die Ziele sowie die Maßnahmen zum Erzielen von Resultaten stehen im Mittelpunkt.
Dabei ist das ZPG eine Zwei-Wege-Methode, bei der im konstruktiven Dialog die beste Lösung für die Zukunft gefunden wird. Der Mitarbeiter übernimmt eine entscheidende Rolle: er macht Vorschläge zur eigenen Entwicklung und besseren Zielerreichung. Er formuliert an seinen Vorgesetzten, wie dieser ihm dabei behilflich sein kann.
Vorgesetzter und Mitarbeiter bereiten sich sehr sorgfältig auf das ZPG vor. Die jeweilige Vorstellung, was im nächsten Jahr notwendig ist, dient dann als Grundlage für einen Angleichungsprozess über Ziele und Maßnahmen der nächsten sechs Monate.

Für einen optimalen Ablauf beachten Sie bitte folgende Punkte:

- **Termin** spätestens eine Woche vor Durchführung festsetzen.
- **Mitarbeiter** auffordern, sich über seine **Ziele** konkrete **Gedanken zu machen.**
- Der **Mitarbeiter ergreift die Initiative;** er formuliert seine Ziele, Ideen und Wünsche. Sie moderieren das Gespräch.
- **Machen Sie vorab Ihre Ziele und die an Sie gesteckten Ziele transparent,** damit der Mitarbeiter seine Ziele in einen größeren Rahmen einordnen kann.

Von besonderer Wichtigkeit ist die sorgfältige Vorbereitung; sowohl von Ihrer, als auch von Mitarbeiterseite (vor allem vor der ersten Durchführung des ZPG und bei größeren, den Mitarbeiter betreffenden Änderungen). Diese Vorbereitung umfasst drei Schritte:

Schritt 1: Die Mitarbeiter positiv einstimmen
Erklären Sie Ihren Leuten die Intention des ZPG. Stellen Sie die Grundlagen, Ziele und den persönlichen Nutzen beider Seiten möglichst klar dar. Gehen Sie dabei auch auf die Mängel traditioneller Leistungsbewertungen ein und bemühen Sie sich, sowohl die Andersartigkeit als auch den besonderen Wert des ZPG herauszuarbeiten.
Haben Sie Verständnis für Widerstand: Hören Sie Ihren Leuten zu, nehmen Sie Anregungen auf, klären Sie die Bereitschaft, es zu versuchen. Starten Sie dann ein Pilotprojekt (Zeitraum: zwei ZPG mit jedem Ihrer Mitarbeiter).
Setzen Sie das ZPG gegebenenfalls zusätzlich zum offiziellen Leistungsbeurteilungssystem ein, damit ganz deutlich wird, dass das ZPG nichts mit der klassischen Prämienlogik zu tun hat, sondern echtes Empowerment zur Grundlage hat.

Schritt 2: Einigung über Arbeitsplatzfunktionen und Aufgaben
Klären Sie vor dem ersten ZPG als allererstes die Arbeitsplatzfunktionen und Aufgaben Ihrer Mitarbeiter. Es ist sehr wichtig, dass es hier zu einem gegenseitigen Einverständnis kommt. Funktionen und Aufgaben decken sich dabei nicht mit der Stellenbeschreibung. Vielmehr geht es um Beiträge, die der Mitarbeiter für das Unternehmen erbringt, um Nutzen, den er dem Unternehmen stiftet.
Folgende Fragen helfen Ihrem Mitarbeiter, eine Liste seiner Funktionen und Aufgaben erstellen zu können: Welchen Beitrag leisten Sie für die Organisation? Wofür zahlt Ihnen das Unternehmen ein Gehalt? Warum gibt es diesen Arbeitsplatz; welcher Beitrag wird von Ihnen erwartet? Wann haben Sie den Eindruck, Ihre Aufgabe gut zu machen – was leisten Sie dann konkret für das Unternehmen?
Erstellen Sie gemeinsam eine Liste der Arbeitsplatzfunktionen und Aufgaben: Erst stellt Ihr Mitarbeiter seine Liste vor. Dann präsentieren Sie Ihre Sicht der Dinge (am besten bereiten Sie dazu auch eine Liste vor). Schließlich diskutieren Sie die Vorstellungen und bemühen sich um gegenseitiges Verständnis und Einigung. Lassen Sie auf alle Fälle den Mitarbeiter in die aktive Rolle gehen. Es sind seine Aufgaben, Funktionen und Ziele.

Schritt 3: Leistungsmessung und gegenseitiges Einverständnis darüber
Sobald die Aufstellung der Arbeitsplatzfunktionen und Aufgaben vorliegt, sollten Sie sich mit Ihrem Mitarbeiter einigen, wie die angestrebten Verbesserungen gemessen werden können. Dabei ist es entscheidend, möglichst realistische, zweckorientierte und am besten quantitative Maße zu finden.

Bitten Sie Ihren Mitarbeiter, für jede Arbeitsplatzfunktion ein geeignetes Maß zu finden. Helfen Sie ihm mit Fragen nachfolgender Art: Woher wissen Sie, dass Sie, wenn Sie diese Funktion erfüllen, gute oder schlechte Arbeit leisten? An welche Daten oder Fakten halten Sie sich, um zu entscheiden, ob Ihre Leistung gut oder schlecht ist?
Entwickeln Sie eigene Maße für jede Arbeitsplatzfunktion des Mitarbeiters. Setzen Sie sich zusammen und vergleichen Sie Ihre Maße. Führen Sie einen gegenseitigen Dialog, in dem Sie erörtern, bewerten, abändern. Geben Sie sich erst zufrieden, wenn Sie sich für jede Arbeitsplatzfunktion und Aufgabe auf ein geeignetes Maß geeinigt haben.

Durchführung des ZPG
Nachdem Sie die Vorbereitung sorgfältig abgeschlossen haben, können Sie Ihr zielgerichtetes Potentialgespräch durchführen. Zur Wiederholung: Ziel des ZPG ist es, gemeinsam zu besprechen, wie der Mitarbeiter in den nächsten sechs Monaten seine Leistungen verbessern, seine Kompetenz erweitern und bestimmte Arbeitsabläufe optimieren kann.

Das Beachten von einigen Erfahrungswerten macht dabei Sinn:

1. **Überlassen Sie Ihrem Mitarbeiter die Initiative**: Er ist der Aktive, er spricht, er setzt die Akzente. Sie hören aktiv zu.
2. **Es geht nur um die Zukunft**! Die Vergangenheit ist vorbei.
3. Wenn Sie sprechen müssen, seien Sie ehrlich und offen. Senden Sie Ich-Botschaften. **Vermeiden Sie Vorwürfe**.
4. Gehen Sie sicher, dass Sie sich beide wirklich über die Ziele einig sind, die erreicht werden sollen. Grenzen Sie die Ziele auf eine vernünftige und realistische Anzahl ein (aus der Erfahrung: **maximal drei Ziele pro ZPG-Periode**).
5. Als Vorgesetzter möchten Sie **Klarheit, wie Ihr Mitarbeiter es sich vorstellt, die einzelnen Ziele zu erreichen**, welche Maßnahmen er plant. Weichen Sie hier nicht zurück, bevor Sie nicht ein wirklich klares Bild vor Augen haben, was Ihr Mitarbeiter wie erreichen möchte. Haken Sie nach, stellen Sie Fragen, unterstützen Sie, wenn gewünscht.
6. Wenn Ihr Mitarbeiter es wünscht, können Sie ihm Tipps und Ratschläge geben, wie Sie es angehen würden, um die gesetzten Ziele zu erreichen. Aber bitte nur, wenn er es wünscht:

MERKE: Geben Sie nie ungefragt Ratschläge!

Was für den einen ein Rat, ist für den anderen ein Schlag!

7. Schaffen Sie ein freundliches und angenehmes Klima, in der die gemeinsame Zielsetzung im Mittelpunkt steht. **Sie brauchen Ihren Mitarbeiter.** Er leistet einen wertvollen Beitrag, damit Sie Ihre Ziele erreichen können.
8. Klare Ziele erzeugen Veränderungsdruck bei Ihren Mitarbeitern. Wundern Sie sich also nicht, wenn nicht alle von Anfang an davon begeistert sind. **Rechnen Sie mit verdecktem und offenem Widerstand.**
9. **Lassen Sie die Ziele schriftlich festhalten.** Sie und Ihr Mitarbeiter erhalten jeweils ein Exemplar davon.
10. **Helfen Sie Ihrem Mitarbeiter in jeder erdenklichen Weise, dass er seine Ziele umsetzen kann:** Daten; Informationen; ggf. finanzielle, materielle, personelle Ressourcen; Beratung. Begleiten Sie ihn durch den Problemlösungsprozess; nehmen Sie ihm aber nicht die Problemlösung ab.

Häufig fällt es Mitarbeitern nicht leicht, ihre Ziele präzise formulieren zu können. **Folgende Fragen helfen Ihrem Mitarbeiter, seine Ziele zu schärfen:**

- Was möchten Sie im kommenden Jahr erreichen?
- In welcher Ihrer Aufgaben halten Sie eine Verbesserung für notwendig?
- Welche Ziele haben Sie sich gesetzt, um Ihre Arbeitsergebnisse zu verbessern?
- Welche Maßnahmen planen Sie, um die Produktivität Ihres Teams zu steigern?
- In welchem Bereich möchten Sie Ihre Fähigkeiten erweitern?
- Was möchten Sie in welcher Aufgabe erreicht haben, damit Sie in sechs Monaten von einem Erfolg sprechen können?

Das ist es, was ich Ihnen zum zielgerichteten Potentialgespräch sagen wollte. Probieren Sie es einmal aus. Gerade jüngere Wissensarbeiter werden Sie mit dieser Art der Führung sehr für sich gewinnen. Damit schaffen Sie die beste Grundlage, Resultate zu erzielen, die Ihr Unternehmen und Sie nachhaltig erfolgreich machen.
Zum Abschluss von Station 5 möchte ich Ihnen noch einen etwas unkonventionellen Zugang zum Thema Management und Planung ermöglichen. Begleiten Sie mich dazu bitte in die Tierwelt.

Exkurs: Der Entscheidungsprozess der Mantelpaviane

(Zusammengestellt aus Interview mit Herrn Dr. Robert Keller, Zoologe und ehemaliger HR-Spitzenmanager, geführt am 13.05.2004 in Zürich).
Begleiten Sie uns in die gebirgigen Halbwüsten Äthiopiens, in die Heimat der Mantelpaviane und beobachten wir eine Paviangruppe mit ca. 200–300 Tieren bei ihrem allmorgendlichen Entscheidungsritual, welche Tagesroute heute genommen werden soll.
Am Felsfuss schlagen einzelne jüngere Männchen mögliche Richtungen vor. Sie marschieren in eine Richtung, setzen sich hin, schauen, was die anderen machen, wie die ranghohen Männchen darauf reagieren.

Ist man der Überzeugung, die geeignete Richtung eingeschlagen zu haben, so wird dies mit dem Hinterteil dem ranghohen Mann symbolisiert. Ist dieser mit dem Vorschlag einverstanden, bewegt er sich ein paar Meter in die gleiche Richtung und setzt sich. Falls andere ranghohe Männchen ebenfalls einverstanden sind, schlagen sie dieselbe Richtung ein.
Durch diesen Prozess entstehen amöboide Bewegungen der Gruppe. Mit der Zeit wird eine Richtung von allen bevorzugt und der Abmarsch beginnt.
Nach dem Tagesmarsch, wieder zurück am Felsen, kann jedes Bandenmitglied beurteilen, ob die Entscheidung gut war: keine unvorhergesehenen Überraschungen, genügend Futter, ausreichend Wasser?
Zukünftige Vorschläge werden nun mit den gemachten Erfahrungen verknüpft, d.h. nicht jedes Männchen wird in Zukunft gleich bewertet! Diese Bewertung bestimmt, neben der körperlichen Stärke, die hierarchische Stellung in der Sippe. Fokussieren wir nochmals den Entscheidungsprozess der Paviane:
Ausgewählte jüngere Männchen machen Vorschläge, in welche Richtung man laufen sollte, ältere Männer beurteilen diese. Gegenseitig wird darauf geachtet, wie die Vorschläge „ihrer Zöglinge" von anderen wichtigen Persönlichkeiten „bewertet" werden. Das Ganze läuft vor der gesamten Sippe ab, also „... vor Augen von etwa weiteren 150 bis 200 Affen, die Weibchen, die Jungen, die Älteren, die rangtiefen Männchen, die das alles mit beobachten, mit sehen und dann auch sehen, ja jetzt hat man sich entschieden." (Keller, 2004)

Nur der Vollständigkeit halber sei erwähnt, dass im Geschäftsleben des 21. Jahrhunderts nicht nur „Männchen" die beschriebene Führungsfunktion übernehmen sollten

Der Entscheidungsprozess macht also absolut transparent, von wem welcher Vorschlag kam, wer welche Ideen unterstützt hat, welche Ziele angestrebt werden und am Ende des Tages kann unmittelbar das Resultat des mehrheitsfähigen Vorschlags abgelesen werden.
War auf dem Weg genügend Futter vorhanden oder kommen wir mit hungrigen Bäuchen zurück? Haben wir viele Feinde gesehen oder war das ein gemütlicher Marsch? Kamen wir an ein Wasserloch, das auch wirklich Wasser hat, oder sind wir fast verdurstet?
Die Qualität der Entscheidung kann demnach mit Hilfe ganz klarer, messbarer Parameter beurteilt werden.
Kommunizieren – überzeugen können – Entscheidungen treffen – vorangehen – Ergebniskontrolle mit Hilfe messbarer Zielparameter ... **Echtzeitfeedback als institutionalisierte Transparenz!**

Entscheiden Sie bitte selbst, wie „tierisch gut" Sie diese Form eines Planungsprozesses finden – und selbstverständlich, wie weit Sie Ihr Unternehmen diesbezüglich einschätzen, derartige Experimente zu wagen?

Eines möchte ich jedoch unbedingt nochmals betonen: ***So wichtig handwerkliche Fähigkeiten für Manager sind, so wenig reichen sie alleine aus, um Spitzenergebnisse zu erzielen.***

Mir ist das deshalb so wichtig zu erwähnen, weil in den Köpfen vieler Manager, aber auch Anbietern von Managementausbildungen, noch immer das Bild vom Manager als Handwerker, der mit Tools und Techniken Probleme löst, fest „eingebrannt" zu sein scheint. Die Realität der letzten Jahrzehnte hat uns eindeutig gezeigt, wo uns dieses reduktionistische und letztendlich mechanistische Denken hinführt. Im besten Fall zum Mittelmaß, in den meisten Fällen in Übernahmen durch andere oder in die Insolvenz. Jim Collins' Forschungen zu den wirklich erfolgreichen Unternehmen haben dies eindrücklich gezeigt. Keines der weltweit langfristig erfolgreichen Unternehmen reduziert seine Führungskräfte auf reine Managertugenden.

So wichtig diese für den Erfolg sind, ***echte Spitzenkräfte haben noch mehr drauf: Empathie, Authentizität, Integrität, Reflexionsfähigkeit, ganzheitliches Denken, Selbstverantwortung, Vertrauen in andere sowie den Mut, Entscheidungen zu treffen und zu diesen auch bei Gegenwind zu stehen.***

Zusammenfassung

Diese Station beleuchtete vorrangig die „handwerkliche Seite", den Managementanteil erfolgreicher Führung. Basierend auf Peter Druckers klarer Botschaft, dass sich effektives Management an den erzielten Resultaten eindeutig messen lässt, haben wir uns recht ausführlich mit der Fähigkeit von Managern befasst, Probleme zu lösen.

Implizit verwenden sehr gute Führungskräfte ein fünfstufiges Verfahren, um Probleme in positive Resultate zu transformieren:

1. Was ist das eigentliche Problem? Wer hat es?
2. Welche Lösungsalternativen gibt es?
3. Welche Alternative ist die beste?
4. Wie stellen wir die Entscheidungsumsetzung sicher?
5. Wie zufrieden sind wir mit dem Ergebnis? Was lässt sich daraus lernen?

Nach der Schlüsselthematik erfolgreichen Managements, Probleme zu lösen, haben wir uns vier weitere, zentrale **Managementaufgaben** etwas näher angesehen.

Gute Manager treffen **Entscheidungen** – gut vorbereitet, in Ruhe und sie kümmern sich vor allem um deren Umsetzung. Ebenso führen gute Manager so oft wie möglich mit **Zielvereinbarungen**. Die Ziele sollten klar, wenn möglich messbar und realistisch erreichbar sein. **Kontrolle** ist dabei ein hilfreiches Führungsinstrument. Wann immer möglich, sollte der Macht der Selbstkontrolle vertraut werden. Nicht zuletzt bedeutet Management auch immer **Planung und Organisation.** Der Zweck des Organisierens ist es, Kundenbedürfnisse möglichst wertschöpfend zu befriedigen. Permanentes Umorganisieren gilt es zu vermeiden.

Zur erfolgreichen Bewältigung dieser Managementaufgaben stehen Führungskräften zahlreiche **Managementwerkzeuge** zur Verfügung. Wir haben Reports, Job Design, Strategische Budgetierung und die Leistungsbeurteilung erwähnt. Näher sind wir auf effektive Meetings und das zielgerichtete Potentialgespräch (ZPG) eingegangen.

Meetings haben wir als wichtige Potentialreserve effektiven Managements identifiziert. Wir befassten uns mit der grundsätzlichen Entscheidung, **ob und in welcher Form** Meetings notwendig sind, sowie mit deren **professioneller Organisation und Durchführung**.

Mit dem **zielgerichteten Potentialgespräch** (ZPG) habe ich Ihnen eine Methodik vorgestellt, wie Sie gemeinsam mit Ihren Mitarbeitern wachsen können. Im ZPG geht es um einen ergebnisorientierten Dialog über konkrete und messbare Ziele in den Bereichen Arbeitsergebnisse, Optimierung von Arbeitsabläufen und Weiterentwicklung.

Das Stichwort „gemeinsam Wachsen" stellt gleichsam den Übergang der Stationen 1 bis 5 zu den Stationen 6 bis 8 dar.

Auf den voranstehenden Seiten der Stationen 1 bis 5 haben Sie sich Zeit genommen, über sich nachzudenken, an sich zu arbeiten und Ihre Managementfähigkeiten weiter zu schärfen. Ich bin mir sicher, dass sich diese investierte Zeit auszahlen wird. Führungskraft in Zeiten starken Wandels zu sein, bedeutet auch immer, sich Zeit zur Reflexion und Weiterentwicklung der eigenen Person zu nehmen. Mit diesem Rüstzeug können Sie nun auf andere einwirken und ein ganzheitliches Führungshandeln an den Tag legen, was den Fokus der folgenden Stationen 6 bis 8 bildet.

IV. Leadership und die Führung von anderen

Stationen 6–8

„Führung heißt für mich, dass ich den Einzelnen meditiere, dass ich mir überlege, was in ihm für Fähigkeiten stecken, was seine Begrenzungen und Gefährdungen sind, was ihn fördern und was ihn behindern könnte. … Das Ziel ist, dass der Einzelne und die Gemeinschaft wachsen können".
(Benediktiner Pater und Bestseller Autor Dr. Anselm Grün)

Mehrfach wurde nun schon der Begriff „ganzheitlich" verwendet. Was ist darunter aber genau zu verstehen? Was macht eine ganzheitliche Führungskraft anders als eine „Nicht-Ganzheitliche"?
Grundsätzlich betrachtet ein ganzheitlicher Leader jeden Menschen und jedes System als Ganzheit von Geist, Körper und Seele (vgl. vertiefend zu diesem großen und tiefen Thema Lerchner, 2009).
Eine Stufe konkreter und zurückgehend auf die etymologische Wurzel des Wortes „ganz", das im Mittelhochdeutschen soviel wie „heil, unverletzt, vollständig" bedeutete, möchte ich Ihnen **neun Eigenschaften anbieten, die aus meiner Sicht ganzheitliches Führungshandeln charakterisieren.**

Selbst-Bewusstheit Ganzheitliche Führungskräfte wissen um Ihre Wirkung auf andere. Nicht zuletzt deshalb setzen sie sich mutig mit sich selbst auseinander. Sie fragen sich immer wieder, weshalb sie in gewissen Situationen immer gleich reagieren und bestimmte Muster ständig wiederholen. Mit dieser Selbst-Bewusstheit erlangen ganzheitliche Führungskräfte Klarheit im Denken und Handeln. Fakten leugnen sie nicht, sondern akzeptieren die Realität ungeschönt.

Selbst-Verantwortung & Authentizität Ganzheitlich orientierte Führungskräfte handeln selbstverantwortlich und suchen die Schuld nicht bei anderen. Für sie gibt es keine Ausreden, Rechtfertigungen oder Entschuldigungen. Sie stehen zu dem, was sie tun oder getan haben. Wenn das Ergebnis nicht „stimmt", fragen sie sich: „Was habe ich selbst dazu beigetragen, dass die Situation so ist, wie sie ist, und was kann ich tun, um die Situation zu verändern?" Diese Haltung schafft Lösungen, nicht Probleme. Ganzheitliche Führungskräfte führen erst sich selbst und dann andere.

Menschlichkeit; im Sinne echter Humanität Ganzheitliche Führungskräfte sind „Humanisten" in dem Sinne, dass die Achtung der Menschenwürde für sie einen unverrückbaren Grundsatz darstellt. Sie sind mit dem Herzen bei der Arbeit und überzeugt von Wertschätzung, Respekt und Fairness anderen gegenüber. Sie erkennen die Werte ihrer Mitarbeiter an, geben ehrliches Lob, echte Anerkennung, aber auch konstruktive Kritik und offenes Feedback. Ganzheitliche Führungskräfte erfüllen damit ein tiefes Bedürfnis von uns Menschen, lernende Wesen einer Gemeinschaft zu sein.

Vertrauen Ganzheitliche Führungskräfte können anderen Menschen vertrauen, weil sie sich selbst vertrauen. Sie wissen, dass übertriebene Angst und Kontrolle die größten Hemmnisse für Kreativität und Innovationskraft sind. Vertrauen bedeutet gleichzeitig Transparenz. Ganzheitlich orientierte Führungskräfte sind offen und informieren ihre Mitarbeiter rechtzeitig. Sie beziehen sie frühzeitig mit ein, wenn es um wichtige Entscheidungen geht und nutzen so auch die kollektive Intelligenz des Systems.

Balance & Gelassenheit Ganzheitliche Führungskräfte wissen, dass Gelassenheit und innere Ruhe die besten Voraussetzungen sind, um das eigene Potential voll zu entfalten. Sie führen ein Leben in Balance und betrachten Körper, Geist und Seele als eine Einheit. Balance bedeutet auch, mit Polaritäten zu leben, Ying und Yang gleichzeitig zu betrachten. Sie bemühen sich um den ganzheitlichen Überblick ebenso, wie sie den Blick für das Detail wahren. Sie gehen in der einen Situation volles Risiko ein, während sie in der nächsten Situation eher auf Sicherheit setzen. Sie entscheiden mit Herz, Gefühl und Verstand.

Ethischer Umgang mit Macht Ganzheitlich orientierte Führungskräfte nutzen ihre Macht, um andere Menschen in ihrem Wachstum zu unterstützen, ihnen den Rücken frei zu halten, sie zu ermutigen, täglich besser zu werden. Sie nutzen ihre Macht, um Projekte im Sinne der Sache voranzubringen und gehen mit Macht verantwortungsvoll, positiv, respektvoll und zum Wohle aller um.

Kommunikative Exzellenz Nicht zuletzt sind ganzheitliche Führungskräfte herausragende Kommunikateure. Dabei legen sie ein neues Verständnis von Kommunikation zu Grunde: Nicht Rhetorik, Schlagfertigkeit, und Formulierungsschärfe zeichnen ihre Kommunikation aus, sondern Zuhören können, wirklich Verstehen wollen und sich auf die Bedürfnisse, nicht die Worte des anderen zu konzentrieren. Ganzheitlich orientierte Führungskräfte wissen, dass wahrhafte Kommunikation der beste Schlüssel in Richtung Exzellenz ist.

Offenheit für Veränderungen Dementsprechend haben ganzheitlich orientierte Führungskräfte keine Angst vor Veränderungen. Im Gegenteil: Sie treiben diese aktiv, mit Augenmaß und auf eine menschliche Art und Weise voran. Sie ermutigen ihre Mitarbeiter, Veränderungen als etwas Normales zu betrachten und nehmen ihnen die Angst davor.

Inspiration & Talentförderung In diesem Sinne wirken ganzheitlich orientierte Führungskräfte inspirierend auf ihr Umfeld. Ganzheitliche Führungskräfte fragen immer wieder: „Was wollen die Mitarbeiter wirklich?“ Sie machen sich beharrlich auf die Suche nach dem Besten in ihren Mitarbeitern und fördern diese Talente. Wenn jeder weiß, was er wirklich will und dies im Unternehmen umsetzen kann, wird Effizienz zur Selbstverständlichkeit.

Diese neun Einzeleigenschaften sind als miteinander verbunden zu sehen und erzeugen erst in ihrem Zusammenwirken einen Prozess, den wir schließlich ganzheitliche Führung nennen können. Dieser Prozess lässt sich mit Hilfe zweier, ineinander übergehender Kreisläufe darstellen (Abbildung 27 auf der nächsten Seite).

Vereinfacht können wir sagen, der **Ich-Kreislauf** (linker Teil der Abbildung) ist der **Zirkel der Selbstführung**, der **Wir-Kreislauf** (rechter Teil der Abbildung) bildet die Führung anderer ab.

Etwas genauer betrachtet befasst sich der Ich-Kreislauf mit dem eigenen Denken und Handeln. **Selbst-Bewusstheit, Selbst-Verantwortung, Mensch-**

lichkeit und Vertrauen stellen die Grundlage jeglicher Führung dar. Mit **Balance & Gelassenheit** gehen diese persönlichen Eigenschaften fließend in den Wir-Kreislauf über.

Erst ein **ethischer Umgang mit Macht, kommunikative Exzellenz** und die **Offenheit für Veränderungen** machen aus integren Persönlichkeiten herausragende Führungskräfte, die dann mit **Inspiration und Talentförderung** ein Umfeld schaffen, das **Lernen und Wachsen** zulässt. Diesem Umfeld möchten Menschen gerne angehören; es stellt die Grundlage für Spitzenleistung dar.

Abb.27: Die zwei verbundenen Kreisläufe ganzheitlicher Führung

Die zwei verbundenen Kreisläufe ganzheitlicher Führung

Quelle: Grundidee und Graphik Dr. Wegner; Komplettierung durch A. Philipp

Ineinander verwoben spiegeln der Ich- und der Wir-Kreislauf unsere neun Stationen des Pfads ganzheitlicher Führung wider. In den folgenden drei Stationen geht es um den Wir-Kreislauf.

Die Führung von anderen und Leadership im ganzheitlichsten Sinne des Wortes, stehen im Mittelpunkt. Beginnen möchte ich mit Station 6, „Im Sinne der Sache handeln“.

Station 6: Im Sinne der Sache handeln

„Arbeit ist des Bürgers Zierde, Segen ist der Mühe Preis".
(Friedrich von Schiller)

6. Im Sinne der Sache handeln

Lange habe ich überlegt, ob die Inhalte dieser Station wirklich einen eigenen Oberpunkt rechtfertigen.
Erstens mag die Botschaft etwas weltfremd, gar naiv klingen. Hören wir nicht täglich in den Wirtschaftsnachrichten von Top-Machern, die sich durchgesetzt und einen Sieg errungen haben? Sind es nicht die Heldenstories, die Wirtschaft erst spannend machen? Hat uns nicht Darwin das „Survival of the Fittest" gelehrt?
Zweitens ist die Botschaft, die ich an dieser Stelle senden möchte, sehr knapp. Sie lautet:

„Die Aufgabe ist wichtiger als das eigene Ego. Stets im Sinne der Sache zu handeln, lohnt sich für alle Beteiligten." Rechtfertigt das ein eigenes Kapitel?

Nachdem ich mich etwas näher mit obiger Botschaft befasste, habe ich mich ganz bewusst für „JA" entschieden. Mir wurde immer klarer, dass ich diesen zentralen Paradigmenwechsel im Denken und Handeln von Führungskräften nicht einfach einer anderen Station unterordnen kann. Alle großen Vordenker erwähnen die zentrale Bedeutung dieses Punktes. Von Chris Agyris angefangen bis hin zu den Lehren des Zen – von A bis Z ist man sich einig, wirkliche Spitzenleistung hat immer damit zu tun, sich selbst in den Dienst der Sache und nicht nur in das Licht der Medien zu stellen.
Dies mag, zugegebenermaßen, für uns etwas ungewohnt sein. Ob wir es merken oder nicht, die täglich auf uns einströmenden News beeinflussen massiv unsere Vorstellung, prägen unsere Sichtweise der Dinge. Sobald man jedoch etwas tiefer in die von uns fokussierte Materie einsteigt, lässt sich dieses Bild des Übermachers, der natürlich auch ein Recht hat, sich alleinig in den Mittelpunkt des Erfolgs zu stellen, nicht mehr halten.

Die mit Abstand klarste und empirisch bewiesene Absage an die Wirksamkeit von Heldentum, liefert uns

erneut Jim Collins. In seinen Studien belegt er eindeutig, dass es keinen Zusammenhang zwischen Management-Heros und besonderen Unternehmenserfolgen gibt. Eher das Gegenteil ist der Fall. Zwei Drittel der Unternehmen, die es in der auf 15 Jahre angelegten Studie nach Spitzenleistung nicht in die Gruppe der Spitzenunternehmen schafften, hatten Führungspersönlichkeiten mit überzogenem Ego, die für den Niedergang oder die fortwährende Mittelmäßigkeit ihres Unternehmens verantwortlich waren – und zwar meistens nach ihrer Zeit als CEO. (Collins, 2006: S. 31–59).

Sollten Sie an dieser Stelle Parallelen zu uns im deutschsprachigen Europa bekannten Spitzenmanagern, Verbandvertretern oder Politikern ziehen, liegt das natürlich in Ihrer Verantwortung.

Spitzenunternehmen in den Studien Jim Collins' hatten jedenfalls allesamt Spitzenmanager, die sich durch eine paradoxe Mischung aus persönlicher Bescheidenheit und beruflicher Entschlossenheit auszeichneten.

Collins nennt folgende Eigenschaften, die er bei allen besonders erfolgreichen Führungskräften der Spitzenunternehmen fand (Collins, 2006: S. 38ff).

Tabelle: Was Spitzenmanager auszeichnet

Berufliche Entschlossenheit	**Persönliche Bescheidenheit**
Sorgt für Spitzenresultate; dient dem Unternehmen; Ehrgeiz, der vor allem der Institution und nicht dem eigenen Ego gilt	Bescheiden; scheut öffentliches Lob; wird in den Medien kaum erwähnt, unauffällige Erscheinung
Legt konsequente Entschlossenheit an den Tag; tut, was getan werden muss, um langfristige Spitzenergebnisse zu erzielen – ganz gleich, wie schwierig das ist	Handelt ruhig, aber bestimmt; nicht Charisma, sondern hervorragende Leistungen zeichnen ihn aus
Setzt den Maßstab zum Aufbau eines dauerhaften Spitzen-Unternehmens	Wählt Nachfolger aus, die das Unternehmen in Zukunft noch erfolgreicher machen
Schlechte Ergebnisse sieht er im Spiegel; macht nie andere oder äußere Faktoren für Misserfolge verantwortlich; redet nie von Pech	Erfolge schreibt er den Menschen um ihn herum zu; findet die Gründe für Erfolge bei Kollegen, äußeren Faktoren, Glück
Die Manager: George Cain, Alan Wurtzel, David Maxwell, Colman Mockler, Darwin Smith, Jim Herring, Lyle Everingham, Joe Cullman, Fred Allen, Cork Walgreen, Carl Reichardt	

Ich finde die empirischen Erkenntnisse (das gilt es immer wieder zu erwähnen) von Jim Collins sehr beachtenswert. Negieren sie doch einige der fest in unseren Köpfen eingeprägten Paradigmen, wie wir uns erfolgreiche Führungspersönlichkeiten vorstellen. Ich greife nur einmal den Punkt „Charisma“ heraus. ***Ganz im Gegensatz zur gängigen Meinung, dass Charisma von besonderer Wichtigkeit wäre, zeigen die Studien, dass Charisma maximal eine neutrale, häufig sogar eine störende Eigenschaft für außerordentlichen und vor allem nachhaltigen Erfolg darstellt.***

Die charismatische Führungskraft muss besonders aufpassen, dass ihre äußere Ausstrahlung und die damit verbundene Fähigkeit, Menschen für sich (nicht zwingend für die Sache) zu gewinnen, nicht auf Kosten des eigentlichen Unternehmensauftrags geht.
Übrigens: Von wie vielen der oben erwähnten Manager haben Sie schon einmal gehört? Mir war, ehrlich gesagt, kein Name beim ersten Hören geläufig. Sicher ist Ihnen auch aufgefallen, dass weder Jack Welch noch Lee Iacocca in der Liste erscheinen. Beide von diesen geführte Unternehmen erreichten nicht die hohe Messlatte der Studie: mindestens 15 Jahre lang eine dreifach höhere Performance zu erzielen als der Aktienmarkt. GE lag bei gut dem 2,5-fachen. Das von Lee Iacocca geleitete Chrysler stürzte, nach einem Blitzstart in den 80er Jahren, im Sturzflug ab und wurde, wie bekannt, Ende der 90er Jahre von Daimler-Benz übernommen und dann 2007 mit Milliarden-Verlusten wieder abgestoßen.
Wodurch unterscheidet sich nun ein Manager, der konsequent im Sinne der Sache handelt, von anderen Managern? Jim Collins unterscheidet fünf Ebenen der Führungskompetenz und beschreibt diese auch. Nur Level-5 Führungskräften verleiht er das Prädikat „Spitzenführungskraft“.
Ordnen Sie sich doch selbst in nachfolgende Pyramide ein und notieren Sie sich, welche Eigenschaften bei Ihnen auf welcher Stufe besonders ausgeprägt vorhanden sind. Was fällt Ihnen dazu spontan ein? Wo möchten Sie sich auf alle Fälle noch weiterentwickeln?

Abb.28: Die fünf Ebenen echter Führungskompetenz

Die fünf Ebenen echter Führungskompetenz

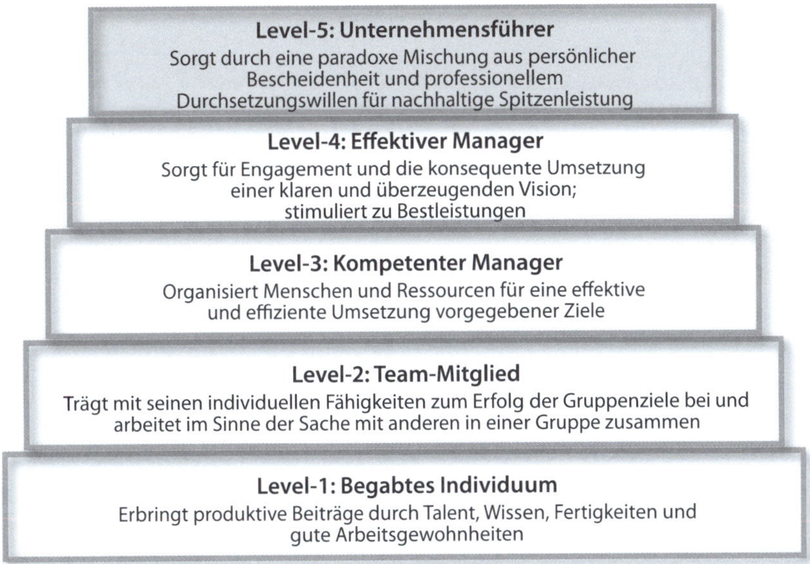

Quelle: Collins, 2006: S. 37

Unbestritten handelt es sich hierbei um eine hohe Messlatte. Auch gilt es zu überlegen, ob ein Unternehmen nur Level-5 Führungskräfte haben kann und soll. Zweifelsohne hat dies auch mit dem Alter sowie dem Erfahrungs- und Entwicklungsstand einer Führungskraft zu tun. Nicht zuletzt spielt die jeweils zu erfüllende Aufgabe eine wichtige Rolle.

Was aber bleibt, ist die Realität: ***Besonders erfolgreiche Unternehmen haben besonders viele überdurchschnittliche Führungskräfte, die erst an die Sache und dann an sich denken.***

Vielleicht ist Ihnen das alles ein bisschen zu amerikanisch – zu sehr Heldenstory à la Hollywood? Dann nehmen Sie sich bitte die Studien des deutschen Professors Hermann Simon zur Hand. In seinem aktuellen Buch „Hidden Champions des 21. Jahrhunderts" bringt er zahlreiche Beispiele von europäischen Weltmarktführern (vorrangig aus dem deutschsprachigen Raum), die in sehr ähnlicher Weise wie die von Jim Collins studierten Unternehmen agieren. Wenig beachtet vom „Scheinwerfer-Licht der Öffentlichkeit“ erzielen diese Hidden Champions Jahr für Jahr neue Spitzenergebnisse und sind der eigentliche Wachstumsmotor der heimischen Industrie. Die Führungskräfte dieser Unternehmen zeichnen sich ebenfalls durch eine sehr dynamische Mischung aus: Eher konservative Werteorientierung mischt sich mit extremer Offenheit für Veränderungen. (Hierarchische) Autorität durch Vorleben von Leistung und konsequentes Dezentralisieren von Verantwortung bilden ein „geheimes“ Erfolgspaar (vgl. Simon, 2007: S. 351ff).

Darüber hinaus erlebe ich bei Top-Führungskräften fünf spezielle Eigenschaften:

1. Fähigkeit, auf den drei Ebenen Individuum, Team und Gesamtsystem denken zu können
2. Fähigkeit zur strategisch-visionären Weitsicht
3. Fähigkeit, flexibel zur Problemlösung passende Strukturen entwickeln zu können
4. Effektivität
5. Authentizität

Was meine ich damit? Was steckt hinter diesen Begriffen?

1. Fähigkeit, auf den drei Ebenen Individuum, Team und Gesamtsystem denken zu können

Besonders gute Führungskräfte sind in der Lage, in jeder Situation sehr schnell die Konsequenzen ihres Handelns auf diesen drei Ebenen abzuschätzen. Was ist in der jetzigen Situation für mich und die mir anvertrauten Menschen das Beste? Wie gelingt es uns, durch Zusammenführen unserer einzigartigen Stärken echte Synergien herzustellen und im Team von allen getragene Lösungen zu erzeugen? Was ist für das große Ganze entscheidend? Welche Konsequenzen hat mein Handeln für das Unternehmen, dessen Stakeholder, ggf. die Welt, in der wir alle leben?

2. Fähigkeit zur strategisch-visionären Weitsicht

Hier geht es darum, noch sehr schwache Signale der Veränderung frühzeitig zu erkennen und diese auf den eigenen Fall übertragen zu können. Des Weiteren geht es um den Mut, Veränderungen vorzunehmen, wenn diese notwendig sind, auch wenn mit Widerstand und Gegenwind zu rechnen

ist. Besonders gute Führungskräfte entwickeln Szenarien der Zukunft und haben diese parat, wenn es notwendig wird.
Nicht zuletzt können Spitzenführungskräfte sehr souverän mit Paradoxien umgehen: Sie vereinen professionelle Planung mit Flexibilität. Steuern, wo es sein muss und lassen dann wieder sehr viel Freiraum. Treffen gezielt Entscheidungen und sind dann aber nicht verwundert, wenn alles ganz anders kommt. Und sie streben nach nachhaltigen Lösungen, wohl wissend, dass nichts für die Ewigkeit gebaut ist.

So war zum Beispiel Victorinox, der Hersteller des legendären SwissArmyKnife, darauf vorbereitet, von einem Tag auf den anderen keine Messer mehr in Flugzeugen verkaufen zu dürfen. Nach dem 11. September 2001 war dies der Fall. Man hatte einen USB-Stick in der Pipeline sowie eine Sicherheitshülle für die Messer, die auch den strengsten Sicherheitsvorkehrungen entsprach. Schon wenige Monate nach 9/11 war der Umsatzeinbruch durch diese „Ersatzgeschäfte" aufgefangen.

3. Fähigkeit, flexibel zur Problemlösung passende Strukturen entwickeln zu können

Anknüpfend an die voranstehenden Punkte gelingt es sehr guten Führungskräften, Organisationsformen zu entwickeln, die auf der einen Seite den reibungslosen Ablauf des Tagesgeschäfts sicherstellen, auf der anderen Seite genügend Ressourcenreserven vorhalten, um auf zentrale, strategisch entscheidende Veränderungen schnell reagieren zu können. Selbstorganisation, Empowerment, Vertrauen, win-win-Lösungen und Verantwortungsdelegation sind die damit verbundenen Stichworte. Außerdem verfügen Top-Führungskräfte über Leistungs- und Kompetenznetzwerke, auch außerhalb des eigenen Unternehmens, auf die sie bei Bedarf zugreifen können. Sie investieren bewusst Zeit in den Aufbau und die Pflege dieser menschlichen Beziehungen.

4. Durch Effektivität Resultate erzielen

Spitzen-Führungskräfte tun die richtigen Dinge (das ist die kürzeste Definition von Effektivität). Sie sind in dem Sinn pragmatisch, dass sie nach der 80:20-Regel handeln und dennoch erkennen, wann es sich um eine Ausnahme von dieser Regel handelt. Sie suchen also nach dem maximalen Hebel, um gute Resultate erzielen zu können. Sie lassen sich (auch langfristig) an Ergebnissen messen. Sie haben den Mut, bei unvollkommener Informationslage Entscheidungen zu treffen und diese, wenn es sein muss, im Sinne der Sache wieder zu korrigieren oder anzupassen. Ihr Denk- und Handlungsrahmen sieht in etwa so aus: Gründlich das Wesentliche prüfen – entscheiden – aus den Reaktionen lernen – anpassen – im Prozess bleiben.

5. Authentizität

Nicht zuletzt sind herausragende Führungskräfte auch herausragend authentisch. Dies ist natürlich ein schwieriger Punkt. Hängt doch Authentizität von sehr vielen, oft auch sehr subjektiven Faktoren anderer ab (Wer entscheidet über Authentizität? Woran lässt sie sich messen?). Aus meiner Sicht sind zwei Punkte beim Thema Authentizität entscheidend:

1. Wie gut kennt sich eine Führungskraft selbst und wie bewusst ist sie sich ihrer Wirkung auf andere? Wie bemüht ist sie, diese Wirkung stets im Sinne der Sache einzusetzen?
2. Wie konsequent arbeitet die Führungskraft an ihrer eigenen Weiterentwicklung auf fachlicher, methodischer, sozialer und menschlicher Ebene?

Als Ergänzung zu den fünf obigen Punkten möchte ich Ihnen noch die Erkenntnisse der Gallup Organization, die weltweit größte Studie zum Thema Mitarbeiterzufriedenheit, vorstellen. Gallup befragt seit 30 Jahren alle zwei Jahre Millionen Arbeitnehmer und Arbeitnehmerinnen, was diesen besonders wichtig sei, was sie von ihren Führungskräften erwarten. Heute verfügt Gallup über Forschungserkenntnisse in 63 Ländern mit 7,5 Millionen befragten Mitarbeitern.
Das zentrale Ergebnis dieser Studie ist, dass der Erfolgshebel bei den emotional engagierten Mitarbeitern liegt. Führungskräfte, denen es gelingt, die Bedürfnisse dieser Gruppe zu befriedigen, steigern ihre Wirksamkeit um ein Vielfaches und erzielen schlichtweg bessere Resultate, sind erfolgreicher.
Im Klartext heißt das, es geht nicht um grundsätzliche Mitarbeiterzufriedenheit der Mitarbeiterzufriedenheit willen, sondern es geht darum, dass sich die besonders Engagierten in ihrer Arbeitsumgebung wohl fühlen.
Vor diesem Hintergrund hat Gallup in seinen Langzeitstudien validieren können, dass diese besonders engagierten Mitarbeiter vor allem Wert auf zwölf Punkte legen.

Nachfolgende 12 Fragen spiegeln diese Bedürfnisse besonders engagierter Mitarbeiter wider:

1. Ich weiß, was bei der Arbeit von mir erwartet wird?
2. Ich habe die Materialien und Arbeitsmittel, um meine Arbeit richtig zu machen?
3. Ich habe bei der Arbeit jeden Tag die Gelegenheit, das zu tun, was ich am besten kann?
4. Ich habe in den letzten sieben Tagen für gute Arbeit Anerkennung und Lob bekommen?
5. Mein Vorgesetzter oder eine andere Person bei der Arbeit interessiert sich für mich als Mensch?

6. Es gibt in meiner Firma jemanden, der mich in meiner Entwicklung unterstützt und fördert?
7. Ich habe den Eindruck, dass bei der Arbeit meine Meinung und Vorstellungen zählen?
8. Die Ziele und die Unternehmensphilosophie meiner Firma geben mir das Gefühl, dass meine Arbeit wichtig ist?
9. Meine Kollegen sind bestrebt, Arbeit von hoher Qualität zu leisten?
10. Ich habe innerhalb der Firma einen sehr guten Vertrauten / Freund?
11. In den letzten sechs Monaten hat jemand in der Firma mit mir über meine Fortschritte gesprochen?
12. Ich habe bei der Arbeit die Gelegenheit, Neues zu lernen und mich weiterzubilden?

Machen Sie den Selbst-Test und überlegen Sie sich, wie es mit der Beantwortung dieser Fragen in Ihrem Unternehmen aussieht:
- Wie beantworten Sie, als Führungskraft, diese Fragen?
- Wie meinen Sie, beantworten Ihre Mitarbeitenden diese Fragen?
- Welche Punkte könnten in der Führungskultur Ihres Unternehmens besonders interessant sein?

Tragen Sie das Ergebnis in Abbildung 29 auf der nächsten Seite ein.

Achten Sie also in Zukunft vor allem auf die Bedürfnisse Ihrer überdurchschnittlich engagierten Mitarbeitenden. Dort liegt der Erfolgshebel besonderer Leistung. Klar ist auch, dass Sie die anderen Teammitglieder nicht als „zweite Klasse" behandeln und eine Spaltung des Teams provozieren dürfen. Aber wie wir als Eltern aufpassen müssen, dass wir uns nicht am meisten um die Kinder kümmern, die etwas „schwieriger" sind und dabei die „Unkomplizierten" automatisch vernachlässigen, so dürfen Sie sich als erfolgreiche Führungskraft nicht überproportional mit unterproportional Engagierten befassen.

Beobachten Sie sich selbst, wie diese Neigung bei Ihnen ausgeprägt ist. Je menschenorientierter Sie führen, desto größer ist die Gefahr, in das „Helfersyndrom" zu rutschen. Je sachorientierter Sie unterwegs sind, desto mehr müssen Sie darauf achten, überhaupt Bedürfnisse Ihrer Mitarbeitenden zu erkennen.
Das wäre es eigentlich schon, was ich Ihnen im Rahmen der Station „Im Sinne der Sache handeln" anzubieten hatte.

Abb.29: Die Gallup-Fragen zur emotionalen Mitarbeiterbindung

Die Gallup-Fragen zur emotionalen Mitarbeiterbindung

0% 25% 50% 75% 100%

1. Ich weiß, was bei der Arbeit von mir erwartet wird?
2. Ich habe die Materialien und Arbeitsmittel, um meine Arbeit richtig zu machen?
3. Ich habe bei der Arbeit jeden Tag die Gelegenheit, das zu tun, was ich am besten kann?
4. Ich habe in den letzten sieben Tagen für gute Arbeit Anerkennung und Lob bekommen?
5. Mein Vorgesetzter oder eine andere Person bei der Arbeit interessiert sich für mich als Mensch?
6. Es gibt in meiner Firma jemanden, der mich in meiner Entwicklung unterstützt und fördert?
7. Ich habe den Eindruck, dass bei der Arbeit meine Meinung und Vorstellungen zählen?
8. Die Ziele und die Unternehmensphilosophie meiner Firma geben mir das Gefühl, dass meine Arbeit wichtig ist?
9. Meine Kollegen sind bestrebt, Arbeit von hoher Qualität zu leisten?
10. Ich habe innerhalb der Firma einen sehr guten Vertrauten/Freund?
11. In den letzten sechs Monaten hat jemand in der Firma mit mir über meine Fortschritte gesprochen?
12. Ich habe bei der Arbeit die Gelegenheit, Neues zu lernen und mich weiterzubilden?

Wie beantworten Sie, als Führungskraft, die Fragen?
Wie meinen Sie, beantworten Ihre Mitarbeitenden diese Fragen?
Welche Punkte könnten in der Führungskultur Ihres Unternehmens besonders interessant sein?
Welche Schlussfolgerungen leiten Sie ganz persönlich daraus ab?

Zusammenfassung

Zusammengefasst kommt es mir in Station 6 auf folgende Punkte an:

„Die Aufgabe ist wichtiger als das eigene Ego. Stets im Sinne der Sache zu handeln, lohnt sich für alle Beteiligten", so die zentrale Erkenntnis dieser Station. Anhand der empirischen Studien von Jim Collins habe ich versucht, diese auf den ersten Blick etwas naiv anmutende Forderung zu untermauern. Es gibt einen eindeutigen Zusammenhang zwischen Spitzenleistung und einem Management, das konsequent im Sinne der Sache denkt und handelt. Allen landläufigen und medialen Meinungen zum Trotz zahlen sich politische Spielchen, Machtkämpfe, Egoismus und charismatische Personenzentriertheit nicht aus. Für das Unternehmen sowieso nicht – das hat Jim Collins bewiesen. Für die einzelne Führungskraft lediglich kurzfristig und in einem

sehr reduzierten Sinne. Nur wenn man Erfolg auf die Komponenten eigene Machterweiterung und Gehaltserhöhung reduziert, mag ein Agieren jenseits der Sache für eine gewisse Zeit „erfolgreich" sein. Lassen wir uns nicht blenden. Die Ergebnisse politischer Parteien und politischer Spielchen, vor allem in Großunternehmen, zeigen uns tagtäglich, welche Resultate damit erzielt werden. Mit Spitzenleistung hat das auf alle Fälle wenig zu tun.
Jim Collins nennt diese Spitzen-Manager „Level-5 Unternehmensführer". Sie zeichnen sich durch eine paradoxe Mischung aus persönlicher Bescheidenheit und professionellem Durchsetzungswillen aus.
Die Studien von Hermann Simon zu den „Hidden Champions" im deutschsprachigen Europa kommen zu ähnlichen Ergebnissen: Im Mittelpunkt steht die Sache. Firmen wie Enercon, Getrag oder Lantal Textiles spiegeln diesen Unternehmensgeist überzeugend wider.
Aus meiner eigenen Erfahrung habe ich dann noch fünf Fähigkeiten zusammengetragen, die ich immer wieder bei besonders guten Führungskräften erlebt habe:

1. ***Fähigkeit, auf den drei Ebenen Individuum, Team und Gesamtsystem denken zu können***
2. ***Fähigkeit zur strategisch-visionären Weitsicht***
3. ***Fähigkeit, flexibel zur Problemlösung passende Strukturen entwickeln zu können***
4. ***Effektivität***
5. ***Authentizität***

Abschließend gab Ihnen Station 6 die Möglichkeit zur Selbstbeurteilung. Orientiert an den Langzeiterkenntnissen der Gallup-Studien zur Mitarbeiterzufriedenheit haben Sie die 12 zentralen Punkte, auf die es besonders engagierten Mitarbeitern ankommt, kennengelernt und konnten den eigenen Erfüllungsgrad in Ihrem Unternehmen beurteilen.
Mit diesem Rüstzeug möchte ich zu Station 7 weitergehen, bei der wir uns mit dem großen Thema „Kommunikation" befassen; d.h. zum vielleicht entscheidendsten Punkt erfolgreicher Führung kommen.

Station 7: Mit kommunikativer Exzellenz führen

„Gedacht heißt nicht immer gesagt, gesagt heißt nicht immer richtig gehört, gehört heißt nicht immer richtig verstanden, verstanden heißt nicht immer einverstanden, einverstanden heißt nicht immer angewendet, angewendet heißt noch lange nicht beibehalten."
(Konrad Lorenz)

7. Kommunikation

Alles beginnt mit der eigenen Wahrnehmung

Kommunikation (lat.: communicare = mitteilen, teilen, gemeinschaftlich machen) ist letztendlich der Versuch, eigene Ideen und Vorstellungen anderen so verständlich zu machen, dass darauf aufbauend gemeinsam etwas entstehen kann.

Der große Soziologe und Systemtheoretiker, Niklas Luhmann, vertritt sogar die Meinung, dass Gesellschaft ausschließlich aus der aneinander anschlussfähigen Kommunikation entsteht. Sehr vereinfacht gesagt ist Gesellschaft die Gesamtheit der miteinander in Beziehung stehenden Kommunikationen, egal aus welchem Medium sie entstanden sind (also durch Personen, Massenmedien, Neuronen, ...): Wo keine kommunikative Vernetzung besteht, ist keine systemische Basis vorhanden, um überhaupt etwas entstehen zu lassen oder zu verändern. Unabhängig davon, wie man zu dieser Position steht, müssen wir uns einer Sache bewusst sein: Im Gegensatz zur gängigen Meinung, dass Kommunikation unter „gesunden" Gleichsprachigen eine relativ einfache Angelegenheit ist – immerhin haben wir ja einen Mund, Worte, Sprache und Ohren – zeigt uns der Alltag oft genau das Gegenteil.

Wenn wir uns nicht richtig verstehen, sind wir schnell dabei, den anderen dafür verantwortlich zu machen: Du verstehst mich nicht! Wie oft muss ich das noch sagen! Kannst Du niemals hören! Das habe ich Ihnen doch schon gestern gesagt! Das haben wir doch so beschlossen!

Dieses Verhaltensmuster hat selbstverständlich mehrere Gründe, einer ist relativ trivial. Immer wieder tappen wir in die Falle zu glauben, dass erfolgreiche Kommunikation in der Form stattfindet, dass ein Sender eine Botschaft formuliert und diese dann über die Ohren des Empfängers aufgenommen wird. Rein physisch mag das so ähnlich sein – faktisch jedoch fehlen dieser Sichtweise zwei fundamentale Schnittstellen: Die Gehirne von Sender und Empfänger.

Kommunikation beginnt im Gehirn des Senders, konkreter in dessen subjektiver Konstruktion von der Welt und endet in einem ebenso komplexen Gefüge – im Gehirn des Empfängers. Davor liegt die gesamte bisherige Erlebniswelt der beiden Kommunikationspartner; dazwischen liegen die Schnittstellen vom Denken zum Sprechen sowie vom Hören zum Verstehen.

Lassen Sie mich bitte versuchen, diese einerseits relativ komplexe, andererseits auf ihrem bisherigen Weg bereits mehrfach gehörte (und damit in ihrer Wichtigkeit unterschätzte) Thematik möglichst einfach zu erläutern. Sehen Sie sich bitte nachfolgende Abbildung genau an: Was sehen Sie?

Was sehen Sie?

Abb.30: Was sehen Sie?

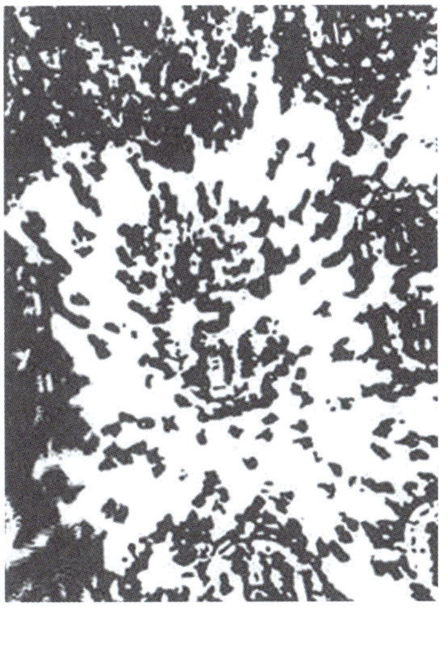

Auf unsere Frage „Was sehen Sie in diesem Bild?" erhielten wir in zahlreichen Workshops, Vorträgen und Seminaren folgende Antworten: Löwenmähne, Magnetfeld, Bombenexplosion, Dorf von oben, Getümmel an der Börse, Bär, Kuh, …

[?]
Mit welcher Sichtweise können Sie sich am ehesten anfreunden? Was haben Sie gesehen?

Tatsache ist, dass es hier gar nichts Spezielles zu sehen gibt – zumindest nicht in dem Sinn, dass es sich um ein Suchbild handelt, das erst gefunden und dessen tiefere Wahrheit dann verstanden werden muss. Hier gibt es kein richtig und falsch, kein logisch und unlogisch, keine Wahr- oder Unwahrheit – hier zählt nur Ihre individuelle Wahrnehmung, gilt nur Ihre Wahrheit!

Wahr ist, was wir gerade wahrnehmen.

In der grauen Substanz des Gehirns werden sämtliche Umweltreize unabhängig von der Reizart in gleicher Form verarbeitet. Egal ob ein Reiz visuell, haptisch, akustisch, usw. ausgelöst wurde, er wird immer in denselben Typ neuronaler Erregung umgewandelt (Roth, 1996: S. 94f). Erst in unserem Kopf entsteht ein Bild, eine Idee, eine Vorstellung.

Es sind also nicht das Auge, das irgendetwas wahrnimmt, das Ohr oder die Nase, sondern immer sind es Nervenreize, die im Gehirn Prozesse auslösen – und in jedem Gehirn andere, abhängig von bisherigen Erfahrungen, momentanen „Gefühlen", Umwelteinflüssen und vereinzelt auch genetischen „Vorentscheidungen".

(Vgl. vertiefend Maturana, 1996). Dabei erzeugt unser Gehirn Muster, die sich durch Wiederholungen oder sonstige Irritationen verfestigen oder verändern. Bei Kindern geht das noch sehr schnell – mit zunehmender Erfahrung halten wir immer stabiler an bereits vorhandenen Mustern fest; werden unzugänglicher für uns bisher Unbekanntes.

Besonders deutlich wird dieser bio-chemisch und autonom ablaufende Prozess aus wahrnehmen, Muster bilden und das Ergebnis für wahr zu nehmen in dem legendären Brillen-Experiment des Innsbrucker Gehirnforschers Prof. Iwa Kohler. Kohler hat Brillen konstruiert, die es ermöglichen, die Welt genau 180° umgedreht zu sehen – was oben war, ist unten, was links war, ist nun rechts, alles „up side down" und vice versa. Wenn Sie diese Brille aufsetzen, können Sie sich schlagartig nicht mehr bewegen. Alles ist verkehrt, Ihre Koordination außer Kraft gesetzt.

Nach zwei bis drei Tagen beginnen sich die ersten Gegenstände wieder „aufzurichten". Voran überschaubare, kleinere Dinge – der Stift, die Flasche, der Hut – nachfolgend größere, komplexere Gegenstände – das Auto, das Haus, der Wald. Nach ca. zwei Wochen hat sich alles gedreht und die Welt ist wieder „richtig herum". Nimmt man nun die Brillen ab, findet dasselbe Spiel wie beim Aufsetzen statt, alles ist verdreht, die Welt scheint verkehrt. Der „Umdrehungsprozess" dauert jedoch nicht mehr 14, sondern etwa 7 Tage. Mit zunehmenden Wechselversuchen wird die Anpassungszeit immer kürzer; nach drei Monaten beträgt sie nur noch einige Minuten. Sie werden zum Spezialisten für richtige und verdrehte Welten, alle Welten sind für Sie gleich, gleich-gültig. Zusammengefasst können wir sagen:

Wir konstruieren unsere eigene Welt

Abb. 31: Wir konstruieren unsere eigene Welt

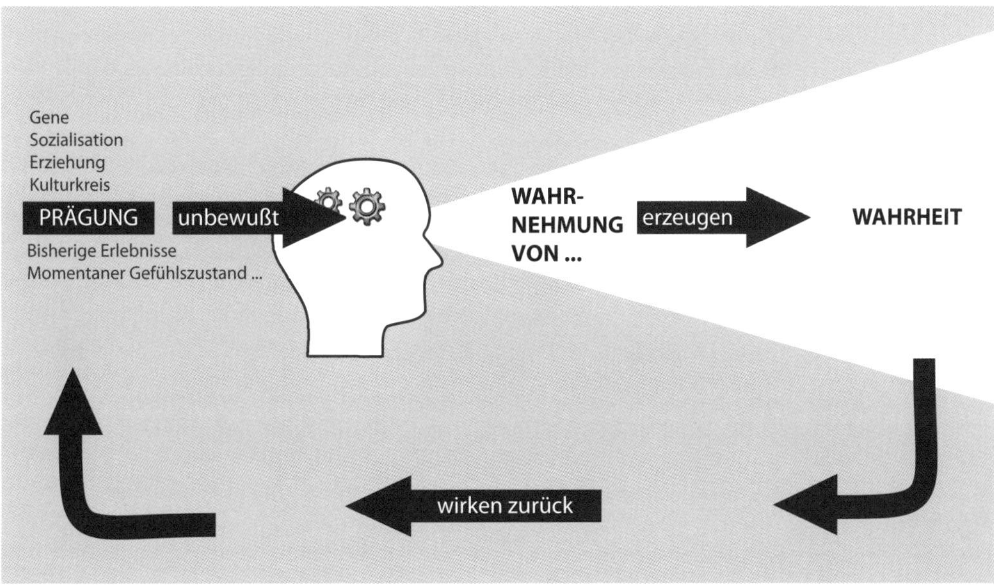

Bevor auch nur ein Laut unsere Lippen verlässt, haben wir bereits einen ganz individuellen Vorselektionsprozess durchlaufen, der in gleicher Weise wieder beim Empfänger einer Botschaft abläuft. Dort allerdings mit dessen ganz individuellen Vor-Prägungen.

Begraben wir also die Vorstellung, dass Aussagen von jedem in gleicher Weise verstanden, Bilder von jedem identisch gesehen, Klänge von jedem gleichlautend gehört oder gemeinsame Erlebnisse übereinstimmend interpretiert werden.

Hinzu kommt, dass unsere Sprache bereits sehr alt ist und es ernst zu nehmende Erkenntnisse gibt, dass unser aktuell zur Verfügung stehendes Sprachsystem nur noch begrenzt die heutige, sehr schnelllebige Realität beschreiben kann. „Unsere Sprache ist ein unvollkommenes Instrument, das von unwissenden Menschen in grauer Vorzeit geschaffen wurde. Es ist eine animistische Sprache, die dazu einlädt, über Stabilität und Konstanten zu sprechen, über Ähnlichkeiten, Normalitäten und Arten, … einfache Probleme und endgültige Lösungen. Die Welt jedoch, die wir mit dieser Sprache beschreiben wollen, hat sich inzwischen sehr verändert. Sie ist jetzt bestimmt von Prozessen, Veränderungen, Unterschiedlichkeiten, Dimensionen, Funktionen, Beziehungen, Wachstum, Interaktionen, Entwicklung, Lernen, Herausforderungen und Komplexität“, so der Sprachforscher Wendell Johnson (zitiert in Rosenberg, 2005: S. 45).

Stellen wir uns also darauf ein, dass gelungene Kommunikation eher die Ausnahme als die Regel darstellt.

Mit dieser auf Demut basierenden Haltung erhöhen wir auf alle Fälle die Chance, in ein gegenseitiges Verstehen zu kommen.

Grundlagen erfolgreicher Kommunikation

Vor dem voranstehenden Hintergrund können wir Kommunikation als Versuch definieren, bei dem ein Sender sich subjektiv zu einer Sache ausdrückt mit dem

Ziel, dass beim Empfänger ein einigermaßen übereinstimmender Eindruck zu dieser Sache entsteht. Oder etwas einfacher: Der Empfänger versteht den Sender nur, wenn beider geistige Software auf einem weitgehend ähnlichen Programm läuft.

Dieses Programm hat jedoch vier Unterkanäle, auf denen eine Botschaft gesendet und empfangen werden kann. Neben der Sach- und Beziehungsebene gilt es auch die Ebenen der Selbstoffenbarung und des Appells zu berücksichtigen. Nachfolgende Abbildung zeigt die vier Ebenen der Kommunikation nochmals im Überblick.

Abb. 32: Die vier Ebenen der Kommunikation

Die vier Ebenen der Kommunikation

Jede Botschaft hat vier Ebenen: 1. Inhalt + 2. Gefühle + 3. Beziehung + 4. Appell
Entscheidend ist, welche Botschaft beim Empfänger ankommt: Der Hörer, nicht der Sprecher, bestimmt die Aussage einer Nachricht.

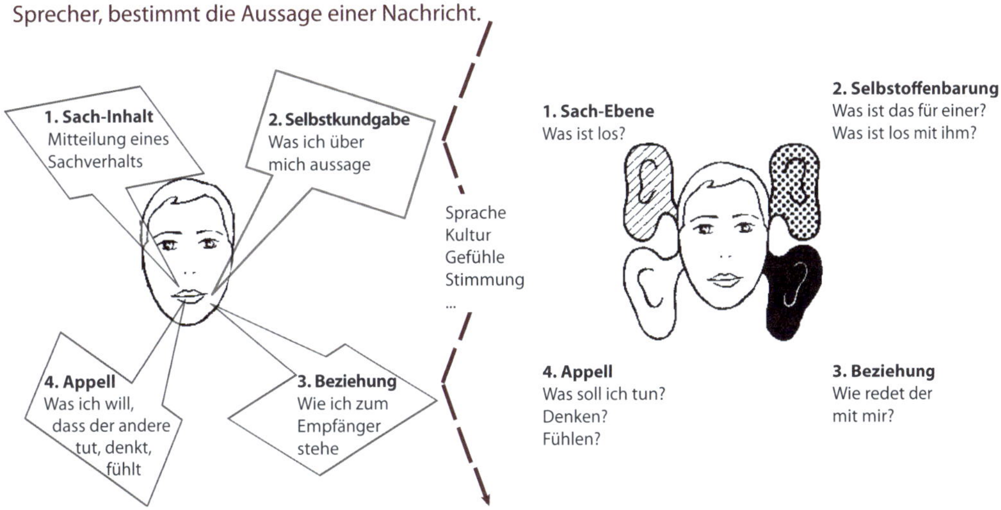

Je nachdem, wie das Verhältnis zwischen Sprecher und Hörer ist, werden gleiche Aussagen unterschiedlich gewichtet. ***Der lapidare Satz: „Schatz, denkst Du bitte noch an das Geschenk für Tante T." kann durchaus zu Familienkrisen führen.***

Auf der Sach-Ebene mag noch alles klar sein. Bei der Selbstoffenbarung hängt schon viel davon ab, mit welchem Hintergrund der Sprecher die Aussage gemacht hat. Auch Tonfall, Mimik, Gestik und sonstige Körpersprache spielen eine Rolle. Sie sind vor allem auf der Appell-Ebene ganz entscheidend. Jeder „neutrale" Aussagesatz kann bei entsprechender Betonung und Körpersprache zum Befehl werden. Am wichtigsten für kommunikatives Ver- oder Missverständnis ist jedoch die Beziehungsebene. Ist diese im Moment des Gesprächs stabil, ist der Spielraum der Gesprächspartner deutlich größer, als wenn Spannungen oder Irritationen im Raum stehen.

Lassen Sie uns festhalten: Kommunikation ist eine komplexe Angelegenheit; sie gelingt leider weit seltener, als wir spontan annehmen. Die Gründe sind vielfältig und, wenn erst einmal bewusst gemacht, sehr verständlich:

- Der Sprecher findet nicht die passenden Worte, um seine eigentlichen Gefühle auszudrücken. Das haben wir schon alle erlebt: wir sagen etwas und spüren, dass es nicht genau das ist, was wir eigentlich sagen wollten. Wie soll ich wissen, was ich meine, bevor ich höre, was ich sage.
- Der Zuhörer ist damit beschäftigt, sich zu überlegen, was er auf das Gesagte antworten soll. Er sortiert quasi geistig seine „Gegenrede".
- Wir selektieren, was wir dem anderen sagen möchten, dadurch wird unsere Botschaft unklar. Wir trauen uns nicht, das zu sagen, was wir eigentlich meinen, um den anderen nicht zu verletzen oder Ablehnung zu erleben.
- Der Zuhörer nimmt mitunter bewusst oder häufiger unbewusst nur selektiv die Botschaft des Sprechers wahr; er sondiert, interpretiert oder bewertet dessen Aussage durch sein eigenes Referenzsystem.
- Wir wissen als Menschen manchmal selbst nicht so genau, welche Gefühle und Bedürfnisse wir haben. Wir „plappern" einfach so drauf los; nehmen Worte nicht ernst oder sprechen, um uns von irgendetwas zu befreien, ohne uns der Wirkung beim anderen bewusst zu sein.
- Sprecher und Zuhörer geben gleichen Begriffen und Wörtern unterschiedliche Bedeutungen. Fragen Sie zum Beispiel mal in Ihrem Team, was unter Change Management, einer Strategie oder unter Effektivität verstanden wird.

Dies alles macht Kommunikation etwas kompliziert. Glücklicherweise wird aber unser Wissen, wie diesen Stolpersteinen begegnet werden kann, jeden Tag größer.

Auf der „handwerklichen" Ebene gelingt Kommunikation besser, wenn man …

- die **Perspektive des Gesprächspartners** berücksichtigt
- sich auf das Signalrepertoire des **anderen einstellt**
- selbst mit klaren **Ich-Botschaften** spricht; aber gleichsam sensibel die Reaktion auf das Gesagte beobachtet (Körpersprache, Mimik, Gestik, einzelne Worte, …)
- auf den **verschiedenen Kanälen** (Sprache, Mimik, Gestik, Körperhaltung, dem Anlass entsprechende Kleidung) **widerspruchsfreie Informationen** sendet
- **Inhalte** auswählt, die auch für den Gesprächspartner wichtig sind
- die zu vermittelnden **Inhalte dementsprechend aufbereitet**
- möglichst **mehrere Kommunikationskanäle** nutzt (Wort, Bild, Körpersprache, …)
- Störungen der sachlichen Kommunikation durch **Beziehungsprobleme vermeidet,** wenn nötig in angemessener Form aufgreift sowie
- **angemessene Rahmenbedingungen** schafft (Ort, Zeit, Räumlichkeit, …)

Aber auch auf **der prozessualen Ebene,** d.h. wie wir von der eigenen Idee zur Umsetzung mit anderen kommen, gilt es einige Stolpersteine zu beachten:

Vorgenommen bedeutet noch nicht gesagt

- Vergewissern, ob man das, was man vorhatte, bereits tatsächlich gesagt hat.
- Vergewissern, ob man das, was man sagen wollte, auch zur richtigen Person gesagt hat.

Gesagt bedeutet nicht gehört

- Häufig muss ich das, was ich sage, mehrmals wiederholen, denn oft hört das Gegenüber nicht zu oder kann mit dem Gehörten nichts anfangen. Ich muss mich vergewissern, ob es gehört wurde und überprüfen, ob das **Wesentliche erfasst wurde – jeder hört zunächst das, was er will / kann.**
- Ich muss den richtigen Zeitpunkt wählen.
- Ich muss die Botschaft vereinfachen (keep it simple).
- Zur Überprüfung all dieser Schritte ist es günstig, die Nachricht vom Empfänger wiederholen zu lassen oder sie selbst zusammenzufassen und nachzufragen, ob der andere den Sachverhalt ebenso verstanden hat.

Gehört bedeutet nicht verstanden

- Nachricht vom Empfänger wiederholen lassen.
- Es ist wichtig, sich selbst zu fragen: Sind die Argumente klar und deutlich? Machen die Darlegungen Sinn? Habe ich den richtigen Zeitpunkt und den richtigen Ort gewählt? Werden die Argumente verfälscht durch Vorurteile – oder durch die Vorgeschichte? Hat mein Gesprächspartner alles verstanden? Spreche ich die Sprache des anderen? Stelle ich mich auf seine Stimmung ein? Berücksichtige ich seinen Kenntnisstand?

Verstanden bedeutet nicht einverstanden

- Ich muss gute Argumente bringen, die in das Wertesystem des Empfängers passen und den Nutzen / Sinn für beide Seiten aufzeigen.
- Ich muss fest davon überzeugt sein, dass Gewinn-Gewinn die beste aller Lösungsalternativen darstellt.
- Ich muss als Person glaubwürdig und überzeugend sein; Vertrauen ist zentral – und hierbei spielt vergangenes Verhalten eine wichtige Rolle.
- Ich muss wissen, welche Blockaden, Bedenken und Ängste wirksam sind, da diese Übereinstimmung verhindern.
- Es geht nicht um Überrumpeln oder Manipulieren, sondern um Überzeugen. Wenn man sein Gegenüber nicht ernst nimmt und nicht als Partner betrachtet, wird man keinen Erfolg haben; der andere wird blockieren.

Einverstanden bedeutet nicht umgesetzt

Hier müssen die drei Ebenen „Können – Dürfen – Wollen" beachtet werden.

- Können: Ich muss als Führungskraft meinem Umfeld die notwendigen Fertigkeiten und Qualifikationen vermitteln, damit möglichst viele bei der Umsetzung unterstützen können.
- Dürfen: Ich muss Strukturen und Belohnungssysteme so verändern, dass sie gewünschtes Verhalten unterstützen und ungewünschtes Verhalten „automatisch verhindern". „Spielregeln" und Konsequenzkultur sind die Stichworte.
- Wollen: Ich muss die Veränderung selbst wirklich wollen und möglichst viele Fürsprecher finden. Je mehr an eine Idee glauben, desto eher gelingt die Umsetzung.

Ein pragmatischer Praxisansatz gelungener Kommunikation liegt im synergetischen Dreiklang der **„drei W": Wahrnehmung – Wirkung –Wunsch.**

- **Wahrnehmung:** In einem Gespräch nehme ich als erstes nur möglichst „objektiv" wahr, was wirklich geschieht. Was höre ich andere sagen, was sehe ich, wie dies gesagt wird. Ich versuche dabei möglichst neutral zu bleiben und nicht sofort das Wahrgenommene zu bewerten oder zu interpretieren. Auch bemühe ich mich darum, wirklich zuzuhören. Wenn ich dem anderen etwas mitteilen möchte, tue ich dies ohne Bewertung.

- **Wirkung:** Im nächsten Schritt beobachte ich mich selbst. Wie wirkt das Gesagte und Gesehene auf mich? Was löst es in mir aus? Fühle ich mich froh, amüsiert, irritiert oder gar verletzt und erschrocken? Wenn ich diese Wirkung für mich etwas sortiert und reflektiert habe, teile ich meinem Gegenüber diese Wirkung mit. Ich spreche bewusst in Ich-Botschaften und bemühe mich um eine klare, aber nicht verletzende Sprache. „Aus meiner Sicht stellt sich die Situation wie folgt dar …". „Ich denke, dass …". „Ich bin etwas verwundert über die Schärfe Ihrer Worte". Auch kann ich an dieser Stelle mit Verständnisfragen arbeiten: „Habe ich Sie richtig verstanden, dass …?" „Sehe ich das richtig, dass Sie …?"
- **Wunsch:** Der dritte Schritt ist nun die möglichst konkrete Formulierung eines Wunsches an den anderen. Dieser Wunsch sollte eng an der besprochenen Thematik liegen und möglichst sofort umsetzbar sein. Also nicht: „Ich würde mich freuen, wenn Sie in nächster Zeit noch einmal die Projektunterlagen durchsehen könnten." Sondern: „Bitte überprüfen Sie die Projektunterlagen bis heute Mittag nochmals genau auf Fehler. Um 14.00 Uhr möchte ich diese dem Kunden schicken."

Selbstverständlich gibt es in jedem der drei Schritte noch ausreichend „Tretminen" und es bedarf einiger Übung, um die „drei W" in der Praxis wirklich professionell anzuwenden (wir werden im Folgenden noch genauer darauf eingehen). Wenn Sie jedoch ab heute bewusst darauf achten und sich um eine konsequente Anwendung bemühen, werden Sie stetig mehr kommunikative Erfolgsfrüchte ernten können. Ich selbst benutze diese Technik schon seit vielen Jahren und erlebe tatsächlich einen Fortschritt in Sachen gelungene Kommunikation.

Der Kommunikationsprozess nach Marshall B. Rosenberg

Bis zum Jahre 2004 war ich fest davon überzeugt, dass die „drei W" die wirkungsvollste Kommunikations-Methodik ist, die es gibt. Dann stieß ich auf Marshall B. Rosenberg und seine sogenannte „Gewaltfreie Kommunikation (GFK)" (Rosenberg, 2005). Vom Prinzip her empfiehlt Rosenberg ein sehr ähnliches Vorgehen. Sein Kommunikationsprozess beinhaltet vier Komponenten:

Beobachtungen – Gefühle – Bedürfnisse – Bitten

- **Komponente 1 „Beobachtung"** ist sehr ähnlich wie der Schritt **Wahrnehmung** bei den „drei W". Ein leichter Unterschied liegt darin, dass wir dem Gesprächspartner in jedem Fall kurz eine Rückmeldung geben, was wir beobachten und ob wir das mögen oder nicht.
- **Komponente 2 „Gefühle"** befasst sich explizit damit, was wir fühlen, wenn wir die Worte unseres Gesprächspartners hören, seine Handlungen beobachten. Dies ist ähnlich wie der Schritt „Wirkung" bei den „drei W" – befasst sich aber noch tiefer und bewusster mit unserem Gefühlszustand. Was geht in uns vor, wenn wir die Worte des anderen hören, seine Handlungen sehen?
- **Komponente 3 „Bedürfnisse"** macht nun einen wichtigen Unterschied. Hier formulieren wir sehr klar, welche Bedürfnisse hinter den Gefühlen stehen und ob sie durch die Worte und Handlungen des anderen erfüllt oder missachtet werden.
- **Komponente 4 „Bitte"** schließt sich direkt an Komponente 3 an. Hier geht es um eine sehr präzise Bitte an den anderen, „... was wir vom anderen wollen, so dass unser beider Leben schöner wird", wie es im Original bei Rosenberg heißt (S. 25).

Gerade die letzten beiden Komponenten (Bedürfnisse und Bitten) klangen für mich anfangs ziemlich seltsam. „ ... beider Leben schöner wird ...". Ich habe einige Zeit gebraucht, bis ich verstanden habe, dass genau hier der große Unterschied von Rosenberg zu anderen Kommunikationsmethoden liegt.

Rosenbergs vier Komponenten zeichnen sich durch eine ganz besondere Haltung aus. Er löst Kommunikation von einer eher technischen Methodik und hebt sie auf eine zutiefst ethische Stufe. So besteht die eine Seite seines „Kommunikationsansatzes" darin, die vier Kommunikationsteile ganz klar in Wort und Tat auszudrücken. Die andere Seite seines Ansatzes liegt in dem Aufbau einer tiefen Beziehung zum anderen. Wir treten empathisch mit diesem in Kontakt, stimmen uns auf ihn ein. Wir beobachten mit seinen Augen, fühlen mit ihm, denken uns in ihn hinein, spüren seine Bedürfnisse und hören schließlich seine Bitten nicht mehr als Forderungen, sondern als echte Wünsche seines Herzens.

Während wir unser Augenmerk auf die vier Bereiche richten und anderen dabei helfen, das Gleiche zu tun, bauen wir einen Kommunikationsfluss auf, der sich hin und her bewegt: „Was ich beobachte, fühle, brauche; um was ich bitte – was du beobachtest, fühlst und brauchst; worum du bittest …" (Rosenberg, S. 26). Und weiter heißt es bei Rosenberg (S. 26): „Das Wesentliche der GFK findet sich in unserem Bewusstsein über die vier Komponenten wieder und nicht in den tatsächlichen Worten, die gewechselt werden."

Rosenberg verwendet in diesem Kontext die Symbolik der Giraffenohren. Giraffen sind die Tiere mit dem größten Herz aller Landtiere. Mit Giraffenohren hören wir keine Anschuldigungen, Warnungen, Maßregelungen, Bedrohungen, Schmeicheleien etc. mehr. Wir wissen, dass hinter jeder Aussage ein unerfülltes Bedürfnis steckt und versuchen dieses zu erkennen, statt auf die Worte des anderen einzusteigen.

Nachdem ich Marshall B. Rosenberg persönlich erleben durfte und ihn immer wieder in Videosequenzen studiert habe, wurde mir zunehmend deutlicher, dass der Schlüssel erfolgreicher Kommunikation in echter Empathie für den anderen liegt. Welche Sorgen, Bedürfnisse, Ängste treiben mein Gegenüber um? Welche Freude, welches Glück möchte er mit mir teilen? Was bewegt ihn gerade? Worin möchte er sich tief verstanden fühlen?

Stellen Sie sich bitte folgende Situation vor; versuchen Sie sich ganz fest in die beschriebene Lage zu versetzen:
Sie haben heute Morgen aus den Nachrichten erfahren, dass Ihr Unternehmensbereich deutlich verkleinert und mittelfristig der ganze Standort geschlossen werden soll. Von Ihrem Chef haben Sie dann noch erfahren, nach welchen Kriterien der Personalabbau erfolgen soll. Die Wahrscheinlichkeit, dass Sie – als gerade frisch beförderter Teamleiter – einer der Ersten sein werden, der von den Einsparungsmaßnahmen betroffen sein wird, ist groß.
Abends sitzen Sie mit ein paar Freunden zusammen und schildern den Fall. Welche Reaktion möchten Sie in diesem Moment erleben? Wann fühlen Sie sich verstanden?
Freund 1: Mensch Junge, Kopf hoch. Das wird schon wieder. Du findest sicher bald einen neuen Job.
Freund 2: Warte erst mal ab. Noch ist nichts definitiv.
Freund 3: Das würde ich mir nicht gefallen lassen. Kann da der Betriebsrat nichts machen?
Freund 4: Das ist doch eine Frechheit. Die da oben zocken ab und wir dürfen sehen, wo wir bleiben.
Freund 5: Das erinnert mich an meine Situation vor zwei Jahren. Wie aus heiterem Himmel kam die Entlassung. Wir haben dann begonnen, uns zu wehren. War ein schwerer Kampf. Aber mit vereinten Kräften konnten wir noch einiges rausschlagen.
Freund 6: Schweigt. Hört sehr genau zu. Sieht Sie an. Lässt Sie aussprechen. Fragt punktuell nach, um noch besser die Situation zu verstehen und bemerkt zum Schluss: „Vermutlich machst Du Dir jetzt Sorgen, weil Du gerne etwas mehr Sicherheit hättest, wie es für Dich weitergeht?"

Meine Vermutung ist, dass Sie sich am ehesten von Freund 6 in dieser Situation verstanden fühlen. Andererseits scheinen mir die Reaktionen der anderen Freunde nicht so abwegig. Freund 1 ermutigt, Freund 2 beruhigt uns. Die Freunde 3 und 4 ziehen für Sie – auf unterschiedliche Art – in den Kampf und Freund 5 spricht aus Erfahrung. Kennen Sie vergleichbare Situationen? Ich zum Beispiel ertappe mich immer wieder in den Verhaltensmustern von Freund 1 bis 5. Dabei meine ich es durchaus gut, möchte wirklich dem anderen helfen – leider hat es nichts mit empathischer Reaktion zu tun. Es ist lediglich ein Transformieren des Gehörten / Erlebten in mein Denk- und Referenzsystem, getrieben von dem Wunsch, dem anderen schnell eine Lösung anzubieten. Das Verhalten von Freund 4 und 5 geht sogar noch einen Schritt weiter, es hat kaum mehr den anderen im Blick, sondern befasst sich mehr mit sich selbst.

Das ist nachvollziehbar, tägliche Realität. Im Normalfall sind wir nicht geschult, mit derartigen Situationen umzugehen.

Seit unserer Kindheit lernen wir Kommunikationsmuster, die sehr stark auf logischem Erklären, Interpretieren, Sondieren, Bewerten, Beraten, Belehren, Befehlen, Warnen, Moralisieren aber auch Loben, Zustimmen, Schmeicheln, Bemitleiden und Trösten basieren.

Thomas Gordon spricht von Kommunikationssperren, hinter denen der eigentliche Wunsch liegt, den anderen verändern zu wollen (Gordon, 1999: S. 72ff). Die geheime Botschaft lautet: „Dein Verhalten ist nicht richtig. Deswegen hast Du das Problem. Ich wüsste, wie es ginge. …“ Solch ein häufig völlig unbewusstes und unbeabsichtigtes Klima erzeugt Abwehr und Widerstand. Der so Behandelte fühlt sich in seinen Grundbedürfnissen nach Sicherheit und Wertschätzung bedroht und geht in die „raufen oder laufen Falle“. Er verteidigt sich oder entzieht sich dem weiteren Gespräch. Er ist nur noch damit beschäftigt, Gegenargumente zu finden oder seine Gedanken so zu sortieren, dass die Situation für ihn nicht zum Eklat wird. Dies gilt vor allem unter ungleichen Machtkonstellationen und wenn die Beziehungsebene der Gesprächspartner gestört ist.

Ihren negativen Höhepunkt erreicht ein derartiges „Kommunikationsverhalten“ in typischen Fernseh-Talkrunden.

Dort erhalten wir täglich eindrucksvolle Beispiele des Stands unserer Kommunikationsfähigkeiten (angemerkt sei, dass es mir schwer fällt, in diesen Fällen noch von Kommunikation [gemeinschaftlich machen] zu sprechen).

Sehen Sie sich doch das nächste Mal eine dieser Sendungen nur unter der Brille an, wie viel Empathie Sie dort erleben und mit welchen Kommunikationssperren ein wirklich empathisches und damit wirkungsvolles Gespräch bereits im Keim erstickt wird. Vielleicht werden Sie jetzt sagen: „Na ja, im Fernsehen geht's ja genau darum zu polarisieren. Es soll ja auch unterhaltsam sein – sonst wird das Ganze zu brav.“ Vielleicht? Im Kern ist das nicht der Punkt, auf den ich hinaus möchte. Wenn Ihnen die Fernsehwelt zu unreal ist – wo ich Ihnen übrigens auf einer etwas allgemeineren Ebene zu 100% zustimmen würde – *dann reflektieren Sie bitte eines Ihrer letzten Gespräche; vielleicht mit Ihrem Mitarbeiter, Ihrer Tochter/Ihrem Sohn oder Ihrem Ehepartner.*

Als kleine Hilfe möchte ich Ihnen die aus meiner Sicht wichtigsten Kommunikationssperren mit kurzen Verständnis-Beispielen nennen. Deren Beachtung kommt vor allem dann zum Tragen, wenn sich die Beziehungsebene der Gesprächspartner im Problembereich befindet – ein Konflikt vorliegt. Tragen Sie Ihre Beobachtungen und Empfindungen direkt in die Tabelle auf der folgenden Seite ein.

Tabelle: Kommunikationssperren und deren Wirkung im Alltag

Kommunikationssperre	Kurzerläuterung / Beispiel	Beobachtung in Talk-Sendung	Reflexion meiner eigenen Kommunikation
Logisch erklären, dozieren	Das können Sie ja nicht wissen. Lassen Sie mich die Fakten erläutern. Das ist so, mein Junge – glaub mir, ich habe damit Erfahrung.		
Interpretieren, analysieren	Das sagen Sie nur, weil … Was Sie wirklich brauchen, ist … Du bist nur zu sensibel, sonst wäre das kein Problem.		
Sondieren, verhören	Was haben Sie bisher unternommen, um eine Lösung zu finden? Woher wissen Sie das? Wer hat Ihnen das gesagt? Haben Sie schon mit jemandem darüber gesprochen? Wie war denn das genau; erzähl mal, meine Kleine!		
Bewerten, urteilen	Das führt sicher nicht zum Ziel! So geht das nicht! Das ist falsch, nicht wahr, unbrauchbar, …! Das ist richtig, sehr gut! Du hast nicht Recht. Wie dumm von Dir, das zu tun!		
Beraten, Ratschläge geben, Lösungen liefern	Wenn Sie mich fragen, …ich würde das so machen. Es wäre am besten für Sie, wenn … Das ist doch ganz einfach. Das geht doch so und so – lassen Sie mich mal machen. Warum hast Du denn nicht mich gefragt, Schatz?		
Belehren, moralisieren	Das sollten Sie mal versuchen! So werden Sie das nie schaffen! Das kann sich noch ganz positiv entwickeln, wenn Sie nur … Wenn Du Dich weiterhin brav bemühst, dann …		
Befehlen, auffordern	Sie haben das zu tun, was ich Ihnen sage! Ich erwarte von Ihnen, dass Sie das schleunigst erledigen! Gehe zu Deiner Schwester und entschuldige Dich! Das heißt Bitte und Danke! Ziehe die Schuhe aus, lege Deine Jacke dort hin, räume Dein Zimmer auf!		
Warnen, mahnen, drohen	Das hätten Sie besser unterlassen. Sie hätten lieber dies oder das tun sollen … Wissen Sie eigentlich, wer Ihr Gehalt bezahlt! Ich warne Dich, nimm Dich ja in Acht! So lange Du die Füße unter meinem Tisch hast, …		
Ablenken, ausweichen	Lassen Sie uns zum Essen gehen und die ganze Sache vergessen. Das hat sicherlich auch sein Gutes. Habe ich Ihnen schon erzählt, wie ich damals … Das erinnert mich an die Zeit, als … Schatz, weil es mir gerade einfällt, hattest du nicht …		
Bemitleiden, trösten, beruhigen	Ach, Sie Ärmster. Das wird schon wieder. In ein paar Tagen ist alles vergessen. So schlimm ist das doch nicht. Nehmen Sie sich das doch nicht so zu Herzen. Wer weiß, wer noch alles einen Fehler gemacht hat.		
Loben, zustimmen, schmeicheln	Da haben Sie absolut Recht. Das hätte ich genau so wie Sie gemacht. Im Normalfall liegen Sie immer sehr richtig. Eine so tolle Präsentation habe ich schon lange nicht mehr gesehen.		

Ich denke, das Wissen über diese Kommunikationshindernisse und -sperren, sowie das Bemühen, diese zunehmend zu vermeiden, kann Ihnen ein guter Begleiter in Ihrem Führungsalltag sein.

Der für mich zentrale Punkt ist jedoch Empathie; d.h. den Verstand leer zu machen und mit dem ganzen Wesen zuzuhören.

Genau das scheint mir in unserer westlichen, rational geprägten Welt das Problem zu sein.
Der große Philosoph Martin Buber spricht vom „echten Gespräch", in dem die „… Hinwendung zum Partner in aller Wahrheit, als Hinwendung des Wesens" geschieht und ich zum anderen rückhaltlos Ja sage (Buber, 1997: S. 293).
Weil ich Empathie für so zentral halte, möchte ich es nicht versäumen, die aus meiner Sicht **wichtigsten Punkte für den empathischen Dialog** zusammenzufassen; stark orientiert an Rosenberg (Rosenberg, 2005: S. 112ff)

- **Empathie bedeutet, in voller Präsenz mit einem anderen Menschen in Verbindung zu treten;** einen Kontakt mit dem, was die andere Person gerade bewegt, herzustellen. Den Verstand leer machen und einfach da sein.
- Die Kunst dabei ist, sich selbst so weit wie möglich außen vor zu lassen und **mit der ganzen Aufmerksamkeit bei der anderen Person zu sein.** In einer konkreten Situation können Sie das auf zwei Wegen bewerkstelligen: 1. ohne Worte. 2. mit Worten.
- **Empathie ohne Worte** ist immer möglich. Aus dem klaren Bewusstsein, dass jedes Verhalten eines Menschen der Erfüllung eines seiner Bedürfnisse dient, können Sie sich nonverbal innerlich mit dem verbinden, was den anderen gerade bewegt; unabhängig davon, ob sie oder er das gerade selbst zum Ausdruck bringen kann. Ihre Körpersprache zeigt dem anderen, dass Ihr Herz bei ihm ist.
- Dabei blockiert i.d.R. unser Intellekt Empathie. Unser Geist möchte immer analysieren, interpretieren und bewerten. Unsere Sprache möchte immer klären, helfen und belehren. Unsere Ohren hören immer auf Worte statt auf Gefühle und Bedürfnisse.
- Drückt Ihr Gegenüber sehr starke Gefühle aus („Das lasse ich mir nicht gefallen", „Eine Bodenlosigkeit, wie Sie mit mir als Kunde umgehen",

„Nein, ich will nicht, Mama") oder möchten Sie sicherstellen, den anderen richtig zu verstehen, macht Empathie mit Worten Sinn.

- Auch dieser **empathische Dialog** beginnt mit empathischem Zuhören. Dabei hören wir weniger/nicht auf die Worte, die jemand spricht, als auf die zu vermutenden, dahinter liegenden Gefühle, Bedürfnisse und Bitten.
  Sie haben z.B. im Straßenverkehr beim Rechtsabbiegen einen Fahrradfahrer ungewollt übersehen (er hatte ebenso wie Sie grün, wollte aber geradeaus weiterfahren; Sie haben ihm somit die „Vorfahrt" genommen). Der Radfahrer brüllt Ihnen nach „Idiot – können Sie nicht aufpassen". Wie ist Ihre Reaktion? „Ist doch nichts passiert – reg Dich nicht so auf" (dem anderen die Schuld geben). „Oh, ich Idiot – tut mir Leid"? (sich selbst die Schuld geben). Oder: Ich nehme einen Radfahrer wahr, der mich anschreit, weil ich ihm die Vorfahrt genommen habe (Beobachtung). Ich vermute, dass ihn das recht erschrocken hat (Gefühl) und er sein Bedürfnis, sicher nach Hause zu kommen, kurzzeitig gefährdet sah (Bedürfnis). In diesem Schreckmoment stellt er reflexartig auf „Kampf" um und brüllt mich an (mit dem eigentlichen Anliegen „Bitte etwas mehr Vorsicht").
  Ich gebe zu, dass das Beispiel ein bisschen wackelig ist. Worauf es mir jedoch ankommt, ist zu verstehen, dass Empathie ganz viel mit mir selbst zu tun hat. Selbstsicherheit, innere Stärke, Gelassenheit, Toleranz, aber auch Mut, Ehrlichkeit und Klarheit sind wichtige Eigenschaften und Verhaltensweisen, um Empathie überhaupt erst möglich zu machen. Egal was wir hören oder beobachten, wir geben weder dem anderen noch uns die Schuld dafür. Wir werten, moralisieren, belehren nicht. Wir bleiben ganz bei der Wahrnehmung und unserem positiven Gefühl für den anderen.
- Im Dialog macht es dann Sinn, durch Wiedergabe des Gehörten in eigenen Worten, festzustellen, ob wir den anderen richtig verstanden haben und ob wir noch in echter Beziehung mit diesem sind. Dabei geben wir mit eigenen Worten wieder, welche Bedürfnisse wir bei der anderen Person gehört haben oder vermuten.
- Dabei ist es nicht entscheidend, ob wir mit der eigenen Vermutung gleich richtig liegen – wichtiger ist es, **den anderen wirklich verstehen zu wollen und bei ihm zu sein.** Diese innere Haltung öffnet eine Tür beim anderen und ermöglicht es Ihnen, nur auf dessen Bedürfnisse und Gefühle zu achten. Ein Mitarbeiter kommt z.B. in Ihr Büro und druckst etwas von Überstunden, Urlaub und Ausgleich herum.

Sie empfinden seine unklaren Worte als anstrengend. Dennoch stellen Sie sich auf ihn ein, hören erst zu, fragen nach einigen Minuten zum ersten Mal nach: „Möchten Sie Sonderurlaub einreichen, um Ihre Überstunden abzugelten?" „Ja, das wäre nicht schlecht; aber es ist ja kaum möglich, wegzubleiben …". Sie spüren, dass es Ihrem Mitarbeiter um etwas anderes geht. Ihr Mitarbeiter kommt immer wieder mit den Begriffen Ausgleich und viel Arbeit. „Sollen wir unsere Headcount-Planung nochmals durchgehen? Brauchen wir vielleicht noch eine Halbtageskraft?" Auch das scheint den Nagel nicht auf den Kopf zu treffen. Sie vermuten, es könnte um Wertschätzung für seine Leistung gehen: „Sind Sie zu mir gekommen, weil Sie möchten, dass man Ihre Leistung angemessen anerkennt (Bedürfnisse)?" Ihr Mitarbeiter sagt nicht sofort ja; sie spüren aber, dass Sie auf dem richtigen Weg sind. Nach einigen weiteren Minuten empathischen Zuhörens und Nachfragens klärt sich, dass es Ihrem Mitarbeiter tatsächlich um Wertschätzung ging. Außerdem erfahren Sie, dass er sich z.Z. um seinen Sohn etwas Sorgen macht, da dieser keine Lehrstelle findet. Die Arbeitsbelastung, bei gleichzeitiger Sorge um den Sohn, war der Kern seines Anliegens.

- Wenn wir mit unseren eigenen Worten etwas wiedergeben, ist der Ton, in dem wir das tun, von großer Bedeutung. **Der kleinste Anflug von Kritik, Ironie, Besserwisserei und Bevormundung kann den Kontakt zu unserem Gegenüber abreißen lassen.** Bei Fragen gilt es unbedingt darauf zu achten, dass diese nicht als aushören, überprüfen, kontrollieren usw. empfunden werden. Hier kommt es besonders auf Ihre innere Einstellung an.
- Besonders vorbereitet sollten wir darauf sein, dass Menschen unser Bemühen erst einmal nicht anerkennen, sogar mit Widerstand reagieren. „Hör mit dem Psychokram auf!" „Ihre Gefühle können Sie bei Ihrer Frau ausleben!" „Das einzige Bedürfnis, das ich im Moment habe, ist, dass Sie mich mit Ihrem Gedusel zufrieden lassen!" Solche Reaktionen sind normal. Die „Sprache der Empathie" wirkt gerade in der Wirtschaftswelt unbekannt, zu weich und nicht zweckorientiert genug. Haben Sie dafür Verständnis; konzentrieren Sie sich nur auf die Gefühle und Bedürfnisse hinter den Äußerungen. Passen Sie, wenn notwendig, auch Ihre Sprache ein wenig an. „Ängste" können ruhig als „Respekt vor" bezeichnet werden. Statt von „Bedürfnissen" kann man von „Wünschen" sprechen. „Gefühle" sind durchaus auch „persönliche Eindrücke oder Meinungen".

- ***Empathisches Kommunizieren braucht Zeit und Geduld.*** Mal so schnell-schnell, auf dem Gang oder in fünf Minuten – das funktioniert in der Regel nicht. Selbst wenn wir sehr geübt darin sind, müssen wir versuchen, durch genaues Zuhören und mehrmaliges, fragendes Wiedergeben des Gehörten Schritt für Schritt zum Kern der Sache zu kommen. Was ist das eigentliche Bedürfnis meines Gegenübers? Welche Bitte hat er an mich? Dabei dürfen wir nicht unterschätzen, dass Menschen häufig nicht einmal selbst genau ihre Bedürfnisse kennen oder formulieren können. Erst durch den Dialog helfen wir dem anderen, an seinen Kern zu kommen und mögliche Problemlösungen zu finden.
- Wir wissen, dass unser Gesprächspartner genügend Empathie bekommen hat, wenn wir ein Nachlassen der Anspannung spüren oder wenn der Sprechfluss versiegt.
- Um Empathie geben zu können, brauchen wir selbst Empathie. Das ist nicht immer möglich. Wenn wir uns kraftlos, leer und kaputt fühlen, sollten wir uns das eingestehen und anderen auch offen sagen, dass wir ihnen im Moment keine Empathie geben können. Mit etwas Übung gelingt es uns jedoch, unseren Empathiespeicher wieder relativ schnell aufzuladen. Freuen wir uns z.B. an den kleinen Dingen, gehen wir achtsam und herzlich durch die Welt, lächeln wir, atmen wir einige Minuten tief und ruhig durch, erinnern wir uns an sehr schöne Momente unseres Lebens, denken wir an Menschen, die wir lieben oder sehen wir Kindern beim unbekümmerten Spiel zu. Auch dürfen wir unserem Umfeld erzählen, was uns im Moment bewegt. Nicht selten erhalten wir dann von dieser Seite selbst Empathie. Und natürlich können wir uns auch jederzeit eine Auszeit nehmen.

- Aber Vorsicht: ***Empathie setzt immer tiefe Ehrlichkeit voraus.*** Es geht mir um den anderen, die Sache oder die beste Lösung. ***Das rein mechanische Anwenden der Kommunikations-Technik funktioniert nicht.*** Im Gegenteil, es erzeugt Misstrauen bei den Mitmenschen. Auch muss unsere Absicht absolut integer sein: Wir möchten nicht den anderen auf unsere Ziele hin ändern, sondern den anderen wirklich verstehen und ihn in seinen Bedürfnissen unterstützen.

Lassen Sie mich an dieser Stelle noch ein paar ganz persönliche Zeilen formulieren.
Empathie scheint mir auch im Umgang mit Kindern das „mächtigste uns zur Verfügung stehende Erziehungsinstrument" zu sein. Immer wieder habe ich es bei meinen Töchtern und deren ähnlichaltrigen Freunden erlebt. An Tagen, an denen es mir gelang, echtes Mitfühlen für die Kinder zu entwickeln, gab es fast keinen Widerstand, Streit oder Kampf um Kleinigkeiten. Ganz im Gegenteil. Bereits sehr kleine Kinder haben ein unverfälschtes Gespür für Fairness und Integrität.
Ich bemühe mich, den Kindern meine Gefühle mitzuteilen – auch wenn es mir mal nicht gut geht. „Sophie, ich habe heute Nacht schlecht geschlafen, mich plagen Sorgen, ich kann heute nicht immer nur für Dich da sein. Verstehst Du das?" Kurze Pause. „Ja, Papa, ich weiß, dass Du viel arbeiten musst, um wieder Geld zu verdienen – sonst können wir nie mehr in den Urlaub fahren." Sophie war damals noch nicht mal vier Jahre alt – wir hatten einen wunderbaren Tag miteinander.
Diese Erlebnisse überzeugen mich mehr als alles andere, was ich über Mitgefühl, Wertschätzung, Fairness und nicht zuletzt Empathie gelesen, gehört oder selbst erlebt habe. Auch mit schwierigen Jugendlichen oder Schwerstbehinderten hatte ich ähnlich positive Erfahrungen.

Darum glaube ich so fest an die Kraft echten verstehen Wollens und widme dem Teil Empathie relativ viele Seiten innerhalb der Station 7.

Durch das Vermeiden obiger Kommunikationssperren und den ehrlichen Versuch empathischen Kommunizierens bauen Sie Widerstände und Ängste bei den Sie umgebenden Menschen ab. Dies ist eine zentrale Grundlage für vertrauensvolle Zusammenarbeit.

Ebenso wichtig scheint mir jedoch zu sein, dass dieses Ändern unseres Kommunikationsverhaltens auch einen viel höheren Selbstverantwortungsgrad beim Sprecher erzeugt. Sie nehmen dem Sprecher nicht die Verantwortung für seine Situation ab. Auch bedeutet empathisches Zuhören weder, in jedem Punkt dem Gesagten zuzustimmen, noch das Problem für den anderen zu lösen. ***Empathie ist nicht Sympathie – Sie können durchaus in der Sache völlig anderer Meinung sein und sich dennoch darum bemühen, die andere Seite wirklich zu verstehen.***

Als Führungskraft bleiben Sie in der Leader-Rolle. Sie kümmern sich um die Anliegen Ihrer Mitarbeitenden, nehmen deren Sorgen, Ängste und Wünsche ernst, entbinden diese aber nicht von der Problemlösung. Ganz im Gegenteil. Souveräne Kommunikation leitet den anderen an, selbst die Stufen des Problemlösungsprozesses zu durchlaufen. Mit Hilfe Ihres Kommunikationsverhaltens erkennt Ihr Kommunikationspartner das eigentliche Problem, er entwickelt seine Alternativen, bewertet diese und trifft seine Entscheidung.

Nach der Entscheidungsumsetzung stehen Sie ihm ggf. nochmals zur Verfügung, um das Ergebnis zu reflektieren oder alternative Problemlösungsversuche zu starten. Das verstehe ich unter Führen durch professionelle Kommunikation.

Dabei lautet das Meta-Prinzip:

Erst verstehen, dann verstanden werden (Covey, 2004).

Gerade als Führungskraft – deren traditionelles Rollenbild viel mit aktivem Kommunizieren, Überzeugen, andere für seine Ideen Gewinnen – zu tun hat, laufen Sie Gefahr, zu viel zu sprechen. Im Durchschnitt sprechen „Chefs" 70% bis 90% der Zeit in Meetings. Je nach Anzahl der Teilnehmer ist das drei- bis zwanzigmal soviel wie die anderen Teilnehmer.

Die Evolution gab uns aber nur eine Zunge, dafür zwei Ohren. Denken Sie daran, wenn Sie das nächste Mal eine Sitzung leiten oder ein Mitarbeitergespräch führen.

Carl Ransom Rogers, der „Urvater" beziehungsorientierten Kommunizierens, gibt uns zehn **Tipps für richtiges Zuhören** – und damit natürlich für wirkungsvolles Kommunizieren:

1. **Nicht sprechen!** Dies ist das erste und das letzte Gebot, und alle anderen hängen davon ab. Wir können nicht gut zuhören, solange wir sprechen!
2. **Gesprächspartner/in entspannen!** Zeigen Sie ihr/ihm, dass sie/er frei sprechen kann. Schaffen Sie eine „erlaubende" Umgebung. Zeigen Sie in Ihrer Körpersprache, dass Sie ganz beim anderen sind.
3. **Zeigen Sie, dass Sie wirklich zuhören wollen!** Zeigen Sie Interesse: Lesen Sie z.B. keine Unterlagen, während Sie zuhören. Checken Sie keine E-Mails, lassen Sie Ihr Notebook zu. Hören Sie zu, um zu verstehen, nicht um zu opponieren oder möglichst gut Ihre Gegenrede vorzubereiten.
4. **Halten Sie Ablenkung fern!** Zeichnen Sie z.B. keine Kritzeleien; stapeln oder durchblättern Sie keine Papiere. Gäbe es einen besseren Ort für das Gespräch?
5. **Stellen Sie sich auf den anderen ein!** Versuchen Sie, sich in seine Situation zu versetzen, damit Sie seinen Standpunkt verstehen.
6. **Geduld!** Haben Sie Zeit! Unterbrechen Sie nicht! Nicht auf dem Sprung sein!
7. **Beherrschen Sie sich!** Wenn Sie sich ärgern, interpretieren Sie zu viel in die Worte Ihres Gegenüber. Denken Sie an die Giraffenohren (Anmerkung des Verfassers).
8. **Lassen Sie sich durch Vorwürfe und Kritik nicht aus dem Gleichgewicht bringen!** Das bringt Ihr Gegenüber in Zugzwang, seinerseits wieder reagieren zu müssen. Unterbrechen Sie lieber das Gespräch; führen es ggf. zu einem anderen Zeitpunkt weiter. Vergessen Sie bitte nie: Auch wenn Sie gewinnen, haben Sie verloren!
9. **Fragen Sie!** Das ermutigt den anderen und demonstriert Ihr Interesse. Es vertieft das Gespräch und fördert Informationen zutage. Hüten Sie sich aber vor Ausfragen. Wenn Sie fragen, dann nur, um den anderen besser verstehen und sich in seine Lebenswelt einfühlen zu können.
10. **Nicht sprechen!**

Kopieren Sie sich die Liste und überprüfen Sie selbst, wie gut Sie zuhören können.

- Sind meine Ohren, meine Augen, mein Herz offen für den anderen?
- Höre ich wirklich zu, ohne das Gehörte sofort zu bewerten oder zu interpretieren?
- Möchte ich den anderen aus tiefer Überzeugung verstehen, ohne ihm möglichst schnell eine Lösung aus meinen eigenen Referenzsystem anzubieten?
- Kann ich mich in die Situation des anderen echt einfühlen? Was geht in meinem Gegenüber vor? Was bewegt ihn? Welches Bedürfnis möchte er erfüllt haben? Welchen Beitrag könnte ich dazu leisten?
- Frage ich nach, um besser zu verstehen (und nicht, um den anderen auszuhorchen)?
- Überprüfe ich immer wieder, ob ich den Sprecher verstanden habe: Wiederhole ich das Gesagte in meinen Worten? Formuliere ich, wie ich meine, dass der andere die Situation sieht?

So einfach der Vorschlag, dass wir versuchen sollten, den anderen zu verstehen, klingen mag, so herausfordernd empfinde ich diese Empfehlung von Stephen R. Covey im Alltag.

Seien wir mal ehrlich, wie oft sind wir in Gedanken ganz woanders, wenn unser Gegenüber spricht? Wie schnell bewerten wir jede Aussage, die wir hören? Wie gezielt bereiten wir unsere Gegenrede vor?

All das blockiert uns, wirklich zuzuhören. Wir hören die Worte, meinen rasch den Sinn zu verstehen. Aber wissen wir wirklich, was der andere uns sagen möchte?
Wenn Sie ganz sicher sind, dass Sie den anderen verstanden haben, sollten Sie beginnen, ***alles dafür zu tun, dass andere Sie verstehen!***

Vermeiden Sie zuallererst, in nachfolgende Kommunikationsfallen zu tappen. Die Tabelle dient Ihnen zur Selbst-Reflexion und als Checkliste für Ihr nächstes wichtiges Gespräch.

Tabelle: Vorsicht Kommunikationsfallen – überprüfen Sie Ihr eigenes Kommunikationsverhalten diesbezüglich

Falle	Kurzerläuterung / Beispiel	Selbst-Reflexion
Ungenügende Vorbereitung	Beide Gesprächspartner sollten gut vorbereitet in ein Gespräch gehen; vor allem die Führungskraft: Wer ist mein Gegenüber? Welches Anliegen hat er? Welches Ziel habe ich? Mit welchen Reaktionen muss ich rechnen?	
Unklarer Ein stieg/keine klare Zielformulierung	Gesprächsthema und Gesprächsziel klar formulieren: „Mir ist heute wichtig, dass ...". Nicht: „Was kann ich für Sie tun?" Sondern: „Wie kann ich Sie unterstützen, damit Sie die beste Lösung für Ihr Problem finden"?	
Kein Einverständnis für das Gespräch	„Ich möchte heute gerne mit Ihnen das Thema ... besprechen, weil ..." Ist das so für Sie in Ordnung? Sollte der Mitarbeiter Gründe nennen, die es ihm schwer machen, das anstehende Thema zu behandeln, macht es in den meisten Fällen Sinn, sich zuerst diesen Gründen zu widmen. Erst dann wird der Mitarbeiter bei Ihrem Thema „zuhören" können.	
Zu schnell zur Lösung	Dies ist die größte Manager-Falle!!! „Hätte ich ein Problem zu lösen, von dem mein Leben abhängt, würde ich 90% der Zeit dafür verwenden, das Problem zu erkennen und 10%, um es zu lösen." (Albert Einstein). Das eigentliche (tiefer liegende) Problem und eventuelle Problemzusammenhänge zu erkennen, ist von zentraler Bedeutung für eine gute Lösung.	
Nicht aufmerksam zuhören / beobachten	Stellen Sie die eigenen Gedanken erst einmal zurück (die haben Sie sich in der Vorbereitung ja genau notiert und können sie dann anbringen, wenn Sie sicher sind, was das eigentliche Thema für den Mitarbeiter ist). „Erfahrung ist das, was ich 20 Jahre lang falsch gemacht habe" (G.B. Shaw).	
Eigene Betroffenheit	Wenn Sie zu eng mit einer Sache / Person in Verbindung stehen, kann es manchmal unmöglich sein, eine gute Kommunikation zu führen: Wenn Sie sich angegriffen, ungerecht behandelt, ausgenutzt, „betrogen", ... fühlen, sollten Sie dies kurz formulieren und ggf. das Gespräch auf einen anderen Zeitpunkt vertagen: „Im Moment bin ich wegen ... nicht in der Lage, unser Gespräch weiterzuführen. Ich würde es gerne zu einem anderen Zeitpunkt fortsetzen. Wären Sie damit einverstanden?" Fragen Sie sich kritisch: Warum bin ich so betroffen? Warum beziehe ich die Aussagen so auf mich? Was ist mein Anteil an dieser Situation?	
Störungen ignorieren	Äußere Störungen wie Geräusche, Telefonklingeln, andere Personen, ... sind zu vermeiden. Innere Störungen, die man beim Gesprächspartner vermuten kann, dürfen nicht ignoriert werden; besonders zu beachten sind: Körpersprache, Mimik, Gestik, Handlungen (z.B. häufiges auf die Uhr sehen). Durch kurzes Nachfragen gilt es zu prüfen, ob das Beobachtete mit dem gerade zu besprechenden Thema zu tun hat. Dabei ist auch auf die eigene Stimmung zu achten und diese ggf. anzusprechen.	
Zu viele und falsche Fragen	Gerade als Führungskraft sind Sie trainiert, viel, schnell und ohne lange Denkpausen sprechen zu müssen. Dieses Muster ist für den echten Dialog eher schädlich: Hören Sie zu; geben Sie dem Gegenüber die Möglichkeit, nachzudenken; Sprechpausen gilt es „auszuhalten", geschlossene (Ja-/Nein) und Suggestivfragen unbedingt zu vermeiden.	
Im Kreis drehen / Ping-Pong spielen	Wenn Sie feststellen, dass Sie mit Fragen nicht weiterkommen, kann es die nebenstehenden Gründe dafür geben. Fragen Sie in diesen Fällen nach: „Ich habe den Eindruck, dass wir uns im Kreis drehen. Habe ich etwas überhört, was Ihnen wichtig ist?" „Welche Frage müsste ich stellen, damit wir in unserem Gespräch weiterkämen?"	
Flüchten lassen / Gemeinsam jammern	Wenn es unangenehm wird, müssen Sie dennoch dran bleiben, um an den Kern zu kommen. Zeigen Sie Empathie mit dem, was Ihren Mitarbeiter bewegt. Gehen Sie aber nicht mit ihm in die gemeinsame Anklage, wie furchtbar die Welt doch ist; dass Sie ja auch nichts dafür können, was von „oben" kommt. Als Führungskraft sollte Ihr Blick immer in Richtung Lösung gehen. Positiv Denken hilft dabei.	
Unklarheit	Sowohl Ihr Ziel für das Gespräch als auch das Verhältnis zum Gesprächspartner sollte so klar als möglich sein. Unausgesprochene Konflikte / Befindlichkeiten sollten unbedingt vor den Sachfragen geklärt werden.	
Mitarbeiter möchte Verantwortung auf Sie delegieren	Typische Muster sind: Sie werden als Fachexperte angesprochen; Ihr Mitarbeiter signalisiert Hilflosigkeit; Ihr Mitarbeiter versucht, Ihre Inkompetenz zu testen; im direkten Gespräch wird auf Dritte abgelenkt und werden kollektiv Schuldige gesucht usw. Bleiben Sie in allen diesen Fällen auf der Beziehungsebene mitfühlend; in der Sache jedoch klar und bei Ihren Zielen.	

Denken Sie bitte immer daran: **Erst verstehen, ist der zentrale Schlüssel für eine erfolgreiche Kommunikation!**

Wenn Sie dann im Gespräch Ihre Position vertreten und damit Ihre Bedürfnisse formulieren möchten, sollten Sie mit klaren und in der Form wertschätzenden Ich-Botschaften folgender Form arbeiten.

Eine authentische Ich-Botschaft besteht aus drei Teilen:

1. Nicht-vorwurfsvolle Beschreibung des **Verhaltens**
2. Formulierung der konkret spürbaren **Folgen** für mich
3. Ausdrücken meiner **Gefühle** bezüglich dieser Folgen

Praktisch angewendet:

1. Wenn Sie die Unterlagen, die ich verlangte, nicht finden ...
2. … habe ich das Material nicht, das ich für die Beendigung dieses Projekts benötige …
3. … und bin unzufrieden.

Das klingt sehr einfach. In der Praxis kommt es aber zwingend darauf an:

1. Die Beschreibung wirklich ohne Vorwürfe zu formulieren bzw. die Beschreibung des wahrgenommenen Verhaltens des anderen mit so viel Empathie durchzuführen, dass der andere klar verstehen kann, was mein Bedürfnis ist, ohne dass dieser sofort in die Rechtfertigung geht.
2. Der andere muss verstehen / sehen, welche Folgen / Konsequenzen sein Verhalten für mich hat. Diese Folgen gilt es so konkret zu beschreiben, dass dem anderen klar wird, dass sein Verhalten bei mir ein „Problem" erzeugt. Vorwürfe, Beleidigungen, Anschuldigungen, Emotionen usw. haben an dieser Stelle nichts zu suchen.
3. Auf Ihre Gefühle kommt es in diesem Schritt an: Was passiert mit mir, wenn Du so handelst. Darum geht es im dritten Schritt der Ich-Botschaft. Drücken Sie so ehrlich wie möglich Ihr Gefühl aus.

Meistens braucht es dann keine Formulierung mehr, was man vom anderen jetzt erwartet. Es entsteht ein vorwurfsfreier Dialog, wie sich die aktuelle Situation für alle Beteiligten am besten lösen lässt. Wichtig ist, dass die unterbewusste Botschaft lautet: „Du bist (als Mensch) in Ordnung; lediglich Dein Verhalten ist ungünstig für die Befriedigung meiner Bedürfnisse in dieser Situation. Dies möchte ich so nicht; darum bitte ich Dich um eine Verhaltensanpassung." Falls dies nicht passiert, können Sie als Schritt vier noch eine klare Verhaltensbitte an den anderen richten (vgl. dazu unsere Ausführungen zur „gewaltfreien Kommunikation" nach Marshall Rosenberg etwas weiter vorne in diesem Kapitel).

Mehr gilt es erst einmal nicht zu beachten – alles andere ist üben, üben, üben. Bitte probieren Sie die Formulierung einiger Ich-Botschaften gleich selbst aus (entnommen aus: Breuer, 2004: S. 66f).

Die Formulierung von Ich-Botschaften

Abb.33: Das Formulieren von Ich-Botschaften nach Thomas Gordon

Ziel: Bei dieser Übung lernen Sie das Formulieren von wirksamen, dreiteiligen ICH-Botschaften

Hinweis: Lesen Sie die untenstehenden Situationen und notieren Sie sich eine vollständige ICH-Botschaft mit allen drei Teilen. Denken Sie sich in die geschilderte Situation emotional so ein, dass das beschriebene Verhalten bei Ihnen starke negative Gefühle hervorruft.

Situationsbeschreibung	**Beschreibung des Verhaltens**	**Spürbare Folgen**	**Empfindungen/ Gefühle**
Beispiel: Zu Ihren Aufgaben als Angesteller gehört eine monatliche Inventaraufnahme. Jedes mal, wenn Sie an dieser Arbeit sind, kommt Ihr Vorgesetzter und erinnert Sie daran, wie wichtig abolute Genauigkeit ist.	*Wenn Sie mich bei jeder Inventaraufnahme daran erinnern, wie wichtig absolute Genauigkeit ist*	*werde ich bei meiner Arbeit aufgehalten*	*und ärgere mich.*
Situation 1: Einer Ihrer Kollegen äußert sich Ihnen gegenüber oft, wie langsam und genau Sie Ihre Arbeitsberichte schreiben. Obwohl er dies immer in humorvoller Weise sagt, reicht es Ihnen jetzt.			
Situation 2: Ihr Vorgesetzter teilt Ihnen schon seit Wochen diejenigen Mitarbeiter zu, die eingearbeitet werden müssen. Dadurch fühlen Sie sich überarbeitet und ärgern sich über die abnehmende Produktivität. Sie werden Ihren Vorgesetzten nun darauf ansprechen.			
Situtation 3: Vor einer Woche verlangten Sie von Ihrem Teammitglied einen bestimmten Bericht, der bis spätesten Freitag um 12.00 bei Ihnen sein soll, da Sie ihn am Montag für die Abteilungsleitersitzung benötigen. Sie waren die ganze Woche dienstlich unterwegs, und als Sie am Freitag, 12.00 in Ihr Büro kommen, finden Sie den Bericht nicht vor.			
Situation 4: Einer Ihrer Mitarbeiter flirtet mit allen Frauen im Büro. Ihm gelingt es immer wieder, bestimmte Aufgaben nicht zu übernehmen, was dazu führt, dass sich Ihre eigene Arbeit verzögert.			
Situation 5: Ein Angestellter hält sich nicht an die Sicherheitsvorschriften (z.B. verhindert das automatische Schließen der Brandschutztür, wirft glimmende Zigarettenstummel in den Papierkorb usw.). Sie hatten ihn schon früher darauf aufmerksam gemacht, aber ohne Erfolg.			

Quelle: Breuer, 2004

Natürlich hängt die Art und Weise, wie wir auf Ich-Botschaften anderer reagieren, auch von gewissen Macht- und Momentkonstellationen ab. Je nachdem, wer auf uns zukommt und in welcher Situation wir uns gerade selbst befinden, werden wir darauf mehr oder weniger eingehen.

Auch ist klar, dass Sie nicht sofortige Begeisterung erwarten dürfen, wenn Sie mit einer Ich-Botschaft auf andere zugehen. Die Reaktion des anderen wird unterschiedlich ausfallen, je nachdem, wie „unangenehm" ihm das von Ihnen angesprochene Verhalten ist. Dennoch habe ich die Erfahrung gemacht, dass eine klare Ich-Botschaft, die nicht primär den anderen verändern, sondern lediglich eigene Bedürfnisse erfüllt sehen möchte, in den meisten Fällen zu einem erfolgreichen Ergebnis führt. Der Ich-Botschaft wohnt nämlich ein echter Wunsch an den anderen inne; er gibt diesem die Möglichkeit Ja oder Nein zu sagen. Sie erreicht den anderen nicht mit einer Du-Sollst-Forderung, bei der immer, häufig unbewusst, eine Strafandrohung mitläuft. „Wenn Du nicht machst, was ich Dir sage, hat das negative Konsequenzen für Dich!"
Das war alles, was ich Ihnen zum Thema Kommunikation sagen wollte:

Wenn Sie sich wirklich bemühen, den anderen zuerst zu verstehen und dann alles daran setzen, gut verstanden zu werden, erhöhen Sie Ihren Wirkungsgrad als Führungskraft um ein Vielfaches.

Machen Sie den Praxistest
Denken Sie an ein Telefonat, eine E-Mail oder ein persönliches Gespräch, das Sie in den letzten Tagen geführt haben und in dem Sie sofort auf Ihre Punkte zu sprechen kamen, ohne die Bedürfnisse der anderen Seite etwas näher anzuhören:

- Mit wem habe ich wann über was gesprochen?
- Welches Resultat entstand aus dieser Konversation? Wie zufrieden war ich damit?
- Wie hätte das Ergebnis anders sein können, wenn ich zuerst ganz genau die Erwartungen und Bedürfnisse der anderen Seite erkundet hätte?
- Wie klar habe ich meine Bedürfnisse, Wünsche und Erwartungen formuliert? Wie gut hat mich die andere Seite verstanden?

- Wo hätte ich klarer, genauer und präziser sein können? Welchen Einfluss hätte dies auf das Ergebnis der Konversation gehabt?
- Was lerne ich aus diesem Erlebnis?

Zusammenfassung

„Kommunikation ist mehr eine Frage des Herzens als der wohlgeschliffenen Worte."

(In Anlehnung an Marshall B. Rosenberg)

Zu Beginn der Station 7 klärten wir, dass alles mit der eigenen Wahrnehmung beginnt. Die Welt ist so, wie Du sie siehst. Die Botschaft eines Gegenübers ist so, wie Du sie verstehst. Diese Erkenntnis lässt uns bescheiden werden, wie gut Kommunikation gelingen kann. Mit dieser demütigen Haltung erhöhen wir auf alle Fälle die Chance, in ein gegenseitiges Verstehen zu kommen.
Mit dem Wissen, dass Kommunikation immer auf vier Ebenen abläuft (Inhalt, Gefühle, Beziehung und Appell) haben wir ein paar zentrale Erfolgsfaktoren gelungener Kommunikation herausgearbeitet:

Auf der „handwerklichen" Ebene gelingt Kommunikation besser, wenn man ...

- die Perspektive des Gesprächspartners berücksichtigt
- sich auf das Signalrepertoire des anderen einstellt
- selbst mit klaren Ich-Botschaften spricht; aber gleichsam sensibel die Reaktion auf das Gesagte beobachtet (Körpersprache, Mimik, Gestik, einzelne Worte, ...)
- auf den verschiedenen Kanälen (Sprache, Mimik, Gestik, Körperhaltung, Kleidung) widerspruchsfreie Informationen sendet
- Inhalte auswählt, die auch für den Gesprächspartner wichtig sind
- die zu vermittelnden Inhalte dementsprechend aufbereitet
- möglichst mehrere Kommunikationskanäle nutzt (Wort, Bild, Körpersprache, ...)
- Störungen der sachlichen Kommunikation durch Beziehungsprobleme vermeidet, wenn nötig in angemessener Form aufgreift
- angemessene Rahmenbedingungen schafft (Ort, Zeit, Räumlichkeit, ...)

Aber auch die prozessuale Ebene sollten wir beachten:

- Vorgenommen bedeutet noch nicht gesagt: Vergewissern, ob man das, was man vorhatte, bereits tatsächlich gesagt hat.

- Gesagt bedeutet nicht gehört: Häufig muss ich das, was ich sage, mehrmals wiederholen, denn oft hört das Gegenüber nicht zu oder kann mit dem Gehörten nichts anfangen.
- Gehört bedeutet nicht verstanden: Nachricht vom Empfänger wiederholen lassen.
- Verstanden bedeutet nicht einverstanden: Es geht nicht um Überrumpeln oder Manipulieren, sondern um Überzeugen. Wenn man sein Gegenüber nicht ernst nimmt und nicht als Partner betrachtet, wird man keinen Erfolg haben; der andere wird blockieren.
- Einverstanden bedeutet nicht umgesetzt.

Daraufhin haben wir Ihnen die **„drei W gelungener Kommunikation“** vorgestellt; d.h., Wahrnehmung-Wirkung-Wunsch bilden einen Dreiklang gelungener Kommunikation. Soweit die allgemeine Regel.
Einen Schritt tiefer und ganzheitlicher haben wir uns mit dem **Kommunikationsprozess nach Marshall B. Rosenberg** befasst, der vier Komponenten – Beobachtung – Gefühle – Bedürfnisse – Bitte – beinhaltet:

- **Komponente 1 „Beobachtung“** ist sehr ähnlich wie der Schritt **Wahrnehmung** bei den drei „W“. Ein leichter Unterschied liegt darin, dass wir dem Gesprächspartner in jedem Fall kurz eine Rückmeldung geben, was wir beobachten und ob wir das mögen oder nicht.
- **Komponente 2 „Gefühle“** befasst sich explizit damit, was wir fühlen, wenn wir die Worte unseres Gesprächspartners hören, seine Handlungen beobachten. Dies ist ähnlich wie der Schritt „Wirkung“ bei den drei „W“ – befasst sich aber noch tiefer und bewusster mit unserem Gefühlszustand. Was geht in uns vor, wenn wir die Worte des anderen hören, seine Handlungen sehen?
- **Komponente 3 „Bedürfnisse“** macht nun einen wichtigen Unterschied. Hier formulieren wir sehr klar, welche Bedürfnisse hinter den Gefühlen stehen und ob sie durch die Worte und Handlungen des anderen erfüllt oder missachtet werden.
- **Komponente 4 „Bitte“** schließt sich direkt an Komponente 3 an. Hier geht es um eine sehr präzise Bitte an den anderen, „... was wir vom anderen wollen, so dass unser beider Leben schöner wird“, wie es im Original bei Rosenberg heißt (S. 25).

Nach dem Nennen von Kommunikationssperren inklusive einiger Tipps, diese zu vermeiden, sind wir zu dem für mich entscheidenden Punkt echter Kommunikation gekommen – **Empathie; d.h. den Verstand leer zu machen und mit dem ganzen Wesen zuzuhören:**

- Empathie bedeutet, in voller Präsenz mit einem anderen Menschen in Verbindung zu treten; einen Kontakt mit dem, was die andere Person gerade bewegt, herzustellen.
- Die Kunst dabei ist, sich selbst so weit wie möglich außen vor zu lassen und mit der ganzen Aufmerksamkeit bei der anderen Person zu sein.
- Dabei blockiert i.d.R. unser Intellekt Empathie. Unser Geist möchte immer analysieren, interpretieren und bewerten. Unsere Sprache möchte immer klären, helfen und belehren. Unsere Ohren hören immer auf Worte statt auf Gefühle und Bedürfnisse.
- Empathisch zu kommunizieren braucht Mut, Selbstsicherheit, Toleranz und Gelassenheit.
- Empathisches Kommunizieren braucht Zeit und Geduld.
- Wir wissen, dass unser Gesprächspartner genügend Empathie bekommen hat, wenn wir ein Nachlassen der Anspannung spüren oder wenn der Sprechfluss versiegt.
- Um Empathie geben zu können, brauchen wir selbst Empathie.
- Aber Vorsicht: Empathie setzt immer tiefe Ehrlichkeit voraus. Es geht mir um den anderen, die Sache oder die beste Lösung. Das rein mechanische Anwenden der Kommunikations-Technik funktioniert nicht. Im Gegenteil, es erzeugt Misstrauen bei den Mitmenschen.

In Anlehnung an Stephen R. Covey haben wir das Meta-Prinzip gelungener Kommunikation festgehalten: Erst verstehen, dann verstanden werden!
Um wirklich verstehen zu können, halfen uns die **10 Tipps guten Zuhörens** von Carl Ransom Rogers, dem „Urvater" beziehungsorientierten Kommunizierens.
Um verstanden zu werden, empfahl ich Ihnen das Formulieren Ihrer Bedürfnisse mit Hilfe von aus drei Teilen bestehenden **Ich-Botschaften:**

1. Nicht-vorwurfsvolle Beschreibung des **Verhaltens**
2. Formulierung der konkret spürbaren **Folgen** für mich
3. Ausdrücken meiner **Gefühle** bezüglich dieser Folgen

Eine Checkliste mit den häufigsten Kommunikationsfallen sowie die Reflexionsübung zum eigenen Kommunikationsverhalten bildeten den Abschluss der Station 7.

Mit dieser Erkenntnis, dass es immer den anderen braucht, wenn „das Werk gelingen soll", können wir direkt zur Station 8 weitergehen. Diese befasst sich mit der Macht echten „Gewinn-Gewinn-Denkens" – wie aus potentiellen Synergien wirkliche Kooperation wird.

Station 8: Kooperation – echte Synergien durch Gewinn-Gewinn-Denken

„Akzeptanz von Unterschiedlichkeit
x Diskussionskultur
= bessere Lösung!"
(Hans A. Wüthrich)

8. Kooperation

Wie gut können Sie mit unterschiedlichen Meinungen und Sichtweisen umgehen?

Denken Sie bitte an eine Ihrer letzten Sitzungen, in denen sehr unterschiedliche Sichtweisen zu einer Thematik vorlagen und beantworten Sie die folgenden Fragen:

- **Was haben Sie gedacht, als eine neue, Ihrer Sichtweise völlig konträr laufende Idee aufkam,** die von der Gruppe jedoch positiv aufgenommen wurde?
  „So ein Blödsinn"! „Das funktioniert doch nie"! „Haben wir immer schon anders gemacht"!
- **Wie haben Sie sich verhalten?**
  Sind Sie in die Gegenargumentation gegangen? Haben Sie geschwiegen, aber innerlich die Idee abgelehnt? Haben Sie gar nicht mehr zugehört? Haben Sie vielleicht versucht, die Idee ins Lächerliche zu ziehen? Oder haben Sie ruhig Ihre Bedenken dargelegt?
- **Was war der Grund für Ihr Denken / Verhalten?**
  Hat Sie die Idee gestört? Oder hat Sie gestört, von wem die Idee kam? Oder war es die Art und Weise, wie diese Idee präsentiert wurde? Hätten Sie vielleicht gerne selbst diese Idee gehabt?
- **Wie geht man in den Teams, in denen Sie sich bewegen, grundsätzlich mit unterschiedlichen Sichtweisen um?**
  Werden Ideen, die nicht dem typischen Denken in der Gruppe entsprechen, schnell verworfen oder niedergeredet? Gibt es oft unkonventionelle Ideen, die auch mal „weitergesponnen" werden dürfen? Wie wichtig ist es, von wem eine Idee kommt, um die Qualität dieser zu bewerten? Wie hierarchisch denkt man in den Teams, in denen Sie sich bewegen?

- **Wenn Sie mit einer von Ihrer unterschiedlichen Meinung konfrontiert werden, wie reagieren Sie?**
  1. **Angriff:** Die andere Meinung ist ein Angriff auf mich. Ich muss mich verteidigen. Die andere Meinung wird schlecht gemacht, ins Lächerliche gezogen etc.
  2. **Rückzug:** Es erfolgt keine Reaktion auf die Meinung des anderen. Innerlich wird sie zwar abgelehnt, belächelt, beurteilt, kritisiert; äußerlich jedoch ist kaum eine Reaktion zu erkennen. Gegenseitige Bereicherung entsteht nicht.
  3. **Akzeptanz der Unterschiedlichkeit:** Die andere Meinung wird als unterschiedlich akzeptiert. Es wird aber nicht in einen Interaktionsprozess eingestiegen. Ich habe meine, Du hast Deine Meinung!
  4. **Wert der anderen Meinung schätzen:** Die andere Meinung wird als wertvoll empfunden. Der erste Schritt für einen echten Austausch ist gemacht. Die Chance, voneinander zu lernen, kann genutzt werden.
  5. **Unterschiedlichkeit feiern:** Sie sind beseelt davon, sich mit unterschiedlichen Sichtweisen zu bereichern. Sie streben danach, mit Menschen in den Dialog zu treten, die anders als Sie selbst denken.

Obenstehende Fragen bilden den Kern der Station 8, in der es um die Fähigkeit geht, mit anderen Menschen gemeinsam eine möglichst gute Leistung zu erbringen, die durch einen alleine so nicht hätte entstehen können – kurz Kooperation genannt.
In drei Blöcken möchte ich das Thema behandeln:

1. Kooperation setzt bei tief verankertem Gewinn-Gewinn-Denken an.
2. Synergiepotentiale wirklich nutzen.
3. Durch Vernetzung die Herausforderungen des 21. Jahrhunderts meistern.

1. Kooperation setzt bei tief verankertem „Gewinn-Gewinn-Denken" an

Win-win – ein viel gebrauchtes Wort moderner Managementlehre; fast zum „buzz word" verkommen. Ich verwende den Begriff „win-win" relativ unspektakulär. Mir geht es darum, Situationen zu gestalten, in denen alle Beteiligten ihre Bedürfnisse so befriedigen können, dass sie mit dem Ergebnis wirklich zufrieden sind.

Ein Beispiel: Sophie (6 Jahre alt) und Klaus (7 Jahre alt) geraten in Streit über die Frage, was sie spielen sollen. Sophie möchte im Zimmer Kaufladen

spielen. Klaus will lieber nach draußen und Rad fahren. Jeder versucht vergeblich, den anderen zu überreden (den anderen zu „besiegen").
Schließlich bietet Sophie eine Lösung an: „Ich fahre mit Dir Fahrrad, solange es draußen noch hell ist, wenn Du danach mit mir Kaufladen spielst."
Klaus denkt einen Moment nach und sagt dann: „In Ordnung".

So einfach geht Gewinn-Gewinn. Kinder wenden diese Methode ständig an. In den meisten Fällen funktioniert sie – was übrigens ein Hauptgrund ist, warum Kinder permanent auf neue Ideen kommen, die uns Erwachsene häufig schlichtweg überfordern.

Überlegen Sie bitte kurz, wie oft im Erwachsenenleben Gewinn-Gewinn die zugrundegelegte Denk- und Handlungsstrategie darstellt.

- Wie oft meinen Sie, ist dies in politischen Verhandlungen der Fall?
- Wie sehr spielt dies aus Ihrer Sicht in Auseinandersetzungen zwischen Arbeitgeber- und Arbeitnehmervertretern eine Rolle?
- Wie viele Gedanken, meinen Sie, macht sich Ihre Unternehmensführung zu dieser Thematik – sind Vorstände, Aufsichtsräte oder Verwaltungsräte von diesem Geist beseelt?
- Wie sehr berücksichtigen Sie in Ihrem Team diesen Grundsatz?
- Wie intensiv ist Ihr Handeln von diesem Denken im privaten und beruflichen Alltag geprägt?

Um es nochmals zu wiederholen:

Ziel von Gewinn-Gewinn ist es, dass alle Beteiligten ihre Bedürfnisse so berücksichtigt empfinden, dass sie wirklich Ja zu einem entstandenen Resultat sagen können. Im „Normalfall" sind wir auf „Einer muss gewinnen" programmiert.

Das beginnt in der Schule (heutzutage bereits im Kindergarten), wird im Elternhaus häufig gefördert und zieht sich durch die Ausbildung, an den Hochschulen und natürlich in der Berufswelt weiter fort. „Setze Dich durch, damit aus Dir einmal etwas wird", so der häufige Rat meiner Mutter.

Im Verhältnis zwischen Führungskraft und Mitarbeiter erleben wir sehr ausgeprägt, ob „Einer muss gewinnen" oder „Gewinn-Gewinn" der Antreiber der Zusammenarbeit ist. Nachfolgende Doppel-Abbildung zeigt den Unterschied nochmals graphisch (inhaltlich orientiert an Breuer, 2004: S. 78–80).

Hinter diesen beiden Vorgehensweisen liegen fundamental unterschiedliche Grundannahmen.

Abb.34: Zwei Methoden, miteinander umzugehen: „Einer muss gewinnen" oder „Gewinn-Gewinn"

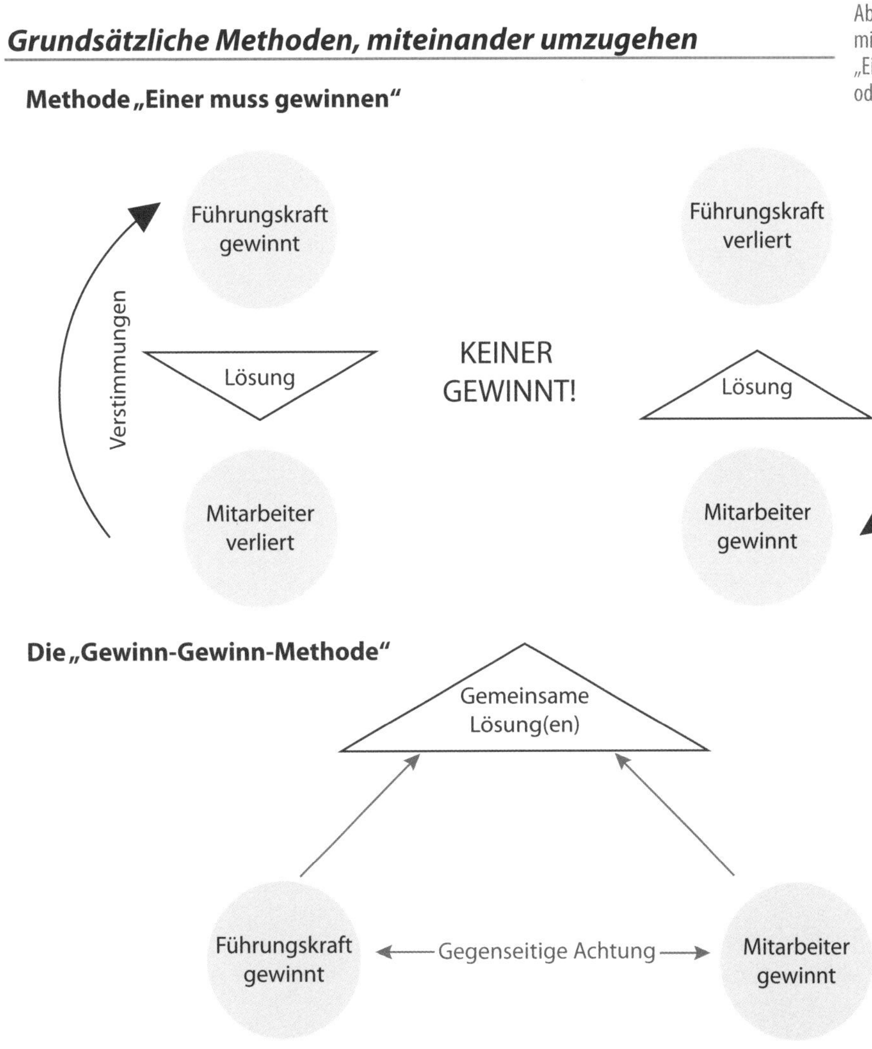

Quelle: orientiert an Breuer, 2004: S. 79

Tabelle: Fundamentale Unterschiede des „Einer muss gewinnen-" oder „Gewinn-Gewinn-Denkens"

Methode „Einer muss gewinnen"	Die „Gewinn-Gewinn-Methode"
Konflikte werden gelöst im Sinne von Konkurrenz	Kooperation an Stelle von Konkurrenz
Führungskraft und Mitarbeiter sind Gegner	Führungskraft und Mitarbeiter sind Partner – Suche nach gegenseitig annehmbaren Lösungen
Verschiedene wünschenswerte Lösungen sind kaum vorstellbar. Die volle Konzentration liegt auf der eigenen Sichtweise und Lösung	Wünschenswerte Lösungen sind reichlich vorhanden
Entweder DU oder ICH	Es geht um DICH und MICH
Menschen sind im Umgang mühselig und kompliziert	Menschen sind fair und positiv – wenn ihre Bedürfnisse befriedigt und ihre Gefühle respektiert werden

Gegenübergestellt sehen wir, wie diametral die beiden Methoden sind und wie unterschiedlich die jeweils zu Grunde gelegte Haltung ist.

So bescheiden also meine Forderung nach Gewinn-Gewinn-Lösungen klingen mag, so anspruchsvoll ist deren Umsetzung in der Praxis. Überprüfen Sie sich bitte selbst.

Wählen Sie zwei Ihrer wichtigsten Beziehungen zu einer anderen Person aus – idealerweise mindestens eine berufliche.

- Erinnern Sie sich am besten an eine Situation der letzten Zeit, in der Sie und diese Person gemeinsam ein Ziel erreichen wollten, aber unterschiedlicher Meinung waren.
- Ist Ihnen Gewinn-Gewinn gelungen? Haben Sie eine Lösung gefunden, zu der Sie beide wirklich Ja sagen konnten?
- Haben Sie Ihre Bedürfnisse klar formuliert? Hatten Sie den Mut dazu? Haben Sie den Eindruck, dass dies auch bei der anderen Person der Fall war?
- Hatten Sie andererseits das Einfühlungsvermögen, sich in die andere Seite einzudenken, um deren Bedürfnisse besser zu verstehen und wirklich ernst zu nehmen?

Gewinn-Gewinn braucht sowohl Mut, die eigene Meinung deutlich zu formulieren, als auch Demut und Empathie, um die andere Seite wirklich zu verstehen.

In Anlehnung an Stephen R. Covey lässt sich nachfolgende Matrix erstellen (Covey, 2004).

Positionieren Sie Ihre zwei obigen Beispiele in der Gewinn-Gewinn-Matrix und beantworten Sie dann die Fragen auf der rechten Seite der Abbildung.

Abb. 35: Die Gewinn-Gewinn-Matrix: Basis echter Synergie

Die Gewinn-Gewinn-Matrix – Basis echter Synergie

Wählen Sie zwei Ihrer wichtigsten Beziehungen zu einer anderen Person aus - idealerweise mindestens eine berufliche. Erinnern Sie sich am besten an eine Situation der letzten Zeit, in der Sie und diese Person gemeinsam ein Ziel erreichen wollten, aber unterschiedlicher Meinung waren.
Haben Sie eine Lösung gefunden, zu der Sie beide wirklich Ja sagen konnten? Haben Sie Ihre Bedürfnisse klar formuliert? Hatten Sie den Mut dazu? Haben Sie den Eindruck, dass dies auch bei der anderen Person der Fall war?
Hatten Sie andererseits das Einfühlungsvermögen, sich in die andere Seite einzudenken, um deren Bedürfnisse besser zu verstehen und wirklich ernst zu nehmen?

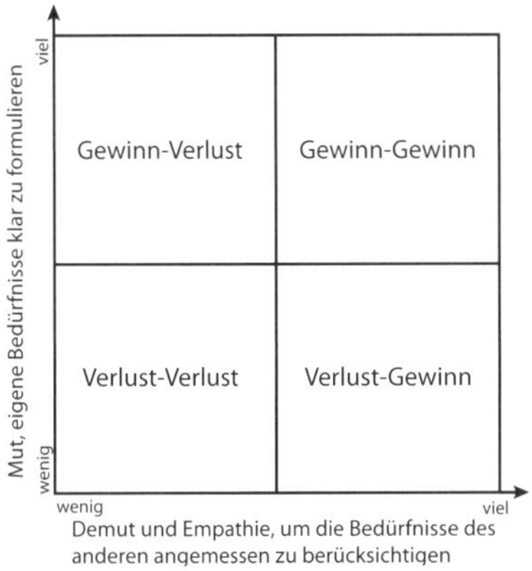

Positionieren Sie Ihre zwei obigen Beispiele in der Matrix:

Was waren die Gründe für das entstandene Ergebnis?

Was hätten Sie anders machen können, damit ggf. ein besseres Resultat erzielt worden wäre?

Was sind Ihre „lessons learned" aus dieser Reflexion?

Versuchen Sie bei einer Ihrer nächsten Gelegenheiten bewusst eine Gewinn-Gewinn-Situation zu kreieren. Wählen Sie zu Beginn ruhig eine einfache Situation, in denen die Positionen nicht weit voneinander entfernt sind; idealerweise eine Zweier-Konstellation. Wählen Sie aber auf alle Fälle eine Situation, die Ihnen wichtig ist, in der Sie ernsthaft um eine gute Lösung bemüht sind. Gehen Sie am besten in folgenden Schritten vor:

1. **Definieren Sie das Problem:** Jeder schildert seine Sichtweise und legt seine Sicht der Dinge dar.
2. **Hören Sie einander dabei ganz genau zu:** Keine Bewertung, keine Interpretation, möglichst wenig Unterbrechung. Notieren Sie ggf. die wichtigsten Stichpunkte für beide sichtbar auf einem Blatt Papier (am besten Flip-Chart).
3. **Wenn es sich um ein sehr kompliziertes Problem handelt, macht es ggf. Sinn, die Problemanalyse etwas zu strukturieren.** Z.B. können Sie, angelehnt an die Hüte von De Bono, erst nur über die Fakten sprechen,

dann nur die jeweiligen Emotionen sammeln, schließlich die jeweiligen Vor- und Nachteile der Situation festhalten.

4. **Versuchen Sie Ihre (ggf. unterschiedlichen) Sichtweisen zu teilen – auf alle Fälle zu verstehen.** Denken Sie sich in den anderen ein. Formulieren Sie, wie Sie meinen, wie der andere die Situation sieht. Tauschen sie sich so lange aus, bis Sie von einer gegenseitig nachvollziehbaren Ausgangslage ausgehen.
5. **Machen Sie daraufhin ein gemeinsames Optionen-Brainstorming:** Was könnten wir tun, um das Problem für beide Seiten zufriedenstellend zu lösen?
6. **Finden Sie gemeinsam die beste Lösung:** Wenn es mehrere Varianten gibt, können Sie ein paar Kriterien aufstellen, anhand derer diese Varianten bewertet werden sollen. Priorisieren Sie gemeinsam die Varianten mit Hilfe der Kriterien. Entscheiden Sie sich für Ihre von beiden Seiten getragene Gewinn-Gewinn-Lösung.

Üben Sie sich so oft als möglich in diesem Vorgehen. Sie werden sehen, schon nach einigen Malen fühlen Sie sich deutlich sicherer und Ihre Gewinn-Gewinn-Lösungen mehren sich. Versuchen Sie, parallel zur soeben skizzierten Methodik, auch immer Ihr eigenes Denken und Handeln zu reflektieren.

Orientieren Sie sich an nachfolgenden Fragen:

- Bewusste Grundsatzentscheidung: Will ich wirklich eine Gewinn-Gewinn-Lösung erzeugen? Ist es mir den Aufwand für diesen Fall wert? Wenn Nein – lassen Sie es gut sein; das ist in vielen Fällen absolut in Ordnung.
- Bin ich bereit, der anderen Person ganz genau und empathisch zuzuhören? Bemühe ich mich, die Kommunikationssperren und -fallen von Station 7 zu vermeiden?
- Habe ich eine klare Vorstellung von meinen Bedürfnissen? Bin ich in der Lage, diese klar auszudrücken? Denke ich an die zentralen Faktoren der erfolgreichen Kommunikation?
- Bemühe ich mich ganz bewusst, nur das Gute im anderen zu sehen?
- Frage ich nach, wenn ich die Idee des anderen nicht verstehe? Versuche ich durch Wiederholung des Gehörten sicherzustellen, dass wir beide uns wirklich verstanden haben?

Je anspruchsvoller die Fälle werden, desto mehr kommt es auf einen weiteren Punkt an.

Die entscheidende Frage für echte Gewinn-Gewinn-Lösungen lautet: Ist meine Persönlichkeit reif genug für eine win-win Lösung? Bin ich (emotional) ausreichend gefestigt, um mich auf die Suche nach der „dritten Lösung" zu machen?

Sich diese Frage sehr ehrlich zu beantworten, ist mitunter hart; setzt sie doch einiges voraus:

- Bin ich zur kritischen Selbst-Reflexion bereit? Will ich wirklich stetig an mir arbeiten?
- Kenne ich meine Stärken und Schwächen?
- Bin ich davon überzeugt, dass Unterschiedlichkeiten bereichern und bessere Lösungen ermöglichen?
- Kann ich in Diskussionen zwischen der Person und der inhaltlichen Ebene unterscheiden? D.h. kann ich andere Meinungen einfach stehen lassen, ohne auf alle Fälle meine Meinung erläutern zu müssen?
- Bin ich bereit, meine Ziele zwar in keinem Moment aus den Augen zu verlieren, aber auch nicht mit „Gewalt" immer durchzusetzen; d.h. auf alle Fälle offen für alternative Lösungen zu bleiben?
- Sind mir meine tieferen Ängste bekannt? Habe ich mich mit meinen Ohnmachtsgefühlen aus der Kindheit auseinandergesetzt? Bin ich in der Lage, die Folgen dieser Urängste situativ zu erkennen und mit diesen konstruktiv umzugehen?

Ich denke, es wird ersichtlich, dass hinter dem Begriff Gewinn-Gewinn einiges steckt.

Je mehr ich mich damit befasst habe, desto klarer ist mir geworden, warum echte Gewinn-Gewinn-Lösungen in der Praxis so selten sind.

Geht es doch im Kern um die tief verwurzelten Persönlichkeitsstrukturen der an einer Sache Beteiligten sowie um deren Bewusstheit, wie sie eigentlich

„ticken“. Da hilft es nicht, auf eine „politisch korrekte Sach-Ebene“ auszuweichen und von Interessen zu sprechen. Sicherlich vertreten die jeweiligen Personen immer auch Interessen ihres Unternehmens oder ihrer Abteilung. Zweifelsohne kommt es auf dieser Ebene auch zu Verwechslungen und Verwirrungen, oder es liegen schlichtweg knallhart unterschiedliche Ziele vor. Jenseits dessen spielen aber die Tiefenstruktur der einzelnen Persönlichkeiten und deren ganz spezielle Art zu denken eine fundamentale, aus meiner Sicht in der Praxis von Verhandlungen und Projekten viel zu wenig beachtete Rolle.

Wirklich gute Lösungen entstehen fast immer nur mit reifen Persönlichkeiten.

Das gilt es in Erinnerung zu behalten, wenn Sie sich um Gewinn-Gewinn-Lösungen bemühen.
Lernen Sie, schnell einschätzen zu können, wie Ihr Gegenüber „tickt“, welche unausgesprochenen Glaubenssätze ihn „treiben“. Das Wissen über unterschiedliche Persönlichkeitsprofile sowie die Treiberanalyse aus Station 1 können Ihnen dabei helfen. Auch das nachfolgend noch vorgestellte Graves-Modell kann Ihnen als Anhalt dienen, wer Ihnen gegenüber sitzt. Probieren Sie es gleich einmal bei nächster Gelegenheit aus.
Führen Sie sich jetzt, quasi als Vorbereitung für den nächsten „Realeinsatz“ in Sachen „Gewinn-Gewinn“, ein aktuelles Projekt oder eine demnächst fällige Entscheidung vor Augen und notieren Sie, welcher Beteiligte was gewinnen kann und wie dies am besten gelingt.

[?] **Kurznotiz zum anstehenden Projekt oder zur anstehenden Entscheidung:**

- Was und wie wird der Kunde gewinnen?
- Was und wie werden meine Mitarbeiter gewinnen?
- Was und wie wird unser Team, unsere Abteilung, unser Bereich gewinnen?
- Was und wie wird das Unternehmen gewinnen?
- Was und wie werde ich gewinnen?
- Wer kann noch etwas gewinnen: was und wie?

Wer Synergien nutzen möchte – Synergien, die nicht nur auf dem Papier, in Excel-Tabellen oder auf Powerpoint-Charts gerechnet werden, sondern im realen Alltag den Profit einer Einheit steigern – braucht eine klare Vorstel-

lung darüber, wie die jeweiligen Gewinne der Beteiligten aussehen. Dem zu Grunde liegt die Forderung nach Gewinn-Gewinn Persönlichkeiten; reifen Menschen, die trotz aller Versuchung konsequent im Sinne der Sache handeln und die erkennen, welche inneren Beweggründe ihr Verhalten beeinflussen. Ich denke, dass **dies eine nicht zu unterschätzende** Erklärung dafür ist, warum so viele Fusionen, Zusammenschlüsse, Joint Ventures, Strategische Allianzen usw. nicht die erwünschten wirtschaftlichen Effekte erzielen. Es wird viel in die sogenannten harten Faktoren investiert; das Beherrschen der weichen Faktoren setzt man bei Führungskräften voraus. Ein fundamentaler und sehr teurer Irrtum, wie ich meine.
Nicht zuletzt deswegen möchte ich mich im nächsten Abschnitt mit dem Begriff Synergie befassen. Wie gelingt es, Synergiepotentiale freizusetzen und somit die Grundlage für erfolgreiche Teams zu schaffen?

2. Synergiepotentiale wirklich nutzen

„1 + 1 = 3", so die einfachste und gern verwendete Definition des Begriffs 1 + 1 = 3

Synergie. Wenn es uns gelingt, ***zwei Personen, Einheiten, Zielvorstellungen so zusammenzubekommen, dass daraus etwas Größeres, Besseres, Erfolgreicheres entsteht*** als wenn zwei Systeme (Personen, Teams, Organisationseinheiten, Unternehmen, Regionen, Staaten) einfach nebeneinander herlaufen, dann können wir das echte Synergie nennen.
In einer guten Ehe, zum Beispiel, gelingt dies auf vorzügliche Weise. Mann und Frau ergänzen sich in ihren Stärken und stützen sich bei den jeweiligen Schwächen. Wenn es dann noch gelingt, die Kinder in dieses System mit einzubeziehen und gemeinsam zu wachsen, können wirkliche Synergien geschöpft werden. Bei Familien, die über viele Generationen hinweg Großes geleistet haben, lässt sich immer ein starkes Synergiepotential feststellen. An diesem Punkt widerspreche ich nachdrücklich Fredmund Malik, der die Meinung vertritt, dass Spitzenleistungen ausnahmslos von Einzelpersonen erbracht werden. Nur eine reduktionistische Sichtweise kann zu so einer Schlussfolgerung kommen.

Hinter jeder langfristig aufrecht erhaltenen Spitzenleistung steht ein Team von Unterstützern. Das beste Beispiel dafür sind Familienunternehmen, die seit Generationen bestehen. Was macht die Quants, Porsches, Thyssens, Haniels, Mercks, Brauns, Voiths, Oetkers, Hiltis, Hipps und wie sie alle heißen, so erfolgreich?

Oberflächlich sieht es so aus, dass Macht und Geld die Erfolgsmuster dieser Familien sind. Faktisch begründet sich der über viele Generationen anhaltende Erfolg dieser Familien auf etwas ganz anderem, ja fast Trivialem: **Wenn es darauf ankommt, halten Sie ohne wenn und aber zusammen und stützen sich gegenseitig!**

Sehen Sie sich die Historien etwas näher an. Versuchen Sie, Einblick in die Familientraditionen und unabänderbaren Prinzipien dieser „Clans" zu bekommen. Sie werden feststellen:

Die wirklich nachhaltig Erfolgreichen denken Wir; nie nur Ich!

Was sind die Faktoren, die Synergien erleichtern? Worauf kommt es an, wenn Synergien entstehen sollen? In der Fachliteratur finden sich immer wieder ähnliche Nennungen:

- **Mit Unterschiedlichkeit umgehen können,** wird am häufigsten genannt.
- Daran schließt sich die Fähigkeit zur **Toleranz** an. Damit einher gehen Eigenschaften wie
- **Verlässlichkeit, Vertrauen und Realitätsnähe.**

Für die in Zukunft immer wichtiger werdende Form des vernetzten Zusammenarbeitens unter großer Dynamik und hoher Instabilität, sind aus meiner Sicht noch fünf weitere Faktoren von entscheidender Bedeutung, um wirklich synergetisch zu sein:

- Die Fähigkeit, sich von **Bestehendem lösen zu können,** und Freude an Neuem, bisher Unbekanntem zu empfinden.
- **Selbstreflexion,** wie in den bisherigen Stationen immer wieder beschrieben.
- **Kommunikative Fähigkeiten,** wie in Station 7 ausführlich erläutert. Im Speziellen kommt es hierbei auf **Integrität und Offenheit** an.
- Das Einigen auf **im Vorfeld der Zusammenarbeit festgelegte Prinzipien,** die auf keinen Fall zur Disposition stehen, oder einfach so missachtet werden können. Diese Prinzipien können sich zum Beispiel an unseren in Station 2 erwähnten Prinzipien des Lebens orientieren.

„Erfolgreiche Management-Teams" beherzigen vor allem die letzten beiden Aufzählungspunkte (gemeinsam festgelegte Prinzipien der Zusammenarbeit und ethische Disziplin). Prominente Beispiele des ersten Jahrzehnts des 21. Jahrhunderts sind die seit ihrer Gründung im Jahre 1982 extrem schnell und erfolgreich gewachsene Axa-Gruppe, sowie GE oder der Hilti-Konzern. Aber auch innerhalb des Postbank-Konzerns ist die größte und hundertprozentige Tochter, die Postbank Systems AG, ein eindrückliches Beispiel, dass Unterschiedlichkeit, Diskussionskultur und Geschlossenheit zentrale Faktoren für den Erfolg darstellen. Und selbstverständlich ist der Führungsstil vieler KMUs von dieser Geschlossenheit nach außen beseelt. Nicht zuletzt war der fast 60-jährige Nachkriegserfolg der bayerischen CSU von diesem Geist beseelt – das muss man einmal ganz wertfrei so stehenlassen; ob es einem passt oder nicht.

- Damit einher geht ein Mindestmaß an ethischer Disziplin, **sich an getroffene Abmachungen zu halten** oder aus dem Projekt / Team auszusteigen. Bis zur Entscheidungsfindung soll hart um die beste Lösung gerungen werden. Ist diese dann getroffen, wird sie nach außen mit einer Stimme vertreten.

Überprüfen Sie sich selbst, wie stark Ihr Synergiepotential bei Ihnen und Ihrem Team ausgeprägt ist. Nachfolgender Test gibt Ihnen dazu die Möglichkeit. Bitte bewerten Sie die Fragen auf einer Skala von 1 bis 5:
1 = nie / trifft überhaupt nicht zu
2 = nur selten / in den wenigsten Situationen trifft die Aussage für mich zu
3 = teils – teils; je nach Situation trifft die Aussage für mich mehr oder weniger zu
4 = zum größten Teil / in den meisten Situationen trifft die Aussage für mich zu
5 = immer / trifft vollkommen zu

Tabelle: Selbsttest - Mein Synergiepotential

Frage	**Bewertung**	**Bemerkung**
1. Wenn ich eine Meinung höre, die sich von meiner stark unterscheidet, bitte ich den Diskussionspartner, mir seine Sicht möglichst genau zu erläutern, um besser zu verstehen, was dieser meint.		
2. Wenn in einer Gruppe eine Mehrheitsmeinung vorherrscht, schließe ich mich nicht automatisch dieser an, obwohl ich innerlich weiterhin anderer Meinung bin. Ruhig vertrete ich meinen Standpunkt, bemühe mich um Commitment statt Minimalkonsens zu akzeptieren.		
3. Ich arbeite gern mit Menschen zusammen, die andere Sichtweisen vertreten als ich. Unterschiedlichkeit empfinde ich als Bereicherung.		
4. Ich fühle mich nicht persönlich angegriffen, wenn mir jemand sehr deutlich zu verstehen gibt, dass er von meiner Meinung nichts hält.		
5. Ich versuche, das Wissen und die Erfahrung möglichst vieler miteinzubeziehen, um die beste Lösung generieren zu können.		
6. Ich bin davon überzeugt, dass jeder Mensch seinen Beitrag leisten kann/will, wenn die Rahmenumstände ihn lassen.		
7. Ich möchte von anderen lernen – je mehr, desto besser.		
8. Wenn es um das Finden innovativer Lösungen geht, ist mir Brainstorming mit möglichst vielen wichtiger, als mich auf die Meinung eines Experten zu verlassen.		
9. In „Konflikten“ suche ich nach Lösungen, die es allen Beteiligten ermöglichen, als „Gewinner“ hervorzugehen.		
10. Meine Erwartungen und Wünsche an andere kann ich klar und verständlich ausdrücken. Ich verwende dafür eine einfühlsame, nicht verletzende und positiv-motivierende Sprache.		
11. Ich bin realistisch, was man von anderen Menschen erwarten darf und nicht sehr oft enttäuscht, wenn vermeintliche Versprechungen nicht eingehalten werden.		
12. Ich übernehme Verantwortung für mein Denken, Sprechen und Handeln – besonders wenn Dinge schlecht gelaufen sind oder gar nicht geklappt haben.		

Addieren Sie bitte die Einzelwerte. Auf welche Gesamtsumme kommen Sie in den 12 Fragen?
Kommen Sie über 50 Punkte? Dann darf man Ihnen eine sehr große Fähigkeit, synergetisch zu denken und zu handeln, bescheinigen.
Bewegen Sie sich zwischen 35 und 49 Punkten? Dann liegt auf alle Fälle ein solides, im oberen Bereich auch sehr gut ausbaufähiges Potential vor, um mit anderen synergetisch zusammenzuarbeiten.
Liegen Sie zwischen 20 und 34 Punkten? Mit der „3" vorne ist die Basis für eine gute Zusammenarbeit durchaus gegeben. Zwischen 20 und 29 Punkten haben Sie ansatzweise Potential, sollten aber sehr genau hinsehen, warum Ihr Wert nicht höher ist.
Liegen Sie zwischen 12 und 19 Punkten? Darf ich mir eine Frage erlauben: Wie nehmen Sie Ihr Umfeld wahr? Sind Sie von „Pennern", „Idioten", „unverlässlichen Faulpelzen" umgeben? Denken Sie öfter: „Gibt's das denn, dass man sich auf niemanden verlassen kann, und dass gerade ich immer soviel „Mist" erleben muss?" ***Vorsicht! Wenn alle um Sie herum „unbrauchbare Penner und Nieten" sind, empfiehlt es sich, kritisch in den Spiegel zu sehen.***

Egal, welchen Gesamtwert Sie haben; es lohnt sich, auch einzelne Bewertungen näher anzusehen. Wo haben Sie sich eine 1 oder 2 gegeben? Warum? Was können Sie dafür tun, sich in diesen Bereichen weiter zu entwickeln?
Selbstverständlich gilt auch für diesen Selbsttest, dass Sie sich ein Fremdbild einholen und dieses mit einer Person Ihres Vertrauens diskutieren können. Des Weiteren soll Sie nichts davon abhalten, auch im gesamten Team über die Ergebnisse der Einzelnen zu sprechen. Hier sei erwähnt, dass dazu jedoch bereits eine recht gute Vertrauenskultur vorliegen muss. Sonst wird die notwendige Offenheit für den einen oder anderen zum „Spießroutenlauf" und der gut gemeinte Ansatz erzeugt genau das Gegenteil des Gewollten – statt synergetischer zusammenzuarbeiten, verstärken Sie Misstrauen, Rollenspiele und unproduktives Machtgebaren.
Und vergessen Sie bitte nicht, wie wichtig reife Persönlichkeiten sind, um wirklich synergetisch wirken zu können. ***Prüfen Sie sehr genau, mit wem Sie versuchen, Synergien zu erzielen.*** Bleiben Sie

positiv-realistisch. Gehen Sie aber auch keine Kompromisse ein, wenn Sie bei der „Partnerwahl" kein gutes Gefühl haben.

Akzeptieren Sie, dass die Anzahl derer, die wirklich synergetisch denken, nicht riesengroß ist.

Jenseits dieser Erkenntnis ist es dennoch Realität, dass wir zunehmend stärker aufeinander angewiesen sind und sowohl globale als auch persönliche Herausforderungen nur noch gemeinsam mit anderen meistern können. Denken Sie bitte kurz darüber nach, von wem Sie alles abhängig sind.

Tabelle: Meine Abhängigkeiten von anderen Personen

Von wem bin ich abhängig?	In welcher Form? (materiell, emotional, rechtlich, ...)	Einseitig / wechselseitig	Wie gut tut mir das? Will ich daran etwas ändern?

Auf wie viele Personen kommen Sie? Welcher Art sind diese Abhängigkeiten? Welche möchten Sie behalten, welche lieber lösen?

Nutzen Sie den Platz auf der nächsten Seite oder nehmen Sie sich ein leeres Blatt Papier und malen Sie in der Mitte einen kleinen Kreis, in den Sie „Ich" schreiben. Ordnen Sie um dieses „Ich" alle Personen an, die Sie in voranstehende Tabelle aufgenommen haben – je näher, desto abhängiger. Notieren Sie sich, wie Sie mit dieser Beziehung künftig umgehen möchten.

ICH

Denken Sie zum Schluss kurz darüber nach, wovon Sie noch alles abhängig sind: Strom, Wasser, Gas, Erdöl, Frieden, Sicherheit, …

Spüren Sie es? Wir sind miteinander vernetzt – auf Gedeih oder Verderb miteinander verbunden. In einem von Geben und Nehmen ausgewogenen Beziehungsgeflecht liegt der Schlüssel zu einem erfolgreichen Leben. Das gilt selbstverständlich auch – sogar noch mehr – für Sie als Führungskraft. Letztendlich sind Leader immer davon abhängig, dass sie Follower haben. Die Zeiten sind jedoch längst vorbei, in denen Sie nach Gutsherrenmanier die Menschen um Sie herum kommandieren konnten, wie es Ihnen gerade behagte.
Wer heute die „Besten" für sich gewinnen möchte, der muss sich ohne Wenn und Aber auf gegenseitige Abhängigkeit einlassen.

Alle im Moment noch vorhandenen Gegenbeispiele (der modernen Welt) sind lediglich „Restposten" des letzten Jahrtausends. Lassen wir uns von den „Bushs" oder dem sogenannten Sozialstaat nicht blenden – sie sind Auslaufmodelle. Das 21. Jahrhundert gehört den Obamas, Bill Gates, Yunuses, Googles, Ebays und Xings.

Umfassende (Selbst-)Verantwortung, gepaart mit intelligenter Vernetzung, ist das Modell der nächsten Jahrzehnte. Vernetzung starker Einheiten ist das Stichwort. Damit möchten wir uns im letzten Teil dieser Station befassen.

3. Durch Vernetzung die Herausforderungen des 21. Jahrhunderts meistern

Lassen Sie uns auf der individuellen Ebene beginnen und machen Sie den Team-Test; orientiert am Originaltest nach Meredith Belbin (nähere Infos zum Originaltest unter: www.belbin.com).

Lesen Sie sich bitte die acht verschiedenen Rollen in der Abbildung 36 auf der nachfolgenen Seite durch und ordnen Sie sich zu. Zu wieviel Prozent (100%, 75%, 50%, weniger als 50%) erkennen Sie sich in den oben aufgeführten Rollen jeweils wieder?

Welche drei Rollen passen am besten zu Ihnen?

Aus meiner praktischen Erfahrung habe ich mir, im Sinne der „Managerfreundlichkeit", zwei Änderungen des Originaltests erlaubt: 1. Den Spezialisten und Perfektionisten habe ich zu einer Rolle zusammengefasst und aus neun, acht Rollen gemacht. 2. Pro Rolle arbeite ich mit einer jeweils „diskret-quantitativen" Bewertung.

Lassen Sie jedes Mitglied Ihres Teams den Test ausfüllen und erstellen Sie daraufhin das Teamprofil:

- Sind alle Rollen zumindest einmal besetzt? Wo gibt es Schwerpunkte? Wo sind Lücken?
- Gibt es markante Doppelbesetzungen? Wie kommen diese Personen im Alltag miteinander aus. Gerade bei dominanten Rollen, wie z.B. der Macher, kann es schnell zu Machtkämpfen um die Führungsrolle kommen.
- Kann sich jeder nach seiner präferierten Rolle im Team einbringen? Kennen wir die Stärken und die Schwächen der jeweiligen Rolle und sind wir dementsprechend gut aufgestellt?
- Geben wir den etwas zurückhaltenden Rollen, wie dem Beobachter, Teamarbeiter, vielleicht auch Spezialisten, genügend Raum, um sich aktiv einbringen zu können?
- Sind wir uns des Werts unterschiedlicher Rollen bewusst? Schätzen wir diese Unterschiedlichkeit?
- Streben wir vor diesem Hintergrund wann immer möglich die beste Lösung an?

Wenn Sie es schaffen, sich im Team wirklich gut zu vernetzen, erhöhen Sie Ihre Effektivität um ein Vielfaches. Wie bereits betont, wird das 21. Jahrhundert diejenigen besonders erfolgreich machen, denen die konstruktive Vernetzung mit Andersdenkenden gelingt.

Gehen wir nun einen Abstraktionsschritt in Sachen Selbstverantwortung und Vernetzung weiter. Lesen Sie sich bitte die Aussagen der Tabelle auf Seite 193 durch und notieren Sie sich, inwieweit Sie den Aussagen im Kontinuum von 0% bis 100% zustimmen können. Bilden Sie dann pro Fragenblock den Mittelwert Ihrer Antworten.

Abb. 36: Welcher Team-Typ sind Sie? Das Rollen-Profil nach Belbin

Welcher Team-Typ sind Sie?

	Rollen und Beschreibungen, Beitrag der Rolle in einer Gruppe	Zulässige Schwächen	Persönliche Zuordnung und Bemerkungen
	**Erfinder/Erneuerer** Äußerst kreativer Denker. Liefert Ideen und zentrale Gedanken für neue Projekte und Entwicklungen. Bevorzugt es, alleine zu arbeiten – braucht Distanz zum Team. Phantasievoll, mit ungewöhnlichen Wegen und eigenem Stil.	Nicht leicht ins Team zu integrieren. Ignoriert Standards, ist mitunter gedankenverloren und sehr introvertiert. Kann sich in Details verlieren. Zeigt Kommunikationsschwächen und reagiert heftig auf Kritik oder Beratungsvorschläge.	
	**Wegbereiter/Weichensteller** Extrovertierte, offene und gelassene Persönlichkeit. Hohe Kommunikationsfähigkeit, kann mit sehr unterschiedlichen Charakteren zusammenarbeiten. Ist nicht unbedingt der Kreative, aber stark im Weiterentwickeln von Ideen. Hat ein gutes Gespür für die Umsetzungswahrscheinlichkeit von Ideen.	Sehr schnell begeistert. Häufig zu optimistisch und nicht besonders ausdauernd. Verliert nach der Anfangsbegeisterung schnell das Interesse und sucht sich neue Felder seines Wirkens. Braucht dauerhafte positive Stimulation, um an einer Sache dran zu bleiben.	
	**Koordinator/Integrator** Reife, sichere und vertrauensvolle Persönlichkeit. Ein guter Vorsitzender. Erklärt Ziele sehr verständlich, integriert Personen, kann gut delegieren und fördert den Entscheidungsprozess. Mobilisiert auch unterschiedliche Teammitglieder.	Nicht besonders an Details interessiert. Neigt dazu, alles zu delegieren. Versucht im Falle von Widerständen hartnäckig seine Vorstellung durchzusetzen – ggf. auch mit „manipulativ" anmutenden Vorgehensweisen.	
	**Macher** Herausfordernd, dynamisch, spontan, energiegeladen. Macht Druck, hat Mut und Antrieb – bringt Dinge voran. Hat die Fähigkeit, auch unpopuläre Entscheidungen und notwendige Veränderungen durchzusetzen. Garantiert in der Regel, dass die Gruppe positiv unterwegs ist.	Ist ungeduldig, neigt zu spontanen Aktionen und Temperamentsausbrüchen. Ist mitunter eigensinnig und schätzt in Hochphasen keinen Widerspruch. Kann dann (oft unbewusst) Gefühle anderer verletzen. Erzeugt mit seinem Verhalten bei ähnlich „Tickenden" Konkurrenz und provoziert Widerstände.	
	**Beobachter** Ruhig, strategisch, scharfsinnig. Urteilt präzise und fällt selten Fehlurteile. Geht analytisch vor und lässt sich von vorschnellem Enthusiasmus nicht anstecken. Optimaler Analytiker für hochkritische Entscheidungen.	Kaum Antrieb andere zu inspirieren und zu begeistern. Lange Entscheidungsdauer. Zu häufiges erneutes Überdenken einer Situation. Wirkt auf Mitmenschen überkritisch und schwer nahbar.	
	**Teamarbeiter/Mitspieler** Umgänglich, freundlich, einsichtig und diplomatisch. Zuhörend, sehr verständnisvoll. Unterstützt, gemessen an den anderen Rollen, am meisten die anderen Team-Mitglieder.	Konfliktscheu, d.h. sehr harmoniebedürftig. In Zerreißproben kaum entscheidungsfähig. Dies führt mitunter zu zeitraubenden Wiederholungsschleifen.	
	**Umsetzer** Diszipliniert, zuverlässig, effektiv und effizient. Setzt Ideen in die Tat um. Sehr praktisch orientierter Verstand, hohe Selbstkontrolle.	Beim Auftreten neuer Optionen eher langsam und unflexibel. Bewahren bisheriger Lösungen. Sehr der Sache verpflichtet; mitunter zu Lasten der zwischenmenschlichen Ebene.	
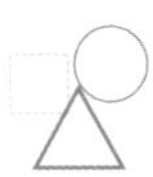	**Perfektionist/Spezialist** Sorgfältig, gewissenhaft, engagiert dem Fachwissen zugewandt. Deckt Fehler und Unterlassungen konsequent auf. Liefert pünktlich verlangten Output und erwartet dies auch von anderen. Benötigt wenig externe Stimulation.	Kann kaum delegieren, macht alles selbst. Neigt zu stark introvertiertem Verhalten, was auf Kosten zwischenmenschlicher Kontakte geht. Verliert sich in technischen und operativen Details.	

Beurteilen Sie sich bitte selbst. Zu wieviel Prozent (100 %, 75 %, 50 %, weniger als 50 %) erkennen Sie sich in den oben aufgeführten Rollen wieder? Welche drei Rollen passen am besten zu Ihnen?

Quelle: In Anlehnung an Belbin

Tabelle: Entwicklungsstufen der reifen Persönlichkeit – das Graves-Modell

Zentrale Fragen	Selbsteinschätzung in % (0, 25, 50, 75, 100%)
- Eine (schwere) Krankheit bestimmt mein Leben - Ich befasse mich oft mit meinen Ängsten, Nöten und Problemen - Die Frage „Wie komme ich über die Runden?" bestimmt häufig mein Denken - Ich mache mir intensiv Sorgen, wie es mit meiner Existenz weitergeht - Oft denke ich mir: „Eigentlich möchte ich gar nicht mehr leben" **Mittelwert von Block 1**	
- Die Zugehörigkeit zu festen Gruppen, Vereinen, Verbänden usw. ist mir wichtig - Das Wohlwollen der Mitglieder der Gruppen, Organisationen und Systeme, denen ich angehöre, mir gegenüber, ist mir sehr wichtig - Klare, nicht abzuändernde Rituale haben für mich eine große Bedeutung - Ich befasse mich oft mit Ereignissen und Erlebnissen aus der Vergangenheit Sie prägen (gedanklich) auch mein aktuelles Leben stark **Mittelwert von Block 2**	
- Mein Wille nach Macht und Selbstbehauptung treibt mich stark an - Die Durchsetzung meines Willens kann auch auf Kosten der Wünsche anderer gehen - Ich kenne Methoden und Übungen, um meine Macht zu optimieren und setze diese auch ein - Ohne groß nachzudenken oder auf andere zu schauen, lebe ich meine Wünsche, Bedürfnisse und Ziele aus **Mittelwert von Block 3**	
- Innere und äußere Ordnung sind für mich sehr wichtig. Wenn die Dinge nicht geregelt sind, fühle ich mich sehr unwohl - Strikt halte ich Regeln und Verordnungen ein - Ich bin fest davon überzeugt, dass ohne Regeln und Ordnung kein gesittetes Zusammenleben möglich ist - Es ist mir wichtig, dass die Menschen in meinem Umfeld sich auch an Regeln und Ordnungen halten - Ich bin der Meinung, dass das Einhalten von Regeln belohnt werden muss; ich erwarte dies von meinem Umfeld **Mittelwert von Block 4**	
- Materielle Erfolge sind für mich wichtig. Sie sind ein Symbol für Leistung und Erfolg - Ich liebe den Wettbewerb. Er ist gerecht und belohnt die Leistungsstarken - Wenn ich antrete, möchte ich als Gewinner aus dem Rennen gehen. Besser als andere zu sein, ist mir wichtig - Ich setze gezielt Macht und Einfluss ein, um Karriere zu machen - Ich glaube an den Fortschritt durch Wissenschaft und Technik **Mittelwert von Block 5**	
- Harmonie und Konsensfindung sind für mich sehr wichtig - Ich strebe sehr nach Gerechtigkeit - In Gruppen bemühe ich mich, die Gleichwertigkeit aller Beteiligten sicherzustellen - Ich akzeptiere andere fast vorbehaltlos als gleichwertig - Am wohlsten fühle ich mich in gleichwertigen Gruppen **Mittelwert von Block 6**	
- Die Frage, wie es mit der Menschheit weitergehen wird, beschäftigt mich intensiv - Ich denke oft und konkret darüber nach, wie unsere Kinder oder Kindeskinder einmal leben werden - Ich bin bereit, auf persönliche Annehmlichkeiten zu Gunsten des größeren Ganzen zu verzichten - Dieser Verzicht erstreckt sich auch auf Bereiche, die mir „lieb und teuer" sind; meine Hobbies, Vorlieben oder Freizeitfreuden zum Beispiel - Ich treffe meine Entscheidungen völlig unbeeinflusst von den zu vermutenden Reaktionen hierarchisch Höherstehender - Ich richte mein Denken, Sprechen und Handeln konsequent an den Notwendigkeiten für das Ganze aus. Status, Senioritätsdenken, Gruppenpflicht oder die Auswirkungen auf meine eigene Karriere beeinflussen mich dabei nicht **Mittelwert von Block 7**	

[?]

In welchem der Blöcke haben Sie den höchsten Mittelwert?

- Im **ersten Block** geht es um die physischen Existenzbedürfnisse; ähnlich der untersten Stufe der Maslow-Bedürfnispyramide. Wenn Sie hier den höchsten Mittelwert haben, haben Sie schlichtweg Existenzsorgen.
- Der **zweite Block** zeigt Ihnen Ihr Verhältnis zu Vereinen, Gruppen und Organisationen auf. Wie sehr möchten Sie diesen angehören, wie wichtig ist Ihnen die Zugehörigkeit zu diesen?
- **Block drei** befasst sich mit Ihrem Machtstreben. Wie wichtig ist es Ihnen, Macht und Einfluss über andere zu haben?
- Die Fragen des **vierten Blocks** geben Ihnen ein Signal, wie sehr Sie auf Gesetze, Verordnungen und Regeln vertrauen und diese auch für Ihr Leben brauchen.
- **Block fünf** befasst sich mit den Früchten der industrialisierten und kapitalistischen Welt. Welche Rolle spielen Geld und hierarchischer Erfolg in Ihrem Leben?
- Im **sechsten Block** geht es stark um die Befreiung von den Werten aus Block fünf. Gleichwertigkeit und Gerechtigkeit sind die Schlagworte. Wie wichtig sind Ihnen diese Werte?
- **Block sieben** schließlich stellt Fragen, die einerseits das Überleben der Menschheit, andererseits die wirkliche (vor allem geistige) Unabhängigkeit des Einzelnen betreffen. Wie sehr sind Sie in der Lage, das eigene Ich zu Gunsten des größeren Ganzen in den Hintergrund zu rücken?

Obiger Fragebogen basiert auf den Erkenntnissen des Modells von Professor Clare Graves. Er ist Anfrang der 60er Jahre entstanden und es handelt sich dabei um eine Weiterführung der berühmten Bedürfnispyramide von Abraham Maslow. Im Kern geht es darum, dass Graves in seinen Tests festgestellt hat, dass bei Maslows höchster Stufe, der sogenannten Selbstverwirklichung, für einige Menschen noch nicht Schluss ist (diese würde, je nach Typ, den Graves-Stufen fünf oder sechs entsprechen). Die Menschen jenseits dieser Stufen zeigten in Ihrem Denken, Sprechen und Handeln klare Signale, sich auf einer „höheren" Stufe zu bewegen, die Graves als „integral, holistisch, ganzheitlich und polykontextural" bezeichnete.

Nachfolgende Abbildung gibt in sehr vereinfachter Form die neun Stufen des Graves-Modells wieder, wobei ich die Stufen sieben bis neun zusammengefasst habe. Einerseits trifft Graves hier selbst keine ganz präzise Unterscheidung mehr und andererseits dürften sich im Moment keine fünf Prozent der Menschheit jenseits der Stufe 6 bewegen.

Allerdings gibt es eine klare Tendenz, dass sich die Menschen der „industrialisierten Welt" zunehmend in Richtung „Stufe 7" bewegen (möchten). Das ist auch notwendig. Müssen doch die Fragen der Ökologie, Nachhaltigkeit, globalen Gerechtigkeit im „Geist der Stufe 7" beantwortet werden, wenn wir eine gute Lösung möchten.

Abb. 37: Das Stufenmodell der Entwicklung nach Graves

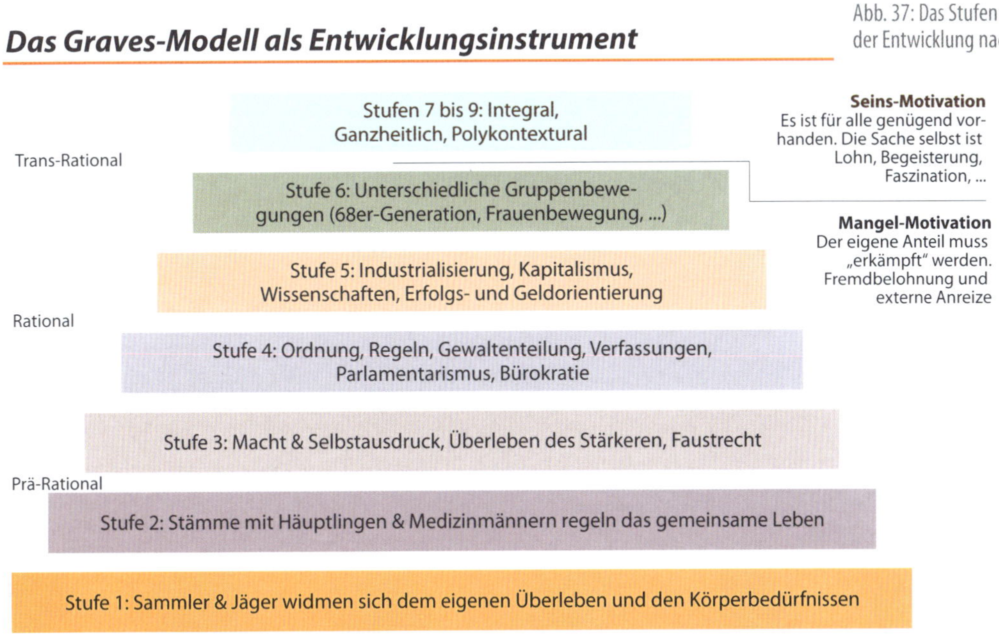

Quelle: In Anlehnung an Nielsen

Zwischen Stufe 6 und Stufe 7 ist der große Sprung. Hier wechselt das Denken, Fühlen und Handeln von Mangel-Motivation zur Seins-Motivation. Menschen auf Stufe 7 lieben es zu geben und im Dialog die Welt voranzubringen. Sie bemühen sich, die positiven Eigenschaften der Stufen 1 bis 6 zusammenzutragen und die sie umgebenden Menschen durch ihr Vorbild weiterzuentwickeln. Das alles ohne bewussten Plan oder gezielte Maßnahmen. Eher wie Delphine gleiten sie zwischen den Stufen eins bis sechs, fühlen sich auf jeder Ebene wohl und dienen fast ausnahmslos der (größeren ganzen) Sache.

Seine Heiligkeit der XIV. Dalai Lama ist zum Beispiel so eine Persönlichkeit. Oder Mohammad Yunus, der Gründer der Grameen Bank für Mikrokredite in Indien. Vielleicht ist auch Barak Obama vom Geist der Stufe 7 beseelt?

Wenn Sie sich intensiver mit dem Modell befassen möchten, darf ich Ihnen das Buch von Don Beck und Christopher Cowan, Spiral Dynamics, oder die Werke des Philosophen Ken Wilber empfehlen (am besten den Roman „Boomeritis“ aus dem Jahre 2002 oder „A Theory of Everything“, 2000). Einen guten Einstieg in das Graves Modell bietet das Paper von Nandana & Karl Nielsen des NLP & Coaching Instituts, Berlin.

Für uns genügt es an dieser Stelle, folgende Anwendungsmöglichkeiten aus dem Modell abzuleiten:

- Obenstehender Test gibt Ihnen einen Hinweis, auf welcher Stufe Sie sich selbst im Moment am wohlsten fühlen. Auf dieser Basis können Sie überlegen, was Ihnen davon gut tut und wo Sie sich verändern möchten.
- Die besonders hohe oder niedrige Bewertung von Einzelaussagen gibt Ihnen einen Hinweis auf Themen / Werte, die in Ihrem Leben eine herausgehobene Rolle spielen.
- Wenn Sie wollen, können Sie den Test auch auf Team-Ebene durchführen. Je nachdem wie unterschiedlich die einzelnen Team-Mitglieder sind, kann es zu Spannungen kommen. Einem Team-Mitglied auf Stufe 4 zum Beispiel ist sehr daran gelegen, dass Abläufe und Prozesse einen hohen Ordnungsgrad aufweisen und nicht zu schnell verändert werden. Stufe 5-Mitglieder wollen aber vorankommen, Erfolge erzielen – und das am besten noch im sportlichen Wettstreit. Dies führt zwangsläufig zu Konflikten. Wenn Sie dann noch Team-Mitglieder der Stufe 6 bei sich haben, die sehr stark den Gleichheits- und Gruppengedanken fokussieren (und sich vielleicht sogar auf Stufe 7 empfinden; was sehr häufig bei Stufe 6 Menschen der Fall ist), ist es äußerst anspruchsvoll für Sie als Führungskraft, eine gemeinsame Mission oder einen Teamspirit zu entwickeln.
- Selbstverständlich können Sie mit Hilfe des Graves-Modells auch Kollegen, Mitarbeiter oder Vorgesetzte besser einschätzen und deren Ziele leichter nachvollziehen. Je besser Sie Ihre Umgebung kennen, desto leichter können Sie auch in deren Referenzsystem denken und handeln. Vor zu voreiligen Schlussfolgerungen sei allerdings an dieser Stelle gewarnt. Wie immer können unseren Beobachtungen „selbsterfüllende Prophezeiungen“ zu Grunde liegen und auch unser „blinder Fleck“ ist meistens größer, als wir es gerne hätten.
- Auf organisationaler Ebene bieten die Graves-Stufen eine erste Strukturierungshilfe zur Einschätzung der vorhandenen Unternehmenskultur:

Gibt es Umstände, die die Existenz der Organisation akut gefährden (Stufe 1)? Wie intensiv ist das Abgrenzungsdenken durch die Bildung von Untergruppen (Stufe 2)? Welchen Wert haben Statussymbole (Stufe 3)? Wie wird Macht eingesetzt (Stufe 3)? Wie zentral sind Verordnungen und Regeln (Stufe 4)? Wie sehr werden Fortschritt und Technik ge- oder sogar verehrt (Stufe 5)? Wie wichtig sind Gemeinschaft und soziale Verantwortung (Stufe 6)?

- In der Zusammenarbeit mit interkulturellen Teams helfen uns die Graves-Stufen, den anderen besser zu verstehen. Je nachdem, an welchem Ort der Welt man sozialisiert wurde, ist das heutige Denken davon geprägt. Wenn Sie zum Beispiel mit Nationen zu tun haben, deren Menschen permanent um das Überleben kämpfen, ergibt sich eine völlig andere Ausgangslage, als wenn Sie mit den reichen, zum Teil übersättigten Industrienationen zusammenarbeiten. Aber auch innerhalb dieser Gruppe gibt es feine Unterschiede. Auf welche Graves-Stufen würden Sie zum Beispiel die USA, Japan, Frankreich, Deutschland, Singapore, die Skandinavischen Länder oder die Schweiz zuordnen?

Last but not least gibt uns Graves einen Bezugsrahmen, welche wunderbaren menschlichen Eigenschaften wir auf jeder Stufe wertschätzen und in unser tägliches Zusammenleben einbauen können:

- **Graves 1:** Wie gehen wir mit unserer **Gesundheit** um? Wie sensibel sind wir für die Signale unseres Körpers? Wie achtsam gehen wir mit unserer Umwelt um?
- **Graves 2:** Welche Rituale ermöglichen uns den **inspirierenden Kontakt mit anderen** (Feste, fixierte Treffen, sich regelmäßig wiederholende Abläufe usw.)? Wie können wir den Bezug zu unseren Mitmenschen herstellen, erhalten und stetig verbessern?
- **Graves 3:** Welchen **Zugang** haben wir **zu unseren inneren Energien** und leben wir diese auch aus, ohne anderen dadurch zu schaden? Wie gehen wir mit Macht um und setzen diese in konstruktiver Form ein? Wie komme ich in den Flow meines Lebens?
- **Graves 4:** Welche **innere Ordnung** gibt mir in meinem Leben Halt (Werte, Prinzipien, Regeln …)? Wie viel **äußere Ordnung** und Stabilität brauche ich? Welche Erwartungen habe ich diesbezüglich an meine Mitmenschen? Wo in unserem Leben können Disziplin und Ordnung weiterhelfen?
- **Graves 5:** Wie bewusst gehe ich auch manchmal an **positive Grenzen meiner Leistungsfähigkeit**? Wie gezielt feiere ich Erfolge und genieße

es, eine für mich besondere Leistung erbracht zu haben? Wie ziehe ich aus fairem Wettkampf mit anderen einen Gewinn? Wie sehr können Fortschritt und Technik mein Leben bereichern?

- **Graves 6:** Wie wichtig sind Harmonie und **Gerechtigkeit** für mich und was tue ich dafür (z.B. in meiner Kommunikation oder meinem täglichen Handeln)? Wie bringe ich mich ein, um **Gleichwertigkeit** in meinem Umfeld zu ermöglichen (z.B. in der Familie, in Vereinen, im Unternehmen, …)? Wie zelebriere ich Momente der gleichwertigen Gemeinschaft (z.B. mit Freunden)?
- **Graves 7:** Wie wichtig ist Spiritualität für mich? Wie sieht meine Spiritualität aus? Wie kann ich anderen Menschen dienen? Welchen Beitrag kann ich leisten, um die Welt lebenswerter zu machen? Wie frei bin ich davon, Lob und Anerkennung als Dank für mein Handeln zu bekommen? Wie sehr ist die Sache selbst Lohn für mich?

Alle diese Erkenntnisse, die wir auf den voranstehenden Seiten zum Thema Synergie, Team, Vernetzung und Kooperation zusammengetragen haben, lassen sich selbstverständlich auch auf die Arbeit mit Organisationen oder Organisationseinheiten übertragen.

Sowohl im sogenannten strategischen Management als auch in der Unternehmensentwicklung zeichnet sich ein Trend für die erste Hälfte des 21. Jahrhunderts ab:

Es muss gelingen, das Wissen möglichst vieler in die Problemlösung einzubeziehen – ohne dem naiven Glauben zu verfallen, dass die Masse immer recht hätte.

Effiziente Arbeit mit großen Gruppen ist das Stichwort.
Methodisch gibt es mittlerweile verschiedene Ansätze, die sich in der Praxis bewährt haben, mit einer Teilnehmeranzahl von 50 bis zu 1000 Personen (und vereinzelt mehr) zu arbeiten. Nachfolgende Abbildung gibt einen ersten Überblick.

Die Intelligenz des Systems nutzen: Großgruppen-Methoden

Abb. 38: Mit Hilfe von Großgruppenmethoden die Intelligenz möglichst vieler effizient nutzen

Viel tiefer möchte ich an dieser Stelle gar nicht in die Thematik Großgruppenarbeit einsteigen. Wenn Sie mehr zur Großgruppenarbeit wissen möchten, darf ich Ihnen die Homepage www.all-in-one-spirit.de empfehlen.
Persönlich arbeite ich am liebsten mit Kombinationen und vor allem mit der Postermethode, einem **Total Involvement Concept,** das die Möglichkeit bietet, auch einem **großen Plenum** (mehrere hundert Personen sind beim Total Involvement Concept parallel möglich) die **Problemsituation** bewusst zu machen, Betroffene in Entscheidungen zu involvieren und damit Veränderungen auf eine breite Basis stellt.

Wie muss man sich die **Postermethode** vorstellen? Hier eine kurze Einführung, um einen Eindruck von einem solchen Workshop zu bekommen:
Die zu Involvierenden sitzen in Gruppen von vier bis acht Personen um Tische, auf denen Arbeitsposter der Größe DIN A0 liegen, die je nach Intention unterschiedliche Anweisungs- und Arbeitsfelder enthalten, die im Team diskutiert, ausgefüllt und bearbeitet werden sollen. Die Poster können von beliebig vielen Gruppen parallel bearbeitet werden!
Nach einer kurzen Einweisung zu Beginn arbeiten die Gruppen ohne weiteren Input durch Moderatoren oder Trainer; **einzig das Poster selbst führt**

durch die Diskussion, gibt Anregungen sowie Input und fordert Stellungnahmen, Positionen oder konkreten Output.
Nachfolgend ein paar visuelle Eindrücke:

Abb. 39: Eindrücke von der Arbeit mit der Postermethode

Eindrücke von der Arbeit mit der Postermethode

Wie entsteht ein Poster und wie sieht das Arbeiten mit der Postermethode aus?
Zu Beginn steht ein Problem, das Sie lösen möchten, oder ein Inhalt, den Sie vermitteln wollen und von dem viele betroffen sind. Es könnte sich um eine Situation handeln, in der i.d.R. sehr wenige über sehr viele entscheiden müssen; z.B. eine neue strategische Ausrichtung Ihres Unternehmens oder eine veränderte Laufbahnregelung oder der Umbau der Organisation in Richtung Projektorganisation und vieles mehr.
Wie würden Sie in einem derartigen Fall die Ausgangslage analysieren, möglichst viele Betroffene zu Beteiligten machen und eine Kultur des Miteinanders entwickeln? Ein Kernteam einsetzen, das den Auftrag hat, ein umfassendes Vorgehenskonzept zu entwickeln, das fertige Konzept dann an die einzelnen Bereiche mit der Bitte um Feedback weiterleiten, daraufhin

eine neue Vorstandsvorlage entwickeln und diese nach der Entscheidung kaskadenartig nach unten umsetzen lassen?

Mit Hilfe der Postermethode kann anders vorgegangen werden:

- **Was sind Ihre Vorgaben?** Überlegen Sie sich, welche Punkte Ihnen unbedingt wichtig sind, was zwingend beachtet werden muss. Legen Sie als Verantwortlicher also fest, welche Rahmenbedingungen (harte Pole) Sie vorgeben; z.B. Strategie, Meilensteine, Karrierestufen, Kernprozesse etc.
- **Legen Sie den Rahmen fest!** Entwickeln Sie dann mit Hilfe in- und externer Experten einen inhaltlichen Rahmen, der es ermöglicht, das Thema von einer breiten Anzahl Betroffener erarbeiten zu lassen. Gemäß Ihrer Vorgaben und vorhandener Realitäten entsteht ein Diskussionsrahmen, innerhalb dessen sich die Mitglieder Ihres Unternehmens konkrete Gedanken zur Umsetzung machen können, z.B. in Form folgender Fragen: Was können wir besonders gut? Wo haben wir noch erhebliche Schwächen? Was darf auf keinen Fall passieren? Wie würden Sie es an meiner Stelle angehen? Welche Erwartungen haben Sie?
- **Designen Sie einen Gesamtworkshop!** Nachdem Sie die Struktur und die Themenbausteine der Poster erarbeitet haben, binden Sie die Poster in einen Rahmenworkshop ein. Sie überlegen sich gemeinsam im Projektteam, welche Impulsvorträge das Plenum benötigt, wie Sie die Zeiten verplanen, ob und wie Inhalte aus den Postern wieder in das Plenum getragen werden sollen etc.
- **Erstellen Sie die Poster!** Achten Sie dabei auf folgende Details: Kein Malen nach Zahlen! Stellen Sie sicher, dass die Poster möglichst ergebnisoffen konzipiert sind und die Mitarbeiter in der Tat eigenständige Lösungen/Vorschläge erarbeiten können und dürfen. ***Niemand zwingt Sie, viele zu involvieren. Wenn Sie es aber tun, muss das Vorgehen integer und professionell sein.*** Berücksichtigen Sie eine Bearbeitungszeit pro Poster von 60, besser 90–120 Minuten. Setzen Sie den inhaltlichen Rahmen in grafischen Tools und Elementen um, die auch die Ästhetik der Bearbeiter anspechen. Formulieren Sie die Anweisungen auf dem Poster möglichst einfach und klar!

Allgemein gilt es, die Inhalte der Poster in enger Zusammenarbeit mit der Zielgruppe zu entwickeln und anhand realer Daten und Fakten aufzubauen. Dabei sollten die von der Geschäftsleitung entscheidenden Leitplanken und Vorstellungen einfließen und gleichzeitig Freiräume für ein Feedback aus der Organisation gegeben werden. Die Poster sind individuell auf die jeweiligen Themen abzustimmen.
Mit dieser methodischen Fokussierung sind wir bereits am Ende der Station 8 angelangt und können in gewohnter Manier nochmals das Wichtigste festhalten.

Zusammenfassung

Mit der Frage, „Wie gut können Sie mit unterschiedlichen Meinungen und Sichtweisen umgehen?" sind wir gestartet. Je nachdem, ob Sie auf andere Meinungen mit Angriff, Rückzug, Akzeptanz, Wertschätzung des Andersseins oder sogar Begeisterung reagieren, ist Ihre Fähigkeit unterschiedlich, mit anderen Menschen gemeinsam eine möglichst gute Leistung zu erbringen, die durch einen alleine so nicht hätte entstehen können.
In drei Blöcken haben wir das Thema behandelt: „Kooperation setzt bei tief verankertem Gewinn-Gewinn-Denken an", „Synergiepotentiale wirklich nutzen" und schließlich „Durch Vernetzung die Herausforderungen des 21. Jahrhunderts meistern".

Die Quintessenz des „Gewinn-Gewinn-Denkens" lässt sich mit Hilfe folgender Fragen fixieren:

- Bewusste Grundsatzentscheidung: Will ich wirklich eine Gewinn-Gewinn-Lösung erzeugen? Ist es mir den Aufwand für diesen Fall wert?
- Bin ich bereit, der anderen Person ganz genau und empathisch zuzuhören?
- Habe ich eine klare Vorstellung von meinen Bedürfnissen? Bin ich in der Lage, diese verständlich auszudrücken?
- Bemühe ich mich ganz bewusst, nur das Gute im anderen zu sehen?
- Frage ich nach, wenn ich die Idee des anderen nicht verstehe? Versuche ich durch Wiederholung des Gehörten sicherzustellen, dass wir beide uns wirklich verstanden haben?

Je anspruchsvoller die Fälle werden, desto mehr kommt es auf einen weiteren Punkt an. **Die entscheidende Frage** für echte Gewinn-Gewinn-Lösungen lautet:

- **Ist meine Persönlichkeit reif genug für eine Gewinn-Gewinn-Lösung?** Bin ich ausreichend gefestigt, um mich auf die Suche nach der „dritten Lösung" zu machen?

Sich diese Frage ehrlich zu beantworten, ist mitunter hart; setzt sie doch eine kritische Selbst-Reflexion, das Kennen der eigenen Stärken und Schwächen sowie die feste Überzeugung, dass Unterschiedlichkeiten bereichern und bessere Lösungen ermöglichen, voraus.
Es wurde ersichtlich, dass hinter dem Begriff Gewinn-Gewinn einiges steckt. Geht es doch im Kern um die tief verwurzelten Persönlichkeitsstrukturen der an einer Sache Beteiligten, sowie um deren Bewusstheit, wie sie eigentlich „ticken".
Erst dann lassen sich „Synergiepotentiale wirklich nutzen". Wir hielten fest, dass die Forschung folgende Erfolgskriterien für synergetisches Zusammenarbeiten nennt: Mit Unterschiedlichkeit umgehen können, Toleranz, Offenheit, Vertrauensfähigkeit, Realitätsnähe und Verlässlichkeit.
Fünf weitere Faktoren haben wir als besonders praxisrelevant eingestuft: Sich von Bestehendem lösen zu können, Selbstreflexion, Kommunikative Integrität, das Einigen auf im Vorfeld der Zusammenarbeit festgelegte Prinzipien, sowie ein Mindestmaß an ethischer Disziplin.
Am Ende dieses Abschnitts konnten Sie noch Ihr eigenes Synergiepotential mit Hilfe von 12 Fragen testen, bevor wir uns mit dem Thema **„Vernetzung als Basis, um die Herausforderungen des 21. Jahrhunderts zu meistern"**, befassten.

Zu Beginn dieses Teils konnten Sie mit Hilfe des **Rollenprofils von Belbin** Ihre Teamrolle und die Ihrer Teammitglieder einschätzen. Basierend auf der jahrzehntelangen Erfahrung von Meredith Belbin sollte Ihr Augenmerk auf folgende Fragen gerichtet sein:

- Sind in Ihrem Team möglichst unterschiedliche Fähigkeiten und Rollen vorhanden? Sind wir uns des Werts dieser unterschiedlichen Rollen bewusst?
- Gibt es markante Doppelbesetzungen? Wie kommen diese Personen im Alltag miteinander aus?
- Kann sich jeder nach seiner präferierten Rolle im Team einbringen? Kennen wir die Stärken und die Schwächen der jeweiligen Rolle?
- Geben wir den etwas zurückhaltenden Rollen genügend Raum, um sich aktiv einbringen zu können?
- Streben wir, wann immer möglich, die beste Lösung an?

Mit Hilfe des **Graves-Modells** der sieben (neun) Entwicklungsstufen haben wir das Thema Vernetzung auf eine generelle Ebene gehoben. Für die praktische Anwendung des Modells konnten wir folgende Empfehlungen geben:

- Wenn Sie wissen, auf welcher Stufe Sie sich selbst befinden, können Sie sich und Ihre Wünsche besser einschätzen.
- Selbiges gilt auch für Kollegen, Mitarbeiter oder Vorgesetzte. Je besser Sie die Menschen in Ihrem Umfeld kennen, desto leichter können Sie in deren Referenzsystemen denken und handeln.
- Auf organisationaler Ebene bieten die Graves-Stufen eine erste Strukturierungshilfe zur Einschätzung der vorhandenen Unternehmenskultur.
- In der Zusammenarbeit mit interkulturellen Teams helfen uns die Graves-Stufen, das Denk- und Wertegerüst des anderen leichter zu verstehen.

Den Abschluss der Station 8 bildete ein **kurzer Methoden-Überblick zum effizienten Arbeiten mit großen Gruppen.** Näher erläutert haben wir die Postermethode, ein Total Involvement Concept, das die Möglichkeit bietet, auch einem großen Plenum (mehrere hundert Personen parallel sind möglich) die Problemsituation bewusst zu machen, Betroffene in Entscheidungen zu involvieren und damit Veränderungen auf eine breite Basis zu stellen.

Damit sind wir unweigerlich bei unserer letzten Station des 9-fachen Pfads ganzheitlicher Führung angekommen. Es ist die Fähigkeit, sich ständig selbst zu erneuern und somit zu einem kontinuierlich lernenden und wachsenden System zu werden.

V.
Sich stetig selbst erneuern

Führung ganzheitlich leben
Station 9

Station 9: Sich stetig selbst erneuern

„Nur der Geduldige erntet, was reif ist."
(afrikanisches Sprichwort)

9. Sich stetig selbst erneuern

Wenn Sie nur noch 7 Tage zu leben hätten – wie sähen diese sieben Tage aus?

Bitte machen Sie sich Gedanken zu dieser Frage und notieren Sie sich, was Ihnen spontan dazu in den Sinn kommt:

Positionieren Sie daraufhin die Aktivitäten „Ihrer letzten 7 Tage" in Ihrem Lebensradar.

Abb.40: Mein Lebensradar

Mein Lebensradar

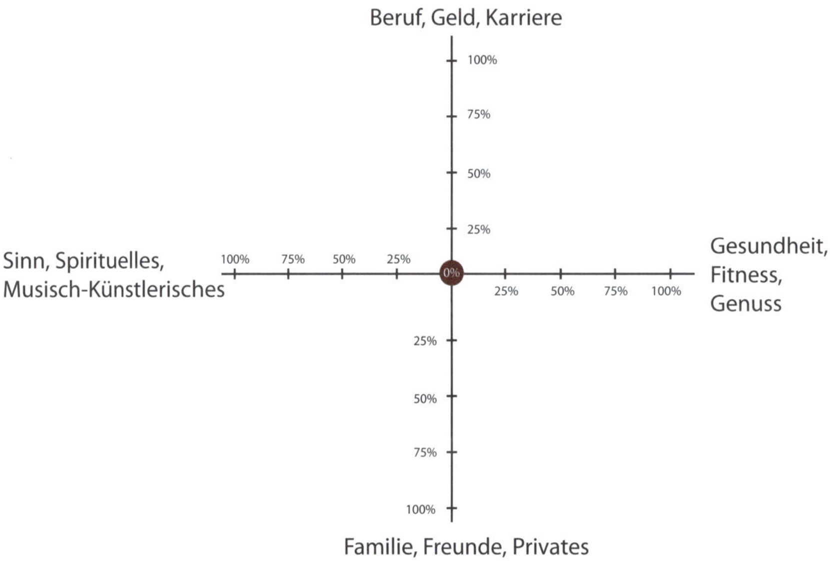

Wo liegt Ihr Schwerpunkt? Sind Sie damit zufrieden? Wie groß ist der Unterschied zwischen Ihrem aktuellen Alltag und dem Wunsch, wie Ihre letzten sieben Tage hier auf Erden aussehen sollen? (Vergleichen Sie in diesem Zusammenhang auch Ihre Selbsteinschätzung aus Kapitel 2.)

Je weiter das, was Sie die letzten sieben Tage Ihres Lebens machen würden, von dem entfernt ist, was Sie heute tun, desto intensiver sollten Sie darüber nachdenken, was Sie ändern sollten. Dabei macht es natürlich keinen Sinn, von heute auf morgen alles „hinzuschmeißen": Erst mal dem „Chef" ordentlich die „Meinung zu geigen", dann die Koffer packen, in die Südsee abhauen und zu Hause alles stehen und liegen zu lassen, was bisher das eigene Leben bestimmt hat. Derartige (reale oder geistige) Fluchtversuche scheitern über kurz oder lang immer. Vergessen Sie's!!!

Wenn Sie wirklich Veränderung wollen, dann gehen Sie diese bitte strategisch, mit Herz und Verstand an.

1. Entwickeln Sie, basierend auf Ihrer Vorstellung von Ihren letzten sieben Lebenstagen sowie den Ausführungen von Station 3 (Vision) und Station 4 (Fokussierung) **Ihre drei großen Lebensziele.**
2. Nehmen Sie diese drei großen Lebensziele zur Grundlage und leiten Sie daraus Ihre **wichtigsten Themen der nächsten zehn Jahre** ab.
3. Bringen Sie diese Themen in eine **Priorisierungsreihenfolge.**
4. **Beginnen Sie mit Thema 1 (maximal 1 und 2): Wie möchten Sie dieses Themenfeld in den nächsten 12 Monaten angehen?** Notieren Sie stichpunktartig, was Sie dabei besonders beachten möchten / müssen.

Machen Sie sich einen Aktionsplan

- Mein Thema:
- Ressourcen, die ich zu investieren bereit bin:
- Verankerung in meinem Wochenablauf (wann, was):
- Mein Ziel! Woran ich mich messen lassen will:

Wie sieht Ihr erster Schritt aus, den Sie am besten noch heute gehen?

Vergessen Sie bitte nicht – unsere Zeit hier auf Erden ist begrenzt. Vielleicht noch mehrere tausend, vielleicht auch nur einige hundert Tage?
Nutzen Sie diese Tage – intelligent und mit strategischem Weitblick für das, was Ihnen wirklich wichtig in Ihrem Leben ist.

Ich zum Beispiel würde meine letzten sieben Lebenstage so aufteilen:

- Alles finanziell so regeln, dass meine Familie nicht in Geldsorgen leben muss (sofern das natürlich in so kurzer Zeit noch möglich ist).
- Einen Tag in absolutem Einklang mit der Natur verbringen.
- Einen „großen Vortrag" mit anschließendem Workshop durchführen, der über meinen Tod hinaus die Menschen bewegt.
- Einen Tag nur mit den besten Freunden und mir wichtigsten Menschen verbringen.
- Sich einen Tag um die kümmern, denen es wirklich schlecht geht.
- Einen Tag nur mit geistig-künstlerischen Themen / Dingen verbringen und die wichtigsten Erkenntnisse niederschreiben.
- Einen Tag nur mit meiner Familie zusammen sein.

Übernehmen Sie selbst die Verantwortung für Ihr Leben. Niemand außer Ihnen kann dies tun:

Love it – leave it – change it!

Bei diesem, auf den ersten Blick vielleicht sehr nach „Ego-Trip" anmutenden Vorgehen, ist natürlich klar, dass Sie bewusst abwägen sollten, welchen Preis Sie für was zu zahlen bereit sind.

Selbstverantwortung bedeutet, sich ganz beabsichtigt für oder gegen eine Maßnahme zu entscheiden, dann jedoch, ohne Wenn und Aber, die Verantwortung für das eigene Handeln zu übernehmen.

Wenn Sie zum Beispiel in Ihrem Lebensradar bewusst den Schwerpunkt auf eine berufliche Karriere setzen, ist es logisch, dass Sie weniger Zeit für Freunde, die Familie, Sport, Urlaub oder Ihre Gesundheit haben. Anders herum sollten sie, wenn Sie sich gezielt für den Schwerpunkt Privatleben &

Freizeit entscheiden, nicht mit Ihrem Schicksal hadern, wenn andere schneller Karriere machen oder mehr Geld verdienen.

Alles auf einmal geht nicht – dies zu wollen, ist maßlos und selbstsüchtig!

Vielleicht werden jetzt einige von Ihnen einwenden, dass ich das zu digital sehe. Life-Balance ist doch in aller Munde und durchaus verwirklichbar. Hier widerspreche ich Ihnen auf keinen Fall. Selbstverständlich müssen Sie, egal welche Schwerpunkte Sie setzen, immer um eine Balance der vier obigen Bereiche eines erfüllten Lebens bemüht sein. Was ich aber meine ist, dass Sie, wenn Sie im Monat eine fünfstellige Summe netto (oder mehr) verdienen möchten, in der Regel nicht jeden Abend um 16.00 Uhr Dienstschluss machen können. Auf Dauer greifen die natürlichen Gesetze von Aufwand und Ertrag.
Schauen Sie bitte genau hin, wenn Sie morgen mal wieder etwas neidisch auf Ihren Nachbarn blicken, der vielleicht ein größeres Haus, schnelleres Auto oder einen tolleren Urlaub hat. In den allermeisten Fällen gibt es Gründe dafür, hat es mit Leistung zu tun (zumindest über die Generationen hinweg wird es in der Familie herausragende Leistungsträger gegeben haben) und zahlt Ihr Nachbar auch seinen Preis dafür.

Noch wichtiger als die Erkenntnis, dass es im Leben nichts umsonst gibt, ist jedoch die Realität, dass die Beachtung universeller menschlicher Bedürfnisse langfristig über Ihren Erfolg oder Misserfolg als Führungskraft entscheidet.
Basierend auf den in Station 2 erwähnten „Prinzipien des Lebens“; als da waren **Entwicklungsmöglichkeiten, Fairness, Fürsorge, Integrität, Leistungswille und Respekt,** können wir ohne weiteren Beweis folgende Bedürfnisse bei allen Menschen – egal welcher Herkunft oder Sozialisation – voraussetzen:

- **Physikalische Grundbedürfnisse:** Luft, Wasser, Nahrung, äußerer Frieden, Sicherheit, Schutz, Unterkunft
- **Leibesbedürfnisse:** Ruhe, Bewegung, Körperkontakt, Zärtlichkeit, (Sexualität)
- **Feiern:** Geburt und Tod, Erfolge und Verluste, neue Ideen und Verabschiedung von diesen; mit den Menschen zusammen sein zu können, die man liebt

- **Spiel und Erholung:** Freude, Lachen, Gemeinschaft, Kreativität
- **Liebe:** Nähe, Vertrauen, Verständnis, Empathie, emotionale Sicherheit, Wertschätzung
- **Interdependenz:** Gemeinschaft, Rücksichtnahme, Geborgenheit, Respekt, Unterstützung, Zugehörigkeit, dem Leben dienen
- **Integrität:** Fairness, Ehrlichkeit, Verlässlichkeit, Authentizität,
- **Autonomie und Selbstbestimmung:** Träume, Ziele verwirklichen können, Selbstwert
- **Spiritualität und Sinn:** Schönheit, Harmonie, Inspiration, Struktur/ Klarheit, innerer Frieden

So seltsam vielleicht voranstehende Zeilen anmuten mögen, so sehr lohnt es sich, vorbehaltlos darüber nachzudenken. Überlegen Sie bitte, unter welchen Umständen Sie zu Höchstleistungen bereit sind? Gelingt Ihnen Überdurchschnittliches, wenn Sie

1. besorgt, entmutigt, gereizt, hilflos, nervös, ungeduldig, überaktiv, verwirrt, widerwillig, demotiviert oder kraftlos sind?
2. Oder denken Sie, dass selbstbewusst, energiegeladen, inspiriert, mutig, optimistisch, stolz, zuversichtlich, motiviert und kraftvoll die stabilere Grundlage für Spitzenleistung darstellt?

Liste 2 entsteht, wenn Sie die Bedürfnisse Ihrer Mitarbeitenden so gut wie möglich berücksichtigen. Liste 1 ist das Ergebnis der Missachtung grundlegender menschlicher Bedürfnisse.
Entscheiden Sie bitte selbst, was Sie sich leisten können. Wenn Sie Performance und überdurchschnittliche Resultate wollen und einen Job haben, in dem Sie als Führungskraft Menschen für Ihre Ideen gewinnen müssen, sollten Sie sich darum bemühen, dass diese Menschen ein Umfeld erhalten, in welchem sie Gemütszustände der Liste 2 entwickeln können.

Damit wir uns nicht falsch verstehen: Meine Ausführungen sind keine Hommage an das „Softi-Management". Ganz im Gegenteil. Wenn Sie erfolgreich sein wollen, müssen Sie, je nach Situation, auch mal mit Vorgaben, Regeln und hochgesteckten Zielen führen. In der Sache sollten Sie keinesfalls sofort nachgeben, wenn der erste Widerspruch kommt. Auch Sanktionen, im Vorfeld offen angekündigt, sind erlaubt. Je nach Einzelfall braucht es unterschiedliche Anreize und ein sehr individuelles Vorgehen, um Ziele in Ergebnisse umzusetzen. Oder wie ein von mir geschätzter Vorstandsvorsitzender sinngemäß sagt:

„Wer führen will, muss auch mal kalten Stockbarsch mit grüner Pfefferminzsauce, statt Zanderfilet auf gedünsteten Königskartöffelchen als Mittagsgericht durchsetzen“

– vor allem dann, wenn sich jeder bereits auf das Zanderfilet eingestellt hat, die neue Lage ein Umdenken im Sinne der Sache jedoch unbedingt erforderlich macht.

Bei allen diesen Maßnahmen macht es aber schlichtweg Sinn, die beiden obigen Listen im Kopf zu haben. „Wie gelingt es mir, die Gemütszustände der Liste 2 bei möglichst vielen Mitarbeitern zu erreichen?“ ist die Frage, die Sie sich immer wieder stellen sollten. Und vergessen Sie bitte nicht: Der Führungsstil, der vielleicht bei Ihren Vorgesetzten bis gestern noch funktioniert hat, kann heute bereits völlig kontraproduktiv sein.

Zurzeit erleben wir eine der massivsten Transformationen der modernen Industriegesellschaft – ein Umdenken auf allen Ebenen ist von größter Notwendigkeit.

Sich gezielt selbst erneuern

Wie kann nun die Forderung nach stetiger Selbst-Erneuerung umgesetzt werden? Zum Abschluss dieses Buches möchte ich Ihnen noch ***ein paar pragmatische Handlungsempfehlungen*** geben – bewusst subjektiv und ohne Anspruch auf Vollständigkeit.

Beginnen möchte ich mit ***Hinweisen von ausgewiesenen Führungsexperten unterschiedlichsten Hintergrunds:***

Mahatma **Gandhi** gibt uns zu diesem Themenbereich drei Anweisungen (vgl. vertiefend Zittlau, 2006):

1. **Finde Dich selbst!**
2. **Bleib in Deiner Spur!** Selbstkritik und schonungslose Offenheit sind entscheidend.
3. **Sei wahrhaftig, gewaltlos und demütig!**

Peter F. **Drucker**, der unbestrittene „Altmeister" eines umfassenden Führungswissens, bereichert die Aussagen Gandhis um drei weitere Punkte:

4. **Das Tun, was gerade ansteht:** Konzentration auf die Sache, die gerade am wichtigsten ist.
5. **Verantwortung übernehmen:** Weder Umstände noch andere sind für ein Nicht-Gelingen verantwortlich.
6. **Vorrangig in Chancen und nicht in Gefahren denken.**

Jack **Welch**, die Managerlegende, hat als Ergänzung noch folgende Tipps für uns auf Lager:

7. **Empowern Sie Ihr Team:** Ganz automatisch lernen Sie dann kontinuierlich dazu.
8. **Fragen, Fragen, Fragen Sie:** So lange, bis Sie wirklich verstanden haben, um was oder wie es geht.

Stephen R. **Covey** bereichert diese To-Do-Liste um einen zentralen Punkt:

9. **Finde Deine innere Berufung;** also das, was Dich wirklich antreibt und bewegt.

Warren **Bennis**, Mister HR, warnt vor zu schnellem Erfolg und setzt auf das Leben selbst als besten Lehrmeister:

10. **Führe ein achtsames Leben:** Es zeigt Dir, was in welcher Lebensphase getan werden muss.

Charles **Handy**, der europäische Grandseigneur der Managementlehre, empfiehlt kurz und knapp:

11. **Stifte Sinn für Dich und Dein Umfeld!**

Währenddessen wir aus den Regeln des heiligen **Benedikt von Nursia**, des Gründers des mittlerweile 1.500 Jahre alten Benediktinerordens, noch drei weitere Empfehlungen entnehmen können:

12. **Teile Deine Kräfte ein!**
13. **Sorge Dich um den Gleichmut Deiner Seele!**
14. **Schaffe Reinheit in Deinem Herzen!**

Fast hätte es 13 in Sachen „sich stetig selbst erneuern" geschlagen.

Spaß beiseite. Wir wissen alle, dass derartige Checklisten ihre begrenzte Wirksamkeit in der Realität haben. Andererseits können sie als Anhalt durchaus gute Dienste erweisen. Lassen Sie also einfach diese 14 ganz unterschiedlichen Empfehlungen auf sich wirken und entscheiden Sie selbst, was Ihnen davon hilfreich erscheint.

Persönlich möchte ich Ihnen gerne noch ein paar generelle Tipps zum Thema anbieten:

- **Durchbrechen Sie Routinen in Ihrem Leben:** Essen und trinken Sie nicht immer dasselbe. Setzen Sie sich in der Familie oder in Meetings nicht immer auf den gleichen Platz. Variieren Sie Ihren täglichen Weg zur Arbeit. Trinken Sie mal einen Tag nur Wasser oder Tee statt Kaffee. Machen Sie mindestens alle drei Jahre Urlaub an einem Ihnen unbekannten Ort.
- **Begeben Sie sich bewusst in für Sie ungewohnte Umfelder:** Wenn Sie Fußballfan sind – gehen Sie mal zum Handball. Wenn Sie immer mit dem Auto fahren – nehmen Sie mal den Bus oder die Bahn. Treffen Sie sich mit Menschen, die ganz andere Lebenswelten als Sie haben. Als Manager bietet es sich an, mit Künstlern, Musikern oder Menschen aus sozialen Berufen in Kontakt zu stehen. So vermeiden Sie Entfremdung, erweitern Ihren Horizont, relativieren die eigene Sicht der Dinge und erleben vor allem Neues.
- **Engagieren Sie sich ehrenamtlich:** Gerade, wenn Sie sich in einer Geld getriebenen Wohlstandswelt bewegen, ist dies das Wichtigste, was ich Ihnen empfehlen kann. Wer sich für andere einsetzt, ohne Lohn dafür zu erwarten, wächst in seiner Persönlichkeit. Im Alten- oder Waisenheim, bei der „Suppenküche" Ihrer Stadt oder in einem der vielen in- und ausländischen Sozialprojekte wird Ihnen bewusst, auf welcher Sonnenseite Sie leben. Ihre Alltagssorgen relativieren sich, Ihr Blick wird (wieder) klarer.
- **Fangen Sie mindestens alle drei Jahre an, etwas völlig Neues zu erlernen:** Das kann eine Sprache sein, eine neue Sportart, ein Musikinstrument, etwas Künstlerisches, oder, oder, oder. Sie lernen dadurch, Liebgewonnenes aufzugeben, befreien sich von Sozialzwängen und bauen Widerstände gegen Veränderung ab. Wenn Sie Kinder haben, lernen Sie mit diesen gemeinsam etwas. Das macht Spaß, hält Sie jung und leistet einen äußerst wertvollen Beitrag für die Beziehung zu Ihren Kindern.
- **Schreiben Sie ein Dankbarkeits-/ Glückstagebuch:** Ein guter Freund von mir, der nach schwerem Autounfall bereits klinisch verstorben war und heute mit schwersten Gehirnverletzungen im Rollstuhl sitzt, sagt mir immer wieder: Seine Frau und sein Tagebuch haben ihn in das Leben

zurückgeführt. Beim Dankbarkeitstagebuch danken Sie gezielt anderen Menschen dafür, dass diese Ihr Leben bereichern. Beim Glückstagebuch notieren Sie sich Ihre Momente des Glücks. Wann immer Sie es dann zur Hand nehmen, sehen Sie, dass auch Ihr Leben viel zu bieten hat.

- **Feiern Sie; lassen Sie es sich ab und zu bewusst gut gehen;** genießen Sie, was Ihnen Freude bereitet: Freuen Sie sich über eine besondere Leistung, die Sie erbracht haben – feiern Sie Ihren Erfolg. Haben Sie kein schlechtes Gewissen, wenn Sie sich mal etwas leisten, was andere nicht als „gut" empfinden. Vergessen Sie sowieso ab und an die Meinung der anderen.
- **Nehmen Sie sich gezielt Auszeiten:** Das können am Tag ein paar Minuten sein. In der Woche eine Stunde und im Monat ein halber Tag, den Sie nur für Müßiggang einplanen. Alle paar Jahre (fünf bis sieben) sollten Sie sich mindestens vier, besser sechs bis 12 Wochen „ausklinken", die Seele baumeln und neue Ideen reifen lassen.

Selbstverständlich sind diese Tipps nur Anregungen. Im Einzelfall bedarf es anderer Maßnahmen, um Ihr Feuer am Lodern zu halten und die Glut neu zu entflammen. Was das für Maßnahmen sind, wissen nur Sie! Mitunter hat der Trott des Alltags viele Visionen erstickt.

Gar nicht so selten erlebe ich Führungskräfte, die sich sehr schwer mit der Frage tun, was ihnen eigentlich wirklich, wirklich wichtig in ihrem Leben ist.

Kinderträume sind ausgeträumt, Jugendspinnereien längst überholt, die Macht des Faktischen hat uns gefangen – wir sind in der Mühle, kommen nicht mehr in einen neuen Tritt. Andererseits sind wir „freie" Wesen, die zu jedem Zeitpunkt neu beginnen, sich für einen anderen Weg entscheiden können.

Sie haben die Wahl: love it – leave it – change it!

Vor diesem Hintergrund erlaube ich mir, Ihnen zum Thema „Stetig selbst erneuern" (Sie können es auch Life-Balance nennen), finalisierend ein paar Anregungen zur Schärfung von Geist, Körper, Herz und Seele zu geben. Notieren Sie Ihre Stichpunkte am besten direkt neben die Tabelle oder in Ihr Notizbuch.

Tabelle: Anregungen, um sich stetig selbst zu erneuern

	Geist – der rationale Zugang	Körper – der physische Zugang	Herz – der emotionale Zugang	Seele – der spirituelle Zugang
Frage	**Wo ist mein zentrales Interesse im geistig-rationalen Bereich?** Woran möchte ich unbedingt an mir arbeiten? Wo möchte ich mich weiterentwickeln? Z.B. eine Fremdsprache erlernen oder eine Zusatzqualifikation erwerben.	**Wo ist mein zentraler Schwachpunkt im physischen Bereich?** Woran möchte ich unbedingt an mir arbeiten? Wo möchte ich mich erneuern? Z.B. Essgewohnheiten ändern oder die Körperhaltung durch Qi Gong verbessern.	**Wo ist mein zentraler Schwachpunkt im emotionalen Bereich?** Woran möchte ich unbedingt an mir arbeiten? Wo möchte ich mich erneuern? Z.B. Zuneigung und Gefühle besser zeigen können; andere um Hilfe bitten können oder mehr Zeit für die Familie nehmen.	**Wo ist mein zentrales Bedürfnis im spirituellen Bereich?** Worauf möchte ich für mich Antworten haben? Wo möchte ich mich weiterentwickeln? Z.B. Orte finden, an denen ich inneren Frieden und Freiheit erlebe oder meine Antwort auf die Frage nach dem Tod finden.
Brainstorming	Machen Sie ein Brainstorming, wie Sie mit der Erneuerung Ihres geistig-rationalen Bereichs beginnen könnten. **Konzentrieren Sie sich auf das, was Sie wirklich schon seit langem angehen möchten.**	Machen Sie ein Brainstorming, wie Sie mit der Erneuerung des physischen Bereichs beginnen könnten. **Achten Sie darauf, dass es sich um Aktivitäten handelt, die Ihnen Freude machen.**	Machen Sie ein Brainstorming, wie Sie mit der Erneuerung Ihres emotionalen Bereichs beginnen können. **Denken Sie dabei an Erlebnisse, in denen Sie sich behütet, akzeptiert, gebraucht, geliebt gefühlt haben.**	Machen Sie ein Brainstorming, wie Sie mit der Erneuerung Ihres spirituellen Bereichs beginnen könnten. **Denken Sie vor allem an Erlebnisse, in denen Sie sich ganz bei sich gefühlt haben – während denen Sie tiefes Glück empfunden haben.**
Anregungen	**Wählen Sie nun aus dem Brainstorming eine Aktivität aus, mit der Sie in den nächsten zwei Tagen beginnen.** Formulieren Sie diese Aktivität schriftlich; z.B.: Ich möchte meinen Spanisch-Wortschatz verbessern. Konkretisieren Sie erste Umsetzungsschritte.	**Wählen Sie aus dem Brainstorming eine Aktivität aus, die Sie die nächsten 4 Wochen umsetzen.** Formulieren Sie diese Aktivität schriftlich, z.B.: Ich möchte die nächsten 4 Wochen regelmäßig laufen gehen. Fixieren Sie jetzt die ersten Termine dafür.	**Wählen Sie nun aus dem Brainstorming eine Aktivität aus, die Sie ab jetzt konsequent umsetzen.** Formulieren Sie diese Aktivität schriftlich, z.B.: Ich möchte mir bewusst pro Woche eine Stunde Zeit für jedes meiner Kinder nehmen. Tragen Sie die Termine für das nächste halbe Jahr in Ihre Agenda ein.	**Wählen Sie nun aus dem Brainstorming eine Aktivität aus, die Sie die nächsten 4 Wochen umsetzen.** Formulieren Sie diese Aktivität schriftlich und legen Sie auch den Termin fest, z.B.: Ich möchte in den nächsten 28 Tagen eine richtig tolle Bergtour machen.

Führung ganzheitlich leben

„Er verfügt über eine scharfsinnige Intelligenz, der jede Verstellung fehlt; über Güte ohne überzogene Sentimentalität; über einen ausgeprägten Humor ohne jegliche Frivolität und … über die Fähigkeit, andere … zu inspirieren".

Mit diesen Worten fasst Howard C. Cutler seine Begegnungen mit dem XIV. Dalai Lama zusammen (Cutler, 2004: S. 13).

Auch für mich gehört der Dalai Lama zu den beeindruckendsten lebenden (Führungs-)Persönlichkeiten.

Nur der Vollständigkeit halber: Der religiöse Hintergrund des Dalai Lama spielt für mich in diesem Kontext keine Rolle. Mir geht es ausschließlich um ein lebendes Vorbild in Sachen ganzheitlicher Führung, das möglichst viele Leser kennen und somit einordnen können. Beim Dalai Lama dürfte dies der Fall sein.

Lassen Sie uns mit neun Lebensregeln, die uns der Dalai Lama mit auf den Weg gibt, beginnen:

1. *Verbringe jeden Tag einige Zeit nur mit Dir selbst.*
2. *Begegne Veränderungen mit offenen Armen, aber verliere dabei nicht Deine Wertmaßstäbe.*
3. *Wenn Du merkst, dass Du einen Fehler gemacht hast, unternimm unverzüglich etwas, um ihn zu korrigieren.*
4. *Besuche einmal im Jahr einen Ort, den Du noch nicht kennst.*
5. *Teile Dein Wissen, so erlangst Du Unsterblichkeit.*
6. *Denke daran, dass Schweigen manchmal die beste Antwort ist.*
7. *Eine freundliche Atmosphäre in Deinem Haus ist die beste Grundlage für Dein Leben.*
8. *Sei freundlich zur Erde.*
9. *Lerne die Regeln, damit Du weißt, wie Du sie brichst.*

Vor allem in seiner direkten Nähe spürt man, was für ein besonderer Mensch der Dalai Lama ist. Sein sanftes Lächeln strahlt eine überzeugende Weisheit aus. Seine ruhige Stimme vermittelt Kraft und sein offenes Lachen inspiriert, ist lebende Empathie.

Der Dalai Lama ist im Sinne Robert Dilts ein echter Awakener** (vgl. Kapitel 1) **und sicherlich einer der wenigen, lebenden Menschen, die man ohne zu zögern auf der Graves-Stufe-9 – ganzheitlich, polykontextural, holistisch, universal** (vgl. S. 194ff) **– einordnen kann.

Darüber hinaus ist der Dalai Lama aus meiner Sicht eines der besten Beispiele für einen Menschen, der ein Leben in Balance führt. Er ist beruflich erfolgreich, „privat" glücklich, wirkt geistig und körperlich gesund und führt zweifelsohne ein sinnerfülltes Leben.

Vielleicht werden Sie jetzt gedanklich einwerfen, „ja, in seiner Position, mit seinen Möglichkeiten, mit seinem Hintergrund" ist dies auch nicht verwunderlich.

Ich darf an dieser Stelle erinnern, dass der XIV. Dalai Lama vor über 50 Jahren gewaltsam aus seiner Heimat vertrieben wurde, seitdem im Exil lebt und kontinuierlich Repressionen seitens der chinesischen Machthaber erfahren hat. Sein Volk wird unterdrückt – Freiheitseinschränkung, Gefahr für Leib und Leben sowie einfachste Menschenrechte sind den meisten Tibetern noch heute verwehrt.

Weniger bekannt ist, dass sich der Dalai Lama vor allem in seinen Jugendjahren ausschließlich als Autodidakt sein Wissen aneignen musste. Bereits im sechzehnten Lebensjahr übernimmt er die politische Verantwortung für den Staat Tibet und ist von da an sowohl geistliches als auch weltliches Oberhaupt Tibets. Er stolpert gewissermaßen in die Weltpolitik, wird zum Politiker wider Willen. Zunehmende Repressionen und Einschränkungen Chinas zwingen ihn und hunderttausende seiner Anhänger ins indische Exil. Er erhält nicht die Gelegenheit, namhafte Universitäten zu besuchen oder im klassischen Sinne eine Elite-Ausbildung zu erhalten. Sein breites Interesse für fast alle Bereiche des modernen Lebens lässt er sich nicht nehmen.

Wann immer möglich, trifft er sich mit Wissenschaftlern und Gelehrten aus allen Teilen der Welt. Gepaart mit seiner Mönchsausbildung in den Disziplinen Dialektik, tibetische Kunst, Grammatik, Sprachwissenschaften, Medizin, buddhistische Philosophie, Poesie, Musik, Drama, Astrologie, Metrik sowie Ausdruck und Wortschatz entwickelt sich der XIV. Dalai Lama zu einem echten Universalgelehrten. Er selbst betont immer wieder, dass seine wichtigste Schule jedoch das Leben selbst war. Die vielen Herausforderungen und Schwierigkeiten als Flüchtling zwangen und zwingen ihn, sich mit der rauen Wirklichkeit auseinander zu setzen. Er residiert nicht abgehoben in einem Palast und trifft entfremdete Entscheidungen, sondern muss immer wieder mit äußerster Entschlossenheit und innerer Stärke auf veränderte Rahmenbedingungen reagieren. Mut, Geduld und positiver Glaube waren dabei seine wichtigsten Begleiter. Er selbst spricht davon, sich bis weit in sein viertes Lebensjahrzehnt hinein unausgeglichen, rastlos und häufig wütend gefühlt zu haben.

Mit Disziplin, unterstützt von guten Lehrmeistern und täglicher Meditation, hat er „hart" an sich gearbeitet und „Ja" zu seinem Weg mit allen Steinen und Hürden gesagt.

Der Dalai Lama steht jeden Morgen spätestens um 05.00 Uhr auf und meditiert mindestens eine Stunde.

Das ist das „Geheimnis seiner Ausstrahlung", die wir heute von ihm kennen, und die ihn zum weltweit „beliebtesten" geistlichen und weltlichen Staatsoberhaupt macht. Selbstverständlich kann Beliebtheit in den Massenmedien nicht der Gradmesser sein. Vielmehr lohnt es sich, hinter die Fassaden zu blicken. Dort finden wir einen Dalai Lama, der keine Sekunde daran zweifelt, dass jeder Mensch seinen Weg finden kann und muss. Selbstverantwortung und Mitgefühl sind für ihn die beiden gleich wichtigen Seiten eines erfolgreichen Lebens. Bereits früh wurde ihm klar, dass sein Weg nur ein integrativer und ausgeglichener Weg sein soll. Mit unseren Worten würden wir wohl sagen: Sein Denken hat sich konsequent vom „Entweder-Oder" befreit und zu einem „Sowohl-Als auch" weiterentwickelt.

Den Glauben an die elementare Milde und Güte der Menschen, den Wert des Mitgefühls und die Lebensnotwendigkeit von Gemeinschaft hat der XIV. Dalai Lama dabei nie verloren.

Seine Haltung scheint mir ein tragfähiges Bild für die vielen Millionen Menschen zu sein, die in unterschiedlicher Art, aber mit vergleichbarer Grundeinstellung, um ein ganzheitlich erfolgreiches Leben bemüht sind.

Dabei bauen uns die Kerneigenschaften, mit denen Cutler den Dalai Lama beschreibt – **scharfsinnige Intelligenz, Güte, Humor, Inspirationsfähigkeit** – die Brücke zum Thema dieses Buchs; ganzheitliche Führung im 21. Jahrhundert.

- Eröffnet uns **„scharfsinnige Intelligenz"** nicht einen professionellen Weg, mit ständig veränderten Rahmenbedingungen umzugehen? Sind nicht Realitätssinn und Visionskraft, gepaart mit klaren Prinzipien und

Werten die beste Voraussetzung, um fokussiert gute Resultate erzielen zu können?

- Könnte **„Güte“** nicht eine Metapher für unseren generellen Umgang mit anderen und uns selbst sein? Führungskräfte, deren Denken, Sprechen und Handeln von echter Güte geprägt sind, werden mit anderen Menschen gemeinsam etwas gestalten können.
- Ist **„Humor“** nicht das Beste, was wir für uns selbst und für andere tun können? Oft hilft Lachen, um eine allzu verfahrene Situation neu zu bewerten und an anderer Stelle eine Lösung zu finden.
- Und ist last but not least die **„Fähigkeit, andere zu inspirieren“** nicht die zentrale Fähigkeit, die Manager zu Leadern macht?

Entscheiden Sie bitte selbst, wie sehr S. H. der XIV. Dalai Lama für Sie als Vorbild taugt. Letztendlich kommt es darauf nicht an. Die Menschen um Sie herum können sein, wie sie wollen. Immer müssen Sie selbst Ihren eigenen Weg finden. Von unserem Umfeld können wir lernen, uns inspirieren, für eine gewisse Zeit auch leiten lassen.

Irgendwann braucht es dann den Mut, sein eigenes „Ich“ zu werden und seinen ganz eigenen Führungsstil zu leben.

Immer sensibel für Feedback von außen, aber ebenso klar und integer von innen. Oder wie es Laotse präziser formuliert:

„Wer andere kennt, ist klug.
Wer sich selbst kennt, ist weise.“

(Laotse)

Da ich mir nicht anmaße, den Worten Laotses etwas hinzufügen zu können und wir inhaltlich wieder bei Station 1 „bei sich selbst beginnen“ angekommen sind, möchte ich hiermit schließen und Ihnen viel Erfolg auf Ihrem Weg als Führungskraft wünschen.

Ihr 

Epilog: Die wichtigsten Botschaften dieses Buches zusammengefasst und ein paar Thesen für die Zukunft

Auf den nachfolgenden Seiten finden Sie nochmals die wichtigsten Botschaften und Stichworte dieses Buchs. Sie sind in der Reihenfolge, in der sie auch im Buch erscheinen. Mit diesem Kurzüberblick sollten Sie sich in einigen Minuten einen Eindruck verschaffen können, in welchem Teil des Buches für Sie interessante Aussagen zu finden sind. Des Weiteren dient dieses Summary zum Nachschlagen. Schließlich ist es ja Ihr Handbuch, das als Ihr Begleiter fungieren soll.

Ein paar persönliche Bemerkungen vorab

(Seite 5 bis 10)

Welchen Nutzen liefert Ihnen das vorliegende Buch?

Mein Buch ist Ihr Begleiter auf Ihrem Führungsweg und gibt einen wissenschaftlich fundierten, aber bewusst für den Praktiker geschriebenen Überblick, was moderne Leader heutzutage über Führung wissen müssen.

Die Inhalte beschränken sich nicht auf einen Ansatz oder eine Denkschule. Vielmehr vereint „Die Kunst ganzheitlichen Führens" verschiedene interdisziplinäre Erkenntnisse, die in eine alltagstaugliche Sprache und Methodik für Führungskräfte übersetzt werden.

„Die Kunst ganzheitlichen Führens" richtet den Fokus auf Sie als Mensch und Führungskraft.

Den zentralen Bezugsrahmen dieses Buches bildet der 9-fache Pfad ganzheitlicher Führung (siehe Abbildung 41).

Leadership 2.0 bedeutet, den Mut zu haben, in ein unbekanntes Land aufzubrechen und dafür andere Menschen zu gewinnen. Es gibt kein Navigationssystem, das uns den besten aller möglichen Wege vorgibt und uns das Festlegen von Zielen, das Zuteilen von Mitteln und das Treffen von Entscheidungen abnimmt.

Von besonderem Wert für die Entstehung dieses Buches waren meine geschätzten Kunden und die vielen Führungskräfte, die ich kennenlernen und ein Stück ihres Weges begleiten durfte. So gut wie alle von ihnen erlebte ich als verantwortungsbewusste, engagierte und verlässliche Persönlichkeiten.

Der 9-fache Pfad ganzheitlicher Führung

Abb.41: Der 9-fache Pfad ganzheitlicher Führung

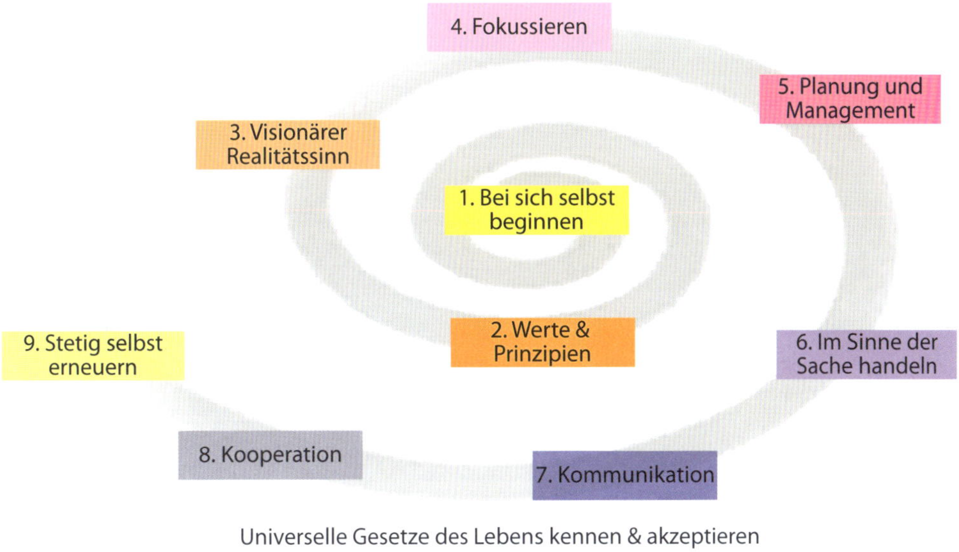

Gewidmet ist dieses Buch allen Menschen mit (formaler oder lateraler) Führungsverantwortung, die täglich ihr Bestes geben, um eine der anspruchsvollsten und zugleich faszinierendsten Aufgaben der modernen Gesellschaft zu meistern – komplexe Systeme zu einem zielorientierten Ergebnis zu führen. Vor Ihnen, den Leadern des 21. Jahrhunderts, verneige ich mich.

I. Führung und Leadership: Grundlagen

(Seite 11 bis 20)

Der Begriff Führung wird in verschiedenen Kontexten verwendet. Ganz allgemein bedeutet er „etwas leiten", „auf etwas steuernd einwirken", „jemanden begleiten, den eigenen Weg zu finden" und/oder „eine dominante Position innehaben".

Wir verstehen unter **Führung** die generelle Fähigkeit, Menschen in die Lage zu versetzen, eine Leistung zu erbringen und auf Veränderungen angemessen zu reagieren, um Ziele zu erreichen. Dies schließt ausdrücklich die eigene Person mit ein. Die hohe Schule der Führung zeichnet sich dadurch aus, dass die Mehrzahl der an der Zielerreichung Beteiligten diese Ziele als wert- und sinnvoll empfinden und sie zu ihren Zielen machen.

Leadership ist für uns demnach die englische Übersetzung von Führung und fokussiert etwas spezieller die Follower. Leader haben immer Follower – egal wie ihr formaler Status ist.

Vorgesetzter, Leiter oder andere formell ernannte „Führer" haben für uns erst einmal wenig mit Führung zu tun. Mit der Ausnahme, dass sie qua Funktion eine zentrale Rolle im System einnehmen und dementsprechend berücksichtigt werden müssen.

Management definieren wir als den Versuch, ein komplexes System erfolgreich unter Kontrolle zu halten. Es umfasst Analysen, Zielformulierungen, Entscheidungen, Maßnahmenfestlegungen und deren Umsetzung sowie Aufgabendelegation und Ergebniskontrollen. Führung kann dazu sehr hilfreich sein.

Unternehmensführung schließlich ist für uns eine je Organisation individuell angepasste Vorgehensweise, um die Ziele dieser Organisation möglichst effizient zu erreichen. Sie basiert auf universellen Prinzipien des Erfolgs und steht im Einklang mit den Werten und Vorstellungen der mit der Organisation verbundenen Menschen. Effektive Unternehmensführung bedient sich der aktuellen Erkenntnisse und Methoden der strategischen Managementlehre.

„Gezielt Führen" und „bewusst Lassen" bilden die beiden Pole, zwischen denen sich eine Dynamik der Veränderung entwickeln kann.

II. Erfolgreich sein – vor welchen Herausforderungen wir heutzutage stehen

(Seite 21 bis 36)

In Sachen Führung befinden wir uns quasi in einer Art Phasenübergang, in der die „alte Physik" nicht mehr greift, die „neuen Gesetze" aber noch nicht flächendeckend erforscht und akzeptiert sind. Wir sind mitten in einem der massivsten Paradigmenwechsel seit der ersten industriellen Revolution.

Auf eine ganzheitliche Sichtweise des Begriffs Erfolg kommt es an. Ich schließe darin vier Dimensionen ein: Beruf&Karriere, Gesundheit&Fitness, Familie&Privatleben sowie Lebens-Sinn.

In Zeiten großer Unsicherheit und massiver paradigmatischer Veränderungen liegt das Zentrum der **Stabilität in Ihnen** und in der **Verbindung mit den Ihnen wichtigen Menschen.**

Jeder Einzelne muss sich auf seine ganz persönliche Reise begeben und an seiner Haltung arbeiten. Unser 9-facher Pfad ganzheitlicher Führung soll Ihnen dabei Hilfestellung leisten.

III. Stationen 1 bis 5: Führung der eigenen Person

(Seite 37 bis 130)

Station 1: Beginne bei Dir selbst

(Seite 38 bis 57)

Um als Führungskraft Klarheit, Realitätsnähe, Entscheidungsstärke und letztendlich Leistungsfähigkeit zu erlangen und erhalten, brauchen Sie Bewusstheit über Ihr Denken. Nur wenn Sie sich bewusst sind, was Sie von früher in Ihr heutiges Denken mitnehmen, sind Sie in der Lage, daran zu arbeiten und können versuchen, dies zu ändern. In Zeiten, in denen es immer mehr darauf ankommt, als Leader Menschen für Ihre Ideen zu gewinnen, auch wenn Sie keine formale Machtposition oder Funktion innehaben, ist es fundamental zu erkennen, wie Sie von Grunde auf programmiert sind.
Persönlichkeits-Analysen und -Tests sind keine „Wundermittel", die Sie einfach einnehmen müssen und danach sind Sie eine bessere Führungskraft, ein besserer Verkäufer oder gar ein besserer Mensch. Die Analysen sind vorrangig Reflexions-Tools; Sie erfahren etwas mehr über sich und können im besten Fall das Verhalten anderer Menschen leichter verstehen und sich in deren Denkrahmen schneller einfühlen.

Je klarer Sie wissen, wer Sie sind, auf welche Stärken Sie sich verlassen können und wo Ihre Schwächen liegen, desto selbstbewusster können Sie die mannigfaltigen Herausforderungen einer Führungsfunktion meistern; können Chancen gezielt nutzen und Gefahren proaktiv abwehren.

Das braucht Mut und Disziplin. Mut, der Realität ins Gesicht zu sehen. Sich von einigem zu lösen, wer man gern wäre. Stattdessen in Demut anzunehmen, wer man im Moment ist. Sich einzugestehen, dass Wunsch und Wirklichkeit zur Zeit noch etwas auseinander liegen.
Disziplin, weil Sie sich überwinden müssen. Sie investieren Zeit. Sie starten mit einem Prozess, der von Ihnen Ausdauer, Wiederholung, Übung verlangt.

Station 2: Eigene Werte prüfen & Führungs-Prinzipien entwickeln

(Seite 58 bis 71)

Wenn es Ihnen gelingt, Ihre eigenen Werte genau zu kennen, konsequent nach diesen zu leben und darauf aufbauend Ihre persönlichen Führungs-Prinzipien zu entwickeln, dann werden Sie damit Erfolg haben.

Werte sind grundlegende Orientierungsmaßstäbe, an denen sich im Fall alternativer Handlungsmöglichkeiten das Handeln innerhalb einer Gemeinschaft orientieren soll. Sie sind höchst subjektiv und steuern unbewusst unser Denken, Sprechen und Handeln.

Das ist bei **Prinzipien** etwas anderes. Prinzipien sind „Realitäten", die seit der Geschichte der Erde „bewiesen" haben, dass sie wirken. Entwicklungsmöglichkeiten, Fairness, Fürsorge, Integrität, Leistungswille und Respekt sind solche Prinzipien.
Die eigenen Führungsprinzipien zu kennen, sie schriftlich formuliert zu haben, wird Ihnen eine große Hilfe in Ihrem manchmal sicherlich sehr hektischen Berufsalltag sein. Ebenso sollten Sie die drei für Sie wichtigsten kennen.

Zusammengefasst entsteht Ihr Führungsbeitrag. Er sollte sich in maximal zwei bis drei Sätzen formulieren lassen. Vielleicht reichen Ihnen auch ein paar Stichworte. Entscheidend ist, dass Sie aus tiefer innerer Überzeugung ja dazu sagen können.

Station 3: Visionär zu einer realitätsnahen Führungs-Mission kommen

(Seite 72 bis 81)
Visionen drücken fundamentale Ziele aus, sie fokussieren die eigenen Aktivitäten, konzentrieren sich auf Stärken und geben der Zukunft ein Bild.
Als Führungskraft macht es absolut Sinn, eine Vision zu haben. Am besten für Ihr Leben – zumindest für die nächsten 15 Jahre. Je klarer Sie sich Ihrer Vision sind, desto wahrscheinlicher ist es, dass diese Realität werden kann.

Vision und Realität dürfen also nicht als Gegensätze im klassischen Sinn verstanden werden. Vielmehr handelt es sich um gegensätzliche Pole, zwischen denen erst eine Dynamik entstehen kann.

1. Worin kann ich der Beste werden? Und worin nicht – auch wenn ich es gerne wollte?
2. Auf welcher ökonomischen Basis lässt sich mein Talent verwirklichen? Wer zahlt was für meine Leistung?
3. Was mache ich leidenschaftlich gern? Was begeistert mich zutiefst?

In **Ihrer Führungs-Mission** halten Sie fest, was Sie antreibt, was Sie als Ihre Aufgabe sehen, um als Führungskraft erfolgreich zu sein. Ihre Führungs-Mission bildet die Grundlage für den Umgang mit den von Ihnen Geführten, prägt den Geist Ihres engsten Teams und leistet einen Beitrag zur Kultur des Unternehmens, für das Sie arbeiten.

Station 4: Sich auf das Wesentliche fokussieren

(Seite 82 bis 97)
Wie bewusst ist Ihnen eigentlich Ihr Arbeitsstil? Haben Sie sich damit schon einmal näher befasst?
Je fester Sie im klassischen Denken des Zeitmanagements verhaftet sind, d.h. je effizienter Sie Ihren Tag strukturieren, sich für Ihre tägliche Arbeit straffe Ziele setzen, desto größer ist die Gefahr, dass Sie den Blick für das Wesentliche verlieren.
Wenn Sie sich auf eine **Sache / Aktivität / Tätigkeit** konzentrieren könnten, von der Sie überzeugt sind, dass sie mittelfristig Ihren heutigen **Wirkungs-**

grad um ein Vielfaches steigern würde – welche Sache / Aktivität / Tätigkeit wäre das?
Station 4 hilft Ihnen, Ihre Woche so zu priorisieren, dass Sie grundsätzlich noch Zeit für die strategisch wichtigen Dinge Ihres Lebens haben.

Das Ziel der Fokussierung ist es, in den Wirren und Optionen des Alltags nicht aus den Augen zu verlieren, was Ihnen wirklich wichtig ist – unabhängig von allen Dringlichkeiten, die das Leben täglich von uns fordert.

Station 5: Durch Planung und Management Resultate erzielen

(Seite 98 bis 130)

Wirksame Führungskräfte sind in der Lage, ihre Intelligenz, ihr Wissen und ihre Visionskraft in messbare, dem Unternehmen dienende Ergebnisse zu transformieren. Gutes Management zeigt sich an den Resultaten.

In der Praxis entwickelt sich die Frage „Wer hat eigentlich das Problem?" zur entscheidenden Frage. Als Führungskraft müssen Sie sich darin üben, diese Frage schnell und treffsicher beantworten zu können.
Eine gute Führungskraft sorgt für eine Lösung – löst aber nicht alles selbst. Je mehr Sie den Menschen um Sie herum zutrauen, desto mehr und desto besser werden diese Probleme lösen. Delegieren von Ergebnisverantwortung (nicht nur von einzelnen Aufgaben) wird zum entscheidenden Erfolgsfaktor.
Prüfen Sie also bitte in Zukunft immer sehr genau, wer das Problem hat und es dementsprechend lösen muss.
Der Manager muss die richtige Entscheidung treffen – im Durchschnitt übrigens alle drei Minuten eine. Von sehr erfahrenen Managern habe ich gelernt, dass sie nach jeder getroffenen, wichtigen Entscheidung den für die

Umsetzung Verantwortlichen einen kurzen schriftlichen Auftrag zustellen. Von ein paar außerordentlich guten Managern habe ich gelernt, dass sie diesen Prozess umdrehen. Nicht sie schicken einen kurzen schriftlichen Auftrag, sondern sie lassen sich von den Verantwortlichen eine Auftragsbestätigung nach obigem Schema zustellen.
In viel zu vielen Unternehmen kontrollieren Führungskräfte ziellos irgendetwas, um damit vor allem ihre Macht zu demonstrieren. Effektive Kontrolle kümmert sich vor allem um zwei Dinge: 1. Um eine Unterstützung der Zielerreichung. 2. Um eine damit verbundene Steigerung, nicht Minderung, der Eigenmotivation der zu Kontrollierenden.
In einem Unternehmen mit einer weit entwickelten Fehlerkultur, passenden Anreizmechanismen sowie modern und gut ausgebildeten Mitarbeitern und Führungskräften ist **Selbstkontrolle** das mit Abstand **wirkungsvollste Controllinginstrument.**

Kein Tun unternehmerischen Handelns kann so wertvernichtend sein wie Meetings und Sitzungen.

Mit Hilfe effektiver Meetings erhöhen Sie Ihren Wirkungsgrad als Führungskraft beträchtlich. Eine ebenso nachhaltige Wirkung erreichen Sie durch gezielte Potentialgespräche (ZPG), die Sie in regelmäßigen Abständen mit Ihren Mitarbeitern führen.
Ziel des ZPG ist es, gemeinsam zu besprechen, wie der Mitarbeiter in den nächsten sechs Monaten seine Leistungen steigern, seine Kompetenz erweitern und bestimmte Arbeitsabläufe optimieren kann. Es geht also um konkrete und messbare Ziele in den Bereichen Arbeitsergebnisse, Weiterentwicklung und Arbeitszufriedenheit.

MERKE: Geben Sie nie ungefragt Ratschläge! Was für den einen ein Rat, ist für den anderen ein Schlag!

So wichtig handwerkliche Fähigkeiten für Manager sind, so wenig reichen sie alleine aus, um Spitzenergebnisse zu erzielen.
Echte Spitzenkräfte haben noch mehr drauf: Empathie, Authentizität, Integrität, Reflexionsfähigkeit, ganzheitliches Denken, Selbstverantwortung, Vertrauen in andere sowie den Mut, Entscheidungen zu treffen und zu diesen auch bei Gegenwind zu stehen.

IV. Stationen 6 bis 8: Leadership und die Führung von anderen

(Seite 131 bis 204)

Station 6: Im Sinne der Sache handeln

(Seite 136 bis 145)

„Die Aufgabe ist wichtiger als das eigene Ego. Stets im Sinne der Sache zu handeln, lohnt sich für alle Beteiligten."

Die mit Abstand klarste und empirisch bewiesene Absage an die Wirksamkeit von Heldentum und „Management by Power" liefert uns Jim Collins. In seinen Studien belegt er eindeutig, dass es keinen Zusammenhang zwischen Management-Heros und besonderen Unternehmenserfolgen gibt.

Spitzenunternehmen in den Studien Jim Collins' hatten jedenfalls allesamt Spitzenmanager, die sich durch eine paradoxe Mischung aus persönlicher Bescheidenheit und beruflicher Entschlossenheit auszeichneten.

Ganz im Gegensatz zur gängigen Meinung, dass Charisma von besonderer Wichtigkeit wäre, zeigen die Studien, dass Charisma maximal eine neutrale, häufig sogar eine störende Eigenschaft für außerordentlichen und vor allem nachhaltigen Erfolg darstellt.

Besonders erfolgreiche Unternehmen haben besonders viele überdurchschnittliche Führungskräfte, die erst an die Sache und dann an sich denken.

Darüber hinaus erlebe ich bei Top-Führungskräften fünf spezielle Eigenschaften:

1. Fähigkeit, auf den drei Ebenen Individuum, Team und Gesamtsystem denken zu können
2. Fähigkeit zur strategisch-visionären Weitsicht
3. Fähigkeit, flexibel zur Problemlösung passende Strukturen entwickeln zu können
4. Effektivität
5. Authentizität

Das zentrale Ergebnis der Gallup-Studie ist, dass der Erfolgshebel bei den emotional engagierten Mitarbeitern liegt. Führungskräfte, denen es gelingt, die Bedürfnisse dieser Gruppe zu befriedigen, steigern ihre Wirksamkeit um ein Vielfaches und erzielen schlichtweg bessere Resultate, sind erfolgreicher. Es geht darum, dass sich die besonders Engagierten in ihrer Arbeitsumgebung wohl fühlen.

Station 7: Mit kommunikativer Exzellenz führen

(Seite 146 bis 175)

Kommunikation (lat.: communicare = mitteilen, teilen, gemeinschaftlich machen) ist letztendlich der Versuch, eigene Ideen und Vorstellungen anderen so verständlich zu machen, dass darauf aufbauend gemeinsam etwas entstehen kann.

Wenn wir uns nicht richtig verstehen, sind wir schnell dabei, den anderen dafür verantwortlich zu machen: Kommunikation beginnt aber im Gehirn des Senders, konkreter in dessen subjektiver Konstruktion von der Welt und endet in einem ebenso komplexen Gefüge – im Gehirn des Empfängers. Davor liegt die gesamte bisherige Erlebniswelt der beiden Kommunikationspartner; dazwischen liegen die Schnittstellen vom Denken zum Sprechen sowie vom Hören zum Verstehen.

Es sind also nicht das Auge, das irgendetwas wahrnimmt, das Ohr oder die Nase, sondern immer sind es Nervenreize, die im Gehirn Prozesse auslösen – und in jedem Gehirn andere, abhängig von bisherigen Erfahrungen, momentanen „Gefühlen", Umwelteinflüssen und vereinzelt auch genetischen „Vorentscheidungen".

Mit zunehmender Erfahrung halten wir immer stabiler an bereits vorhandenen Mustern fest; werden unzugänglicher für uns bisher Unbekanntes.

Zusammengefasst können wir sagen: Bevor auch nur ein Laut unsere Lippen verlässt, haben wir bereits einen ganz individuellen Vorselektionsprozess durchlaufen, der in gleicher Weise wieder beim Empfänger einer Botschaft abläuft. Dort allerdings mit dessen ganz individuellen Vor-Prägungen.

„Unsere Sprache ist ein unvollkommenes Instrument, das von unwissenden Menschen in grauer Vorzeit geschaffen wurde. Die Welt jedoch, die wir mit dieser Sprache beschreiben wollen, hat sich inzwischen sehr verändert. Sie ist jetzt bestimmt von Prozessen, Veränderungen, Unterschiedlichkeiten, Dimensionen, Funktionen, Beziehungen, Wachstum, Interaktionen, Entwicklung, Lernen, Herausforderungen und Komplexität".

Stellen wir uns also darauf ein, dass gelungene Kommunikation eher die Ausnahme als die Regel darstellt.

Vor dem voranstehenden Hintergrund können wir Kommunikation als Versuch definieren, bei dem ein Sender sich subjektiv zu einer Sache ausdrückt, mit dem Ziel, dass beim Empfänger ein einigermaßen übereinstimmender Eindruck zu dieser Sache entsteht.

Der lapidare Satz: „Schatz, denkst Du bitte noch an das Geschenk für Tante T.“ kann durchaus zu Familienkrisen führen.

Der Schlüssel erfolgreicher Kommunikation liegt in echter Empathie für den anderen. Welche Sorgen, Bedürfnisse, Ängste treiben mein Gegenüber um? Welche Freude, welches Glück möchte er mit mir teilen? Was bewegt ihn gerade? Worin möchte er sich tief verstanden fühlen?

Seit unserer Kindheit lernen wir Kommunikationsmuster, die sehr stark auf logisches Erklären, Interpretieren, Sondieren, Bewerten, Beraten, Belehren, Befehlen, Warnen, Moralisieren aber auch Loben, Zustimmen, Schmeicheln, Bemitleiden und Trösten ausgelegt sind.

Ihren negativen Höhepunkt erreicht ein derartiges „Kommunikationsverhalten“ in typischen Fernseh-Talkrunden.

Selbstsicherheit, innere Stärke, Gelassenheit, Toleranz, aber auch Mut, Ehrlichkeit und Klarheit sind wichtige Eigenschaften und Verhaltensweisen, um Empathie überhaupt erst möglich zu machen.

Empathisches Kommunizieren braucht Zeit und Geduld. Selbst wenn wir sehr geübt darin sind, müssen wir versuchen, durch genaues Zuhören und mehrmaliges, fragendes Wiedergeben des Gehörten, Schritt für Schritt an den Kern der Sache zu kommen.

Empathie ist nicht Sympathie – Sie können durchaus in der Sache völlig anderer Meinung sein und sich dennoch darum bemühen, die andere Seite wirklich zu verstehen.

Das Meta-Prinzip lautet: Erst verstehen, dann verstanden werden!

Die Evolution gab uns aber nur eine Zunge, dafür zwei Ohren. Denken Sie daran, wenn Sie das nächste Mal eine Sitzung leiten oder ein Mitarbeitergespräch führen.

Seien wir mal ehrlich, wie oft sind wir in Gedanken ganz woanders, wenn unser Gegenüber spricht? Wie schnell bewerten wir jede Aussage, die wir hören? Wie gezielt bereiten wir unsere Gegenrede vor? Aber wissen wir wirklich, was der andere uns sagen möchte? Wenn Sie dann im Gespräch Ihre Position vertreten und damit Ihre Bedürfnisse formulieren möchten, sollten Sie mit klaren und in der Form wertschätzenden **Ich-Botschaften** arbeiten.

Station 8: Kooperation – echte Synergien durch Gewinn-Gewinn-Denken

(Seite 176 bis 204)

Ziel von Gewinn-Gewinn ist es, dass alle Beteiligten ihre Bedürfnisse so berücksichtigt empfinden, dass sie wirklich Ja zu einem entstandenen Resultat sagen können. Im „Normalfall" sind wir auf „Einer muss gewinnen" programmiert.

Gewinn-Gewinn braucht sowohl Mut, die eigene Meinung deutlich zu formulieren, als auch Demut und Empathie, um die andere Seite wirklich zu verstehen.

Die entscheidende Frage für echte Gewinn-Gewinn-Lösungen lautet: Ist meine Persönlichkeit reif genug für eine win-win Lösung? Bin ich (emotional) ausreichend gefestigt, um mich auf die Suche nach der „dritten Lösung" zu machen?

„1 + 1 = 3", so die einfachste und gern verwendete Definition des Begriffs Synergie. Wenn es uns gelingt, zwei Personen, Einheiten, Zielvorstellungen so zusammenzubekommen, dass daraus etwas Größeres, Besseres, Erfolgreicheres entsteht.

Hinter jeder langfristig aufrecht erhaltenen Spitzenleistung steht ein Team von Unterstützern.

Die wirklich nachhaltig Erfolgreichen denken Wir;

nie nur Ich!

Vorsicht! Wenn alle um Sie herum „unbrauchbare Penner und Nieten" sind, empfiehlt es sich, kritisch in den Spiegel zu sehen.

Prüfen Sie sehr genau, mit wem Sie versuchen, Synergien zu erzielen. Akzeptieren Sie, dass die Anzahl derer, die wirklich synergetisch denken, nicht riesengroß ist. Wer heute die „Besten" für sich gewinnen möchte, der muss sich ohne Wenn und Aber auf gegenseitige Abhängigkeit einlassen. Wir sind miteinander vernetzt – auf Gedeih oder Verderb miteinander verbunden.

Umfassende (Selbst-)Verantwortung, gepaart mit intelligenter Vernetzung, ist das Modell der nächsten Jahrzehnte.
Wenn Sie es schaffen, sich im Team wirklich gut zu vernetzen, erhöhen Sie Ihre Effektivität um ein Vielfaches. Es muss gelingen, das Wissen möglichst vieler in die Problemlösung einzubeziehen – ohne dem naiven Glauben zu verfallen, dass die Masse immer recht hätte. Niemand zwingt Sie, viele zu involvieren. Wenn Sie es aber tun, muss das Vorgehen integer und professionell sein.

V. Station 9: Sich stetig selbst erneuern – Führung ganzheitlich leben

(Seite 205 bis 219)
Wenn Sie wirklich Veränderung wollen, dann gehen Sie diese bitte strategisch, mit Herz und Verstand an.
Übernehmen Sie selbst die Verantwortung für Ihr Leben. Niemand außer Ihnen kann dies tun:

Love it – leave it – change it!

Ein paar pragmatische Handlungsempfehlungen von ausgewiesenen Führungsexperten unterschiedlichsten Hintergrunds schließen das Buch ab:

1. Finde Dich selbst!
2. Bleib in Deiner Spur!
3. Sei wahrhaftig, gewaltlos und demütig!
4. Das tun, was gerade ansteht!
5. Verantwortung übernehmen!
6. Vorrangig in Chancen und nicht in Gefahren denken!
7. Empowern Sie Ihr Team!
8. Fragen, Fragen, Fragen Sie!
9. Finde Deine innere Berufung!
10. Führe ein achtsames Leben!
11. Stifte Sinn für Dich und Dein Umfeld!
12. Teile Deine Kräfte ein!
13. Sorge Dich um den Gleichmut Deiner Seele!
14. Schaffe Reinheit in Deinem Herzen!

Irgendwann braucht es dann den Mut, sein eigenes „Ich“ zu werden und seinen ganz eigenen Führungsstil zu leben.

Was folgt nach Führung 2.0?

Natürlich Führung 3.0!

Zum Abschluss dieses Buchs möchte ich Sie noch mit ein paar Thesen konfrontieren, was in den nächsten Jahren auf uns zukommen wird. Die Art, wie wir Menschen und Unternehmen erfolgreich führen, wird sich ändern.
Als Basis meiner Überlegungen nehme ich das Modell ganzheitlicher Transformation von Martin Lerchner (Lercher, 2009):

Die 7 Entwicklungsstufen ganzheitlicher Unternehmensführung

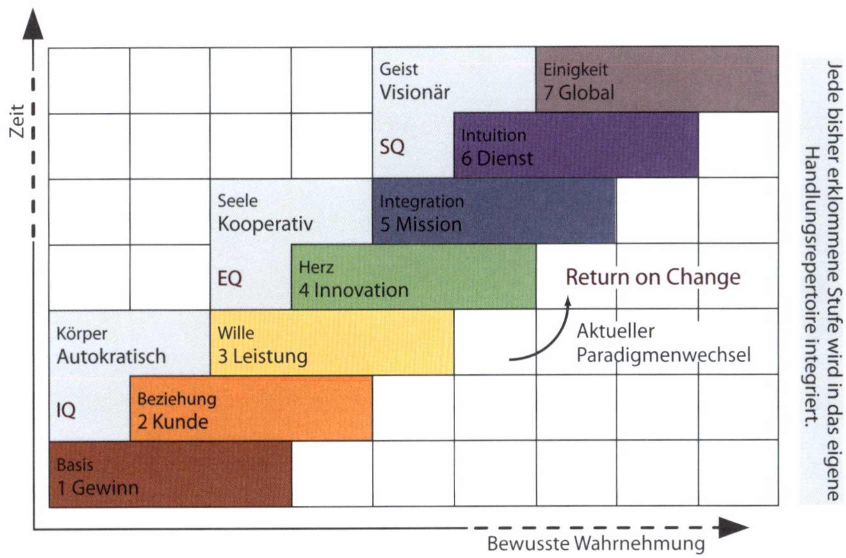

Abb.42: Die 7 Entwicklungsstufen ganzheitlicher Unternehmensführung

- Auf globaler Ebene werden wir mindestens in der nächsten Dekade zwei gegenläufige Bewegungen erleben. Die Industrienationen sind bestrebt, die Stufen 4 und 5 zu erreichen. Die „Emerging Countries" werden sich vor allem auf die Stufen 1 und 2 konzentrieren, gleichsam aber immer wieder Einzelaktivitäten in Richtung Stufe 5 und mehr zeigen. Das Umweltverhalten der Chinesischen Regierung z.B. ist so eine Paradoxie.

- Die „Green-Welle“ wird sich verstärken. Sie wird durch eine „Nachhaltigkeits- und Globale Gerechtigkeitsdiskussion“ erweitert werden. Wir dürfen nicht vergessen: Fast eine Milliarde Menschen hat täglich zu wenig, um zu überleben. Fast fünf Milliarden Menschen stehen nur zwei Dollar pro Tag für Konsumausgaben zur Verfügung. Dieses Faktum gilt es in moderner Unternehmensführung zu berücksichtigen und strategisch darauf zu reagieren.
- Größe allein wird nicht mehr ausreichen. Ganz im Gegenteil: Die Riesenindustriegebilde des 20. Jahrhunderts „bedrohen“ die Menschen. Sie werden sich als dienende Einheiten weiterentwickeln müssen oder verschwinden.
- Die Diskussion, ob wir weiterhin in einer reinen Geld-Gesellschaft leben möchten, wird sich verschärfen. Je nachdem, wie viele „geldgetriebene Exzesse“ uns noch begleiten, wird sich diese Entwicklung beschleunigen oder verlangsamen. Parallel geht es um den Aufbau alternativer „Währungssysteme“, wie z.B. den stetig wachsenden Einfluss von Bartersystemen.
- Auf Unternehmensebene wird Kooperation gleichberechtigt neben Wettbewerb stehen.
- Netzwerke ergänzen Hierarchien.
- Unternehmensgrenzen werden zunehmend verschwimmen. Zur Wertschöpfung gehört alles, was notwendig ist, um Nutzen für Kunden stiften zu können.
- Auf individueller Ebene werden wir die Menschen mehr in Diskussions- und Entscheidungsprozesse einbeziehen müssen. Das Arbeiten mit größeren Gruppen wird eine zunehmend breit genutzte Methodik sein.
- Mit Hilfe der technischen Möglichkeiten werden wir noch mehr in virtuellen und vernetzten Teams arbeiten.
- Das Streben des Einzelnen geht in Richtung mehr Sinn bei der Arbeit. Führung muss dies aufgreifen und mit mehr Selbstverantwortung, die der Einzelne zu tragen hat, kombinieren.
- Die ehernen Gesetze guter Führung werden auch weiterhin Bestand haben. Das Wichtigste dazu haben Sie in diesem Buch lesen können.

Eines meiner zwei aktuell wichtigsten Langzeitprojekte befasst sich genau mit diesem obig kurz skizzierten Themenkomplex. Zusammen mit meinem Freund und Kollegen, Martin Lerchner, bauen wir gerade das Unternehmen Chance auf. **Unternehmen Chance ist der Think Tank für Experten in ganzheitlicher Führung und Transformation der Wirtschaft.**

Unsere Vision ist es, die größte spezialisierte Mentoren-Gruppe auf dem Gebiet Ganzheitliches Change Management im deutschsprachigen Europa zu werden.

Abb.43: Unternehmen Chance

Unternehmen Chance

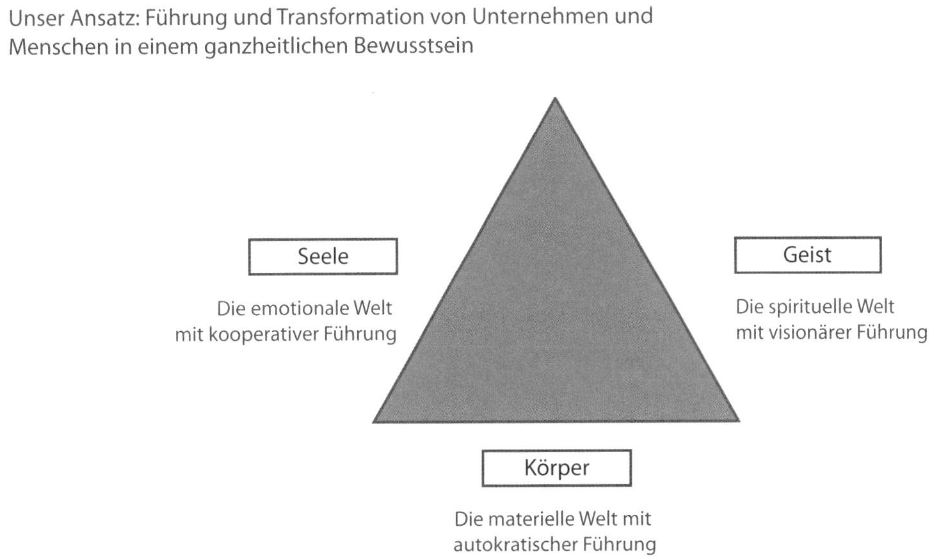

Zweck von Unternehmen Chance ist es, das breit gefächerte Wissen in diesem Bereich zu bündeln, weiter zu entwickeln und damit die positive Transformation der Wirtschaft voranzubringen. Wir begleiten Wachstums- und Veränderungsprojekte in die neue Evolutionsstufe.
Ausgangspunkt von Unternehmen Chance war ein Arbeits-Treffen im Januar 2009 in der Schweiz zu einem Mandat, welches kurzfristig aufgrund der Krise verschoben wurde. Das war die perfekte Chance, sich über die Transformation der aktuellen Wirtschaftssituation Gedanken zu machen.
Resultat: Das strapazierte Wort K-r-i-s-e wurde kurzum abgelegt und von Möglichkeiten, Gelegenheiten, Leidenschaft und Chancen gesprochen. Daraus ist Unternehmen Chance entstanden. Mehr dazu finden Sie unter: **www.unternehmen-chance.com.**

Das zweite große Langzeitprojekt, das mich bewegt und begeistert, ist der weitere Ausbau unserer Stiftung „3-zum-Leben“ (www.drei-zum-leben.org).

Stimmen zum Buch

„Ich kenne Herrn Philipp und seine kreativ-praktischen Ansätze schon seit vielen Jahren. Mit der Kunst ganzheitlichen Führens und seinem 9-fachen Pfad präsentiert er ein Führungsmodell, das einerseits aufzeigt, worauf es morgen ankommt und das gleichsam bereits heute von jeder modernen Führungskraft praktisch angewendet werden kann."

Peter Driessen, Hauptgeschäftsführer der IHK für München und Oberbayern

„Andreas Philipp hält uns im ersten Teil seines Buchs einen Spiegel vor und regt zur Evaluierung des eigenen Führungsstils an. Mit sehr inspirierenden Praxisübungen bietet der 9-fache Pfad praxisnahe Lösungsvorschläge, um eigene Stärken zu stärken und Schwächen zu schwächen. Besonders für Leader in Veränderungsprozessen empfehlenswert!"

Silvia Schauer MSc, Direktorin VHS Polycollege Wien

„Endlich mal ein Managementansatz, der sehr in die Tiefe geht und dennoch so einfach ist, dass man ihn praktisch anwenden kann."

Urs Baumann, Partner und Verwaltungsratspräsident der Lantal Textiles AG Schweiz

„Ich kann nur jeder modernen Führungskraft und jedem aufgeklärten Wissensarbeiter empfehlen, sich mit den Inhalten des 9-fachen Führungspfads von Andreas Philipp zu befassen."

Martin Coordes, Leiter Organisationsentwicklung, AUDI AG

„Das, was ich in fast 40 Jahren Führungserfahrung erlebt habe und in meinem Buch „Gesucht:Leader" beschreibe, erhält durch die fundierten Ausführungen von Andreas Philipp eine wunderschöne Untermauerung. Ich bin höchsterfreut, wie sich unsere beiden Werke ergänzen."

Heinz Kaegi, Bestseller Autor und internationaler Leadership-Mentor

„Der 9-fache Pfad ganzheitlicher Führung sollte bei allen, die Verantwortung für Mitarbeiter tragen und diese zum Ziel führen wollen, zur Lebenshygiene gehören wie das tägliche Zähneputzen. Dieser Management-Ansatz bringt neue Werte in jede Bilanz und ermöglicht somit neue Blickwickel auf das Gesamte."

Michel Rodel, Unternehmer und Verwaltungsrat der Migros AG, Lausanne Schweiz

„Andreas Philipp ist ein außerordentlich ganzheitlich agierender Berater. Sein 9-facher Führungspfad kann das Methoden- und Denkspektrum jeder Führungskraft bereichern."

Walter Ernst, CEO Vadian Bank, St. Gallen, Schweiz

Über den Autor

„Führung ist die wichtigste aller Künste, um die moderne Wissensgesellschaft durch die Herzensgesellschaft zu erweitern." (Andreas F. Philipp)

Andreas F. Philipp führt die Geschäfte der Philos® Managementberatung sowie des Philos® Instituts für ganzheitliche Führung (www.philos-portal.de). Er ist Gründungspartner von Unternehmen Chance (www.unternehmen-chance.com) und Vorstand der Stiftung „3-zum-Leben" (www.drei-zum-leben.org).

Seine Schwerpunkte sind Ganzheitliche Führung, Strategisches Management sowie die Begleitung von Veränderungsprozessen. In diesen Feldern durfte er in den letzten Jahren viele hundert Führungskräfte beraten, schulen und coachen.

Er gilt als interdisziplinär denkender Managementberater sowie Brückenbauer zwischen unterschiedlichen Sichtweisen im Unternehmen. Seine Kunden – vor allem moderne mittelständische Unternehmen sowie auch Konzerne wie Audi, BMW, Postbank, Siemens oder VW – schätzen besonders seinen ganzheitlichen Ansatz aus wissenschaftlicher Fundierung, hoher Praxisnähe und umfassender Vernetzungsfähigkeit.

Als Mitglied der Core Faculty der ZFU-International Business School, Zürich, lehrt Andreas F. Philipp Strategie, Leadership, Change Management sowie nachhaltige Unternehmensführung und Ethik. Für seine wissenschaftlichen aber auch praktischen Leistungen wurde er in Deutschland und der Schweiz prämiert.

(Co-)Autor von sieben Büchern u.a. „Change Management – Die Macht Unternehmen nachhaltig zu verändern", „Stillstand im Wandel – Illusion Change Management" und „Die Rückkehr des Hofnarren" sowie zahlreicher Fachartikel.

Soziales Engagement, faires Wirtschaften und gesellschaftliche Verantwortung liegen Andreas F. Philipp sehr am Herzen. Um den Worten Taten folgen zu lassen, geht ein fester Anteil seiner Erträge konsequent in die mildtätige Stiftung „3-zum-Leben".

Andreas F. Philipp lebt mit seiner Frau und seinen zwei Töchtern glücklich am Ammersee bei München.

andreas.philipp@philos-portal.de

Verwendete Literatur

Beck, D. / Cowan, C. (2007): Spiral Dynamics. J. Kamphausen Verlag, Bielefeld: 2007

Breuer, K. / Gordon, Th. (2004): Arbeitsheft L.E.T. Bonn: 2004

Buber, M. (1997): Das dialogische Prinzip. 8. Auflage, Lambert Schneider im Bleicher Verlag, Gerlingen: 1997

Collins, J. (2006): Der Weg zu den Besten: Die sieben Management-Prinzipien für dauerhaften Unternehmenserfolg. 6. Auflage, DTV Verlag, München: 2006

Comelli, G. / v. Rosenstiel, L. (1995): Führung durch Motivation. Vahlen Franz Verlag, München: 1995

Corssen, J. (2004): Der Selbst-Entwickler. Beustverlag, München: 2004

Covey, S.R. (2004): The 7 Habits of Highly Effective People. 15. Auflage, B&T Verlag, München: 2004

Cutler, H.C. (2004): Die Regeln des Glücks. 11. Auflage, Bastei Lübbe Taschenbücher Verlag, Köln: 2004

Dilts, R.B. (2004): Unterlagen zum Leadership Festival. Nürnberg 23.–26.02.2004

Drucker, P.F. (2004): Was ist Management – Das Beste aus 50 Jahren. Econ Verlag, Berlin: 2004

Drucker, P.F. (2005): The Essential Drucker, HarperCollins Publishers. New York: 2005

Gordon, T. (1999): Managerkonferenz: Effektives Führungstraining. Heyne Verlag, München: 1999

Haberleitner, E. / Deistler, E. / Ungvari, R. (2007): Führen, Fördern, Coachen. 9. Auflage, Piper Verlag, München: 2007

Laufer, H. (2006): 99 Tipps für den erfolgreichen Führungsalltag. Cornelsen Verlag, Berlin: 2006

Laszlo, E. (2005): Wie kann ich die Welt verändern. Ullstein Verlag, Berlin: 2005

Lerchner, M. (2009): Holistic Leadership and Transformation. Masterarbeit, Wels: 2009

Malik, F. (2006): Führen, Leisten, Leben: Wirksames Management für eine neue Zeit. Campus-Verlag, Frankfurt a.M.: 2006

Maturana, H.R. (1996): Die Biologie des Erkennens. Tonkassette, Münsterschwarzach, Müllheim: 1996

Neuberger, O. (2002): Vorlesungsskript der Uni Mannheim, http://www.psychologie.uni-mannheim.de/psycho1/veranstaltungen/0203_WS/sem_fuehrung/fuehrung%2031.10..pdf, Stand: 13.03.2010

Nielsen, N. / Nielsen, K. (2000): Das Graves-Modell. Unterlagen des NLP & Coaching Instituts, Berlin: 2000

Pinnow, F.P. (2006): Führen – worauf es wirklich ankommt. 2. Auflage, Gabler Verlag, Wiesbaden: 2006

Rogers, C.R. (2000): Entwicklung der Persönlichkeit. Klett-Cotta Verlag, Stuttgart: 2000

Rosenberg, M.B. (2005): Gewaltfreie Kommunikation – eine Sprache des Lebens. 6. Auflage. Junfermann Verlag, Paderborn: 2005

Roth, G. (1996): Die Bedeutung der Hirnforschung für die philosophische Erkenntnistheorie. In: Braitenberg, V. / Hosp, I. : Die Natur ist unser Modell von ihr. Rowohlt, Hamburg: 1996

Simon, H. (2007): Hidden Champions des 21. Jahrhunderts. Campus Verlag, Frankfurt a.M.: 2007

Von Kibéd, M.V. (2003): Auf den Standpunkt kommt es an. Manager Seminare, Bonn: 2003

Voelchert, M. (2006): Trennung in Liebe. 2. Auflage, Kösel Verlag, München: 2006

Vroom, V. / Yetton, P. (1973): Normative Entscheidungsmodelle. Universität Zürich, https://www.uzh.ch/psychologie/sowi/ssl-dir/ws0607/2064/documents/VL070123_000.pdf, Stand: 13.03.2010

Wilber, K. (2002): Boomeritis. Phänomen Verlag, Hamburg: 2002

Wilber, K. (2000): A Theory of Everything. Shambhala Publications, Boston: 2000

Zittlau, J. (2006): Ghandi für Manager. Radiograpa Hörbuch, Daun: 2006

Schlagwortverzeichnis

Entwicklung der eigenen Person, S. 33 Antreiber (Definition, Test), S. 44ff Das Gehirn, S. 51, 147, 229 DISG®-Analyse, S. 50 Entspannungsübung, S. 55 Hirnforschung, S. 108 Ihr Denken, S. 42 Kindheit, S.39f Paradigmen, S. 39 Persönlichkeitsanalysen und -tests, S. 49f SWOT-Analyse, S. 53, 101, 115	*Alles beginnt mit der Entwicklung der eigenen Person. Bewusstheit, Klarheit, Ausgewogenheit und große Ehrlichkeit zu sich selbst sind der Schlüssel, um andere führen zu können.*
Erfolg, S. 28f, 222 Erfolg eines Meetings, S. 121 Erfolgreiche Manager von morgen, S. 32 Erfolgsfaktor, S. 104 Lebensrad des Erfolgs, S. 30	*Auf eine ganzheitliche Sichtweise des Begriffs Erfolg kommt es an. Hinlänglich wird in diesem Kontext von Work-Life-Balance gesprochen; also der gesunden Balance zwischen Arbeit und Privatleben. Dies sind aber nur zwei Bereiche eines erfolgreichen Lebens. Ohne physische und psychische Gesundheit sowie einen echten Lebens-Sinn werden Sie auf Dauer den stetig steigenden Anforderungen nicht gerecht werden können. Dementsprechend verwende ich lieber den Begriff Life-Balance und schließe darin vier Dimensionen ein: Beruf & Karriere, Gesundheit & Fitness, Familie & Privatleben sowie Lebens-Sinn.*
Führung, S. 12, 22, 92 Eigenes Führungsverständnis (Test), S. 27 Führung ganzheitlich leben, S. 216 Führungskompetenz (fünf Ebenen), S. 139 Führungs-Mission, S. 72, 76 Führungs-Prinzipien, S. 63 Führungs-Vision, S. 73 Einzigartiger Führungsbeitrag, S. 66, 224 Igel-Prinzip, S. 75 Mitarbeiterzufriedenheit, S. 142, 228 Rüstzeug ganzheitlicher Führung, S. 81 Team-Typen, S. 192	*Ich verstehe unter Führung die generelle Fähigkeit, Menschen in die Lage zu versetzen, eine Leistung zu erbringen und auf Veränderungen angemessen zu reagieren, um Ziele zu erreichen. Dies schließt ausdrücklich die eigene Person mit ein. Die hohe Schule der Führung zeichnet sich dadurch aus, dass die Mehrzahl der an der Zielerreichung Beteiligten diese Ziele als wert- und sinnvoll empfinden und sie zu ihren Zielen machen.*
Führungsperson, S. 12 Charisma, S. 138 Echte Spitzen(führungs)kräfte, S. 129, 138 Eigenschaften erfolgreicher Führungskräfte, S. 98, 137, 140, 228 Erfolgreiche Manager von morgen, S. 32 Führungsstile, S. 17f Leadership, S. 13, 222 Vorgesetzter, Leiter, S. 13, 222	*Eine Führungsperson bedarf der Anerkennung durch die Geführten. Das Kriterium der Anerkennung bzw. Akzeptanz ermöglicht erst die Unterscheidung zwischen einem Vorgesetzten (engl. headship) und einem Führer (engl. leadership).*

Unternehmensführung ist für mich eine je Organisation individuell angepasste Vorgehensweise, um die Ziele dieser Organisation möglichst effizient zu erreichen. Sie basiert auf universellen Prinzipien des Erfolgs und steht im Einklang mit den Werten und Vorstellungen der mit der Organisation verbundenen Menschen.

Persönlich denke ich, dass ein guter Manager selbstverständlich auch sein Handwerkszeug beherrschen sollte, um seine Führungsaufgabe möglichst souverän und unabgelenkt erfüllen zu können.
Wirksame Führungskräfte sind in der Lage, ihre Intelligenz, ihr Wissen und ihre Visionskraft in messbare, dem Unternehmen dienende Ergebnisse zu transformieren.
Gutes Management zeigt sich an den Resultaten.

Zweifelsohne ist es in Führungsfunktionen zwingend notwendig, sich gut organisieren und das Wichtige vom Unwichtigen unterscheiden zu können.

Ganzheitlichkeit: eine alte Weisheit, die Ganzheit von Körper – Seele – Geist. Für den Unternehmensalltag übersetzt heißt das, diese Dreiheit auf den Ebenen Individuum, Team und Gesamtorganisation bewusst zu gestalten.

	Kommunikation (lat.: communicare = mitteilen, teilen, gemeinschaftlich machen) ist letztendlich der Versuch, eigene Ideen und Vorstellungen anderen so verständlich zu machen, dass darauf aufbauend gemeinsam etwas entstehen kann.
	Kooperation setzt bei tief verankertem „Gewinn-Gewinn-Denken“ an. Es geht darum, Situationen zu gestalten, in denen alle Beteiligten ihre Bedürfnisse so befriedigen können, dass sie mit dem Ergebnis wirklich zufrieden sind.
	Management definiere ich als den Versuch, ein komplexes System erfolgreich unter Kontrolle zu halten. Es umfasst Analysen, Zielformulierungen, Entscheidungen, Maßnahmenfestlegungen und deren Umsetzung sowie Aufgabendelegation und Ergebniskontrollen. Führung kann dazu sehr hilfreich sein.
	Je weiter das, was Sie die letzten sieben Tage Ihres Lebens machen würden, von dem entfernt ist, was Sie heute tun, desto intensiver sollten Sie darüber nachdenken, was Sie ändern sollten.
	Wenn es uns gelingt, zwei Personen, Einheiten, Zielvorstellungen so zusammenzubekommen, dass daraus etwas Größeres, Besseres, Erfolgreicheres entsteht, als wenn zwei Systeme (Personen, Teams, Organisationseinheiten, Unternehmen,Regionen, Staaten) einfach nebeneinander herleben, dann können wir das echte Synergie nennen.

Veränderung verändern

Sonja Radatz

Veränderung verändern:
Das Relationale Veränderungsmanagement

Die zukunftsweisende 4. Schule des Veränderungsmanagements

1. Auflage 2009, 392 Seiten, gb.
ISBN 978-3-902155-11-5
EUR 39,90

Schluss mit Kesselflicken! In ihrem neuen Buch erteilt die Autorin des Bestsellers „Beratung ohne Ratschlag" jeder bisherigen Change Management Theorie und Praxis eine definitive Absage und legt mit ihrer neuen Schule des Veränderungsmanagements eine Theorie vor, die erfrischend einfach ist – und endlich funktioniert. Klare wirtschaftlich-erfolgsorientierte Gestaltung! Sofort gelebte Veränderung! Kein Widerstand! Selbstverantwortung und Flexibilität auf allen Ebenen! All das und noch viel mehr zeichnet das Relationale Veränderungsmanagement von Sonja Radatz aus.
Die vierte Schule leitet eine neue Dimension ein – nach Jahren des klassischen Change Managements, des „systemischen" OE-Ansatzes und des „Transformationsmanagements". Es war schon höchste Zeit für einen echten Turnaround.

- Sind Sie bereit? Frisch, frech, anders. Ein Buch, das verändert.
  Magazin Wissensmanagement, 3/2010
- Ich werde dieses anregende Buch weiterempfehlen!
  Prof. Dr. Jean-Paul Thommen, European Business School und Universität Zürich
- Das liest der Trend! Eine definitive Absage an alle bisherigen Change-Management-Theorien unter Vorlage einer neuen Schule des Veränderungsmanagements, die funktioniert.
  trend – das Österreichische Wirtschaftsmagazin, 3/2010
- Das Buch lohnt sich – lesenswert, provokativ und anregend!
  Company Center, Schweiz Januar 2010
- Hier wir eine Methode vorgestellt, die die Chance hat, langwierige und scheibchenweise Veränderungsprozesse abzulösen.
  personalmagazin, 3/2010

www.literatur-vsm.at